Herausforderung Technik

Technik interdisziplinär

Herausgegeben von Wolfgang König, Meinolf Dierkes,
Günter Ropohl und Frieder Meyer-Krahmer

Band 5

PETER LANG
Frankfurt am Main · Berlin · Bern · Bruxelles · New York · Oxford · Wien

Hans Poser (Hrsg.)

Herausforderung Technik

Philosophische und
technikgeschichtliche Analysen

PETER LANG
Internationaler Verlag der Wissenschaften

Bibliografische Information der Deutschen Nationalbibliothek
Die Deutsche Nationalbibliothek verzeichnet diese Publikation
in der Deutschen Nationalbibliografie; detaillierte bibliografische
Daten sind im Internet über <http://www.d-nb.de> abrufbar.

Umschlagabbildung:
Ausschnitt eines Materialbildes von Stefan Poser.

ISSN 1024-5340
ISBN 978-3-631-56909-2
© Peter Lang GmbH
Internationaler Verlag der Wissenschaften
Frankfurt am Main 2008
Alle Rechte vorbehalten.

Das Werk einschließlich aller seiner Teile ist urheberrechtlich geschützt. Jede Verwertung außerhalb der engen Grenzen des Urheberrechtsgesetzes ist ohne Zustimmung des Verlages unzulässig und strafbar. Das gilt insbesondere für Vervielfältigungen, Übersetzungen, Mikroverfilmungen und die Einspeicherung und Verarbeitung in elektronischen Systemen.

www.peterlang.de

Inhalt

Vorwort   7

Einleitung

Hans Poser:
Herausforderung Technik. Ethische, ontologische und
epistemologische Fragen   13

I. Technik im Horizont von Geschichte und Kunst

Wolfgang König:
Menschheitsgeschichte als Technikgeschichte   31

Karl H. Metz
Arbeitsethos und technische Entwicklung   47

Gerhard Gamm
Artefakte der Kunst – Artefakte der Technik   57

II. Technik im Horizont von Lebenswelt, Wissen und Entscheiden

Günter Abel
Technik und Lebenswelt. Wechselseitige Herausforderung?   77

Thomas Gil
Technisches Wissen   97

Christop Hubig
Steuern und Regeln. Von der Zufallstechnik zur Systemtechnik   111

Klaus Kornwachs
Zur Logik technischer Entscheidungen   131

III. Neue Technologien: Nano- und Biotechnologie

Armin Grunwald
Moderne Hochtechnologien zwischen Planbarkeit
und ungewissen Folgen: Das Beispiel der Nanotechnologie   161

Günter Ropohl
Die Biotechnik im systemtheoretischen Modell   179

Nicole C. Karafyllis
Hybride und Biofakte. Ontologische und anthropologische Probleme
der aktuellen Hochtechnologien   195

IV. Komplexität der Technikfolgen: Klimawandel
Brigitte Falkenburg
   Kollektiver Technikgebrauch und Klimawandel   217

Autoren   241

Namen   243

Vorwort

Die ganze Menschheitsgeschichte hindurch sind Lebensformen und Kultur verwoben mit Technik: Waren die Entwicklung und der Gebrauch von Technik einerseits Bedingung des Überlebens, wie Platon dies schon klar erkennt, so wirken andererseits die sich darauf gründenden kulturellen Formen auf die Aus- und Weiterbildung von Techniken zurück. In nie gekanntem Maße gilt das für die heutige Lebenswelt, in der technogene Globalisierungsphänomene geradeso zu beobachten sind wie gänzlich neue ethische Herausforderungen angesichts neuer Eingriffsmöglichkeiten, die die Nanosphäre weniger Atomschichten ebenso betreffen wie die Gestaltbarkeit des menschliche Genoms selbst. Diese Problematik ist inzwischen erkannt und hat zu einer breiten Diskussion über die Verantwortbarkeit der Entwicklung solcher Technologien geführt.

Was jedoch bisher kaum einer Analyse unterzogen wurde, ist die Frage, welches denn die Kennzeichen dieser neuen Technologien in theoretischer Hinsicht seien. So ist nicht nur eine Wissenschaftstheorie der Technikwissenschaften ein Desiderat – es fehlt eine systematische begriffliche Analyse der neuen Lage. Eben diese Herausforderung aufzugreifen ist das Ziel der hier versammelten Beiträge, um einen ersten Schritt zur Erfassung der neue Problemlage zu tun. Sie wurden im Rahmen eines Forschungskolloquiums des Instituts für Philosophie, Wissenschaftstheorie, Wissenschafts- und Technikgeschichte der TU Berlin erarbeitet. Dieses geschah in Zusammenarbeit mit Prof. Dr. Eckard Minx und mit Unterstützung der Stiftung Brandenburger Tor, denen hier nachdrücklich gedankt sei.

In der Durchgestaltung werden nach einer Einleitung in den Problemkreis drei Fragenkomplexe ins Zentrum gestellt, denen sich ein Beispielfall einer Zukunftsperspektive anschließt. Dabei geht es im ersten Komplex um *Technik im Horizont von Geschichte und Kunst*, um herauszuheben, in welch wesentlicher Gestalt Technik in den gesamten kulturellen Rahmen einer Zeit eingebettet ist und was sich hieraus an Bedingungen für das gegenwärtige Verständnis von Technik ableiten lässt.

So arbeitet Wolfgang König in seinem Beitrag *Menschheitsgeschichte als Technikgeschichte* heraus, dass Technikgeschichte nicht nach Kategorisierungen der Allgemeingeschichte periodisiert werden darf, sondern im Rahmen einer kulturanthropologischen Periodisierungsheuristik gesehen werden muss. Zwei Grundgegebenheiten sind dabei zu berücksichtigen – zum einen die historische Kontingenz, weshalb Periodisierungen je unterschiedliche Schwerpunkte setzen müssen, statt sich auf eine einzige durchgängige Kategorie zu stützen; und zum anderen der kulturelle Kontext, gesehen in einem ethnologischen und kulturanthropologischen Zugriff. Technik darf dabei nicht in die „materielle Schublade" gesteckt werden, vielmehr ist die Trias materielle Kultur/soziale Kultur/geistige

Kultur zu berücksichtigen. Auf dieser Basis werden nicht nur Empfehlungen für eine künftige Technikgeschichtsschreibung entwickelt, sondern Möglichkeiten aufgezeigt, die Besonderheiten gegenwärtiger Herausforderungen durch die neuen Technologien sachgerecht zu verorten und zu bewerten – wie Globalisierung und Individualisierung, die Renaissance der Mündlichkeit und Bildlichkeit, Sättigungserscheinungen im Hochindustrialisierungsbereich, der Dauerhaftigkeitsverlust sozialer Beziehungen und die Folgen der Vermehrung der Information, die einerseits zu einer Mehrung der Optionen führt, andrerseits zum Problem der Desinformation.

Karl H. Metz fordert in seinem Beitrag *Arbeitsethos und technische Entwicklung*, Technik stets als eingebettet in das Geflecht von Arbeit, Kultur und Ethos zu sehen und insbesondere die jeweiligen Energiequellen zu berücksichtigen. War in der Antike Arbeit, beruhend auf menschlicher Muskelkraft, Angelegenheit der Sklaven, erfuhr sie im monastischen Leben als Auf-sich-Nehmen der Strafe des Sündenfalls eine Positivierung. Dies führte in den Städten Europas zu einem Arbeitsethos, in das die Technik einbezogen wurde: Deren Arbeitserleichterung wird zum Element der Erlösung von den Sündenstrafen. Mit der Industrialisierung und der Verwendung fossiler Energien wandelte sich solches Ethos zu einem Fortschritts- und Freiheitspathos: Arbeit wird zum Medium der Selbstherstellung des Menschen, weil Eigentum das Resultat der eigenen Arbeit ist; Technik wird dabei zum Element der Arbeit selbst. In den USA entstand hingegen mit dem Taylorismus die gänzlich andere Auffassung, Technik sei nicht durch Arbeit, sondern durch den Markt bestimmt: Radikale Unternehmerpraktiken gelten als vernünftig, (Fließband-)Arbeit als vernunftlos. Hieraus erwachsen die heutigen Probleme von Arbeit und Technik, denn schon wegen der Verknappung fossiler Energien wird Arbeit zur Wissensarbeit, bei der es um das Überleben der bestehenden Gesellschaft geht.

Zielten die beiden ersten Sichtweisen von der Geschichte auf die Gegenwart, so ist der Zugang von Gerhard Gamm durch die Frage nach der wechselseitigen Beziehung und Abgrenzung von gegenwärtiger Technik und Kunst geleitet. In seiner Gegenüberstellung *Artefakte der Kunst – Artefakte der Technik* verdeutlicht er, dass nach Jahrhunderten einer Einheit der *artes*, gegründet auf die beiden Seiten gemeinsame Schaffenskraft und Kreativität, im 19. Jahrhundert eine scharfe Trennung erfolgte: Die Kunst wurde absolut gesetzt. Mit der Moderne zerbricht diese Überhöhung, und es kommt zu einer gänzlich unklaren Entgegensetzung mit tiefen Spannungen, obwohl Kunst technische Werkzeuge nutzt (Videoinstallation), technische Artefakte Thema der Kunst werden (Beuys' Honigpumpe), Experimente Eingang in die Kunst finden und Kunst Thema der Technik wird. Deshalb – so die Leitthese – ist die Dramatik des Verhältnisses Kunst/Technik nur aus der Konkurrenzsituation der mit ihnen verbundenen Lebensdeutungen verständlich. Technik ist Kunst des Möglichen mit der Gefahr der Entfremdung; Kunst betrifft das Unmögliche, Nichtfestgelegte, Unerhörte mit der Gefahr der Verstörung. Kunst beantwortet also durch Offenhalten die durch Technik entstandene Enttäuschung, beruhend auf der Reaktion der Technik auf Bedürfnisse durch das bloße Angebot von Befriedigungsinstrumenten.

Der zweite Komplex widmet sich der *Technik im Horizont von Lebenswelt, Wissen und Entscheiden*. Er führt von der alltäglichen Lebenswelt zu den Besonderheiten technischen Wissens, spezifiziert im Steuern und Regeln, um in eine Logik des Entscheidens als strukturellem Hintergrund aller Dezisionen im Entwicklungsprozess zu münden.

Günter Abels Analyse des Verhältnisses von *Technik und Lebenswelt* gilt den Bedingungen der Wechselwirkung beider Seiten. Dazu unterscheidet er in einem 4-Stufen-Modell (i) Technik als kognitives oder materielles beobachtbares und beschreibbares System von (ii) Lebenswelt, (iii) Lebensform und (iv) Weltbild. Die Inhalte aller dieser Stufen sind plastisch und bezüglich der Technik durch wechselseitige Beeinflussungen charakterisiert; dieses zeigt sich sowohl in den Erfolgen von Technik wie in der Kontinuität der Dynamik beider Seiten. Systematische Grenzen dieser Dynamik liegen in der Endlichkeit der Technik und in der Nicht-Arithmetisierbarkeit bestimmter lebensweltlicher Inhalte (z.B. Kognitionsleistungen und existentielle Entscheidungen). Praktische Grenzen hingegen liegen in der Bedingung, dass jede neue Technologie in der jeweiligen Lebenswelt ihre Anknüpfung finden muss. So zeigt sich eine Ko-Evolution und Ko-Operation von Lebenswelten und Technologien; die Grundlage der Plastizität beider Seiten bildet letztlich die Plastizität unseres Gehirns, dessen Technisierung (Neurochips) zu gänzlich neuen Herausforderungen sowohl technologischer wie ethischer Art führen wird.

Um das *Technische Wissen* sachgerecht erfassen zu können, fügt Thomas Gil den beiden vertrauten Formen *theoretisches Wissen* und *praktisches Wissen* eine dritte hinzu, das *Erlebniswissen* als subjektbezogenes Wissen. Diese Erweiterung des Begriffsrahmens betrifft ein „Wissen, was es heißt" – etwa als ein Wissen, wie es sich anfühlt, einen schnellen Sportwagen zu fahren. Charakteristikum der Technik ist nun, dass in ihr alle drei Wissensformen zusammentreffen; nur so wird es möglich, die breite Wechselwirkung der Technik als *Technisierung* im technologischen, gesellschaftlichen, wirtschaftlichen und kulturellen Kontext zu verstehen. Was bleibt, ist deshalb die Aufgabe der Technikgeschichte, einzelne Technisierungsprojekte in einem holistischen Konzept zu untersuchen. Die Philosophie mag dann die Frage stellen, warum die Technisierung eine so breite Wirkung hat – etwa, weil Ziele der Technisierung auf in der Gesellschaft liegende und sich ändernde Bedürfnisse zurückzubeziehen sind.

Im Beitrag von Christoph Hubig steht das für jede Technik zentrale Verhältnis von *Steuern und Regeln* im Mittelpunkt. Er zeigt, dass die heutige ‚transklassische Technik', vor allem die Biotechnik und die Informationstechnik, durch einen Verlust der klassischen Steuerbarkeit gekennzeichnet ist, weil Real- und

Sozialtechnik von IT-Techniken abhängig werden, die keine klaren Eingriffsmöglichkeiten mehr kennen: Die Mensch-Maschine-Schnittstelle verschwindet. Deshalb ist eine Kommunikation *über* die Systemkommunikation zu ermöglichen, um an Vermächtniswerten festhalten und Optionswerte gestalten zu können. Voraussetzung hierfür ist jedoch eine Schnittstellen-Architektur, über die bei Bedarf (etwa beim Auftreten nicht vorhergesehener Störgrößen) in das technische System eingegriffen werden kann.

Klaus Kornwachs entwickelt Elemente einer *Logik technischer Entscheidungen*. Dabei ist ein erweiterter Technikbegriff zugrunde zu legen, der Menschen, Handlungen und Organisationen ebenso wie Ziele, Störungen, Einflüsse etc. als Ko-Systeme einbezieht. Weiter tritt der Zeitablauf von der Problementstehung über die Problembewertung bis zum Handeln als Element einer Temporallogik hinzu. Darum bedarf es neben aussagenlogischer Strukturen einer Durchführungslogik, um folgendes auszudrücken: ‚Ein Artefakt bringt eine technische Funktion $x \to y$ zur Wirkung' genau dann wenn ‚Die Handlung A produziert x, um y zu erhalten'. Auf dieser Basis gelingt es, einen formal der Aussagenlogik angelehnten Kalkül zu entwickeln, der vollständig und gegeneffektivitätsfrei (entsprechend der Widerspruchsfreiheit der Aussagenlogik) ist. Damit ist ein wichtiger Schritt in Richtung der Offenlegung der formalen Struktur technischer Entscheidungen gelungen.

Der dritte Fragenkomplex gilt den *Neuen Technologien: Nano- und Biotechnologie*. Dabei geht es weder um deren Darstellung noch um deren ethische Bewertung, sondern um die Frage, wie sich deren neue Objekte und der technische Umgang mit ihr begrifflich fassen lassen – eine Aufgabe, deren Lösung eigentlich die Voraussetzung der ethischen Reflexion sein müsste.

Armin Grunwald, selbst vielfach in Fragen der Technikfolgenabschätzung involviert, eröffnet diesen Bereich unter der Leitproblematik *Moderne Hochtechnologien zwischen Planbarkeit und ungewissen Folgen: das Beispiel der Nanotechnologie*. An ihr arbeitet er den doppelten Zeitbezug der Technik (Vorausschau in der Planung; Folgen nach der Verwirklichung) und das daraus resultierende Spannungsverhältnis in Planung und Gestaltung als Problem eines doppelten Zukunftsverständnis heraus: Zukunft ist weder voraussagbar noch gänzlich zufällig. Zwischen völliger Fiktion, visionären Sichtweisen und apokalyptischen Szenarien ist deshalb eine Zukunftskommunikation als ein reflektierter Entwurf gefordert, dessen epistemische und normative Komponenten so herauszuarbeiten sind, dass eine begründete Antwort auf die Frage möglich wird: Was für eine Zukunft wollen wir? Damit ist nicht nur ein weiter Bogen gespannt, sondern – unter Hinweis auf die besonderen methodischen Vorgehensweisen – als gänzlich neues Element die verantwortliche Analyse der vielfältigen Zukunftsvisionen und Zukunftsängste der Gegenwart in die Diskussion eingebracht.

Günter Ropohl hat vor Jahrzehnten in seiner *Systemtheorie der Technik* anhand der Maschinentechnik als Modellfall eine tiefdringende Analyse der Struktur von Technik entwickelt. In seinem Beitrag *Die Biotechnik im systemtheoretischen Modell* geht es um die herausfordernde Frage, ob sich sein bewährter Ansatz auch auf die Biotechnik der Gegenwart ausdehnen lasse. Ropohl bejaht dies, weist aber zugleich anhand einer Unterscheidung von Biotischer Verfahrenstechnik und Organismischer Verfahrenstechnik auf die besonderen Probleme letzterer hin, die nicht so einfach nach dem Schema einer Funktionserfüllung zu erfassen sind.

Auf Nicole Karafyllis geht der Begriff ‚Biofakt' als Bezeichnung für Biotisches zurück, das durch menschliche Eingriffe gestaltet ist. Ihre Untersuchung *Hybride und Biofakte* verfolgt die Schwierigkeiten einer ontologischen Kennzeichnung solcher Entitäten. Denn anders als klassische technische Artefakte sind Biofakte dadurch gekennzeichnet, wachsen zu können: Leben und Technik gehen eine Synthese ein, die ein ganz neues Verständnis beider Seiten verlangt: Über die technische Imitation des Lebendigen, fortgeführt in der Automation und Simulation, geht die Fusion beider Seiten hinaus. In ihr wird die Potentialität von Lebewesen im Zuge der Technisierung so genutzt, dass deren interne Vermögen zu extern normierbaren Möglichkeiten ‚des Lebens' mit verschiedenen Attributen werden, die sich den traditionellen Beschreibungsformen von Technik entziehen. Doch auch der Menschen als „Hybrid" zwischen Techniknutzer und Naturwesen stellt uns vor gänzlich neue Probleme.

Den Abschluss bildet eine perspektivische Untersuchung über Technikfolgen, die mit wissenschaftstheoretischen Mitteln die *Komplexität der Technikfolgen* am Beispiel des Klimawandels aufzeigt. Die hier thematisierte Herausforderung bezeichnet zum einen das Desiderat einer Wissenschaftstheorie der Technikwissenschaften – ein Anliegen, von dem zu hoffen ist, dass es künftig intensiver verfolgt wird –, und zum anderen die besondere Problematik, die mit komplexen Systemen und deren Begrenztheit ihrer Prognosen verbunden ist.

Unter dem Titel *Kollektiver Technikgebrauch und Klimawandel* hat sich Brigitte Falkenburg der eben angesprochenen Thematik angenommen. Nach einleitenden allgemeinen Bemerkungen zum Technikbegriff behandelt sie den Klimaschutz als wissenschaftstheoretisches Problem und als allgemeine Herausforderung. Man kann und muss den anthropogenen Treibhauseffekt als den größten technischen Unfall der Menschheitsgeschichte sehen. Er ist eine komplexe Folge von Energiebedarf, Marktmechanismen und ökonomischen Bedingungen. Für den Klimaschutz als Forderung nach einer Technikfolgen-Bewältigung führt dieses zu der zentrale Forderung nach einem Paradigmenwechsel, der ein globales Denken in den Technikwissenschaften und in der Ökonomie verlangt, das in der Verantwortung für das Klima jeden Handelnden einbezieht.

In diesem Durchgang sind neue Fragestellungen, neue Denkmodelle und neue Verknüpfungen deutlich geworden, die zeigen, wie notwendig ein umfassenderes Denken über Technik in der Gegenwart ist. Allen, die daran mitgewirkt haben, gilt darum mein aufrichtiger Dank. Den Mitarbeitern des Peter Lang Verlags danke ich für ihren sachkundigen Rat.

Berlin, im November 2007   Hans Poser

Hans Poser

Herausforderung Technik
Ethische, ontologische und epistemologische Fragen

1. Einleitung

Kaum etwas prägt unser Leben so sehr wie die Technik – nicht nur, dass eine Geburt in den Industrieländern in der Klinik stattzufinden hat und der Tod auf der Intensivstation, nein, wir tun kaum einen Schritt, der nicht von Technik begleitet wäre: Unsere Lebenswelt ist eine durch Technik geschaffene Welt, unsere Kultur wäre ohne sie nicht denkbar und unsere Lebenserhaltung danken wir ihr. Dabei erscheint sie als das von Menschen erdachte, von Menschen genutzte und kontrollierte Mittel zur Befriedigung alter und neuer Bedürfnisse, um unser Leben leichter, vielleicht auch glücklicher zu machen. Doch ebenso sehr tritt Technik uns als Moloch entgegen, der in der Maschinenwelt alles Individuelle beiseite räumt, der uns in Daten und Kommunikationsstrukturen gefangen hält und der zugleich unsere Lebensbedingungen, denen die Technik doch dienen sollte, zu zerstören droht: Die apokalyptischen Reiter heißen heute Klimakatastrophe, Ozonloch, Verstrahlung und Overkill, und sie beginnen ihren Ritt in Hiroshima, Bohpal, Seveso und Tschernobyl. Technik durchdringt so alle Lebensbereiche, weckt Hoffnungen wie Befürchtungen als uns gegenüberstehende, ihren eigenen dynamischen Gesetzen gehorchende Macht.

Im Gang durch die Geschichte der Menschheit wird das Zusammenspiel von Technik und Kultur als so einschneidend empfunden, dass große Zäsuren mit den jeweils verwendeten und neu hinzukommenden Technologien verbunden werden. Dies strahlt nicht nur auf unser Verständnis von Kulturgeschichte aus, sondern auch auf das Bild vom Menschen selbst. So kennzeichnete Benjamin Franklin den Menschen als *tool making animal*, und nicht erst seit Max Frisch, sondern seit Henri Bergson sprechen wir vom *homo faber*: Kein *animal rationale*, sondern das Technik hervorbringende und planvoll verwendende Wesen steht im Vordergrund.

Selbst wenn wir heute vor allem von Menschenaffen wissen, dass sie nicht nur Werkzeuge gebrauchen, sondern auch herstellen, wird doch die Menschheitsgeschichte gerade durch Techniken gekennzeichnet; einige Stichworte auf einem Weg in Siebenmeilenstiefeln durch die Jahrtausende mögen dies verdeutlichen:

– der Werkzeuggebrauch,
– die Werkzeugherstellung, zunächst aus Knochen und Stein,
– die Feuernutzung,
– die Bronze- und Eisenverhüttung.

Stets ist die technische Innovation mit Veränderungen in der Gesellschaft Hand in Hand gegangen, denn die zunehmende Verfeinerung im Werkzeuggebrauch und in der Werkzeugherstellung führt zur Arbeitsteilung und zur Stadtbildung, Städte wiederum werden durch Verkehrswege verbunden, die ihrerseits erst dann wirklich sinnvoll für einen Warenaustausch sind, wenn es auch geeignete Verkehrsmittel gibt. Auch hier gilt, dass jeder Entwicklungsschritt Ausprägungen auf das gesellschaftliche Gefüge hat. Insbesondere werden bestimmte Techniken als Kulturtechniken gekennzeichnet, denen ebenfalls entscheidende Entwicklungsstufen zugeordnet sind, so

- die Schrift,
- der Druck,
- die Informationsverarbeitung.

Längst sind wir gewohnt, Technik in Verbindung mit Wirtschaft zu sehen und große Einschnitte hieran festzumachen:

- Die Entwicklung von ersten Maschinen in der Antike;
- die systematische Ersetzung menschlicher Arbeit in der ersten vorindustriellen Phase des ausgehenden Mittelalters mit Mühlen, Sägemühlen, Walkmühlen, Pochwerken;
- die systematische Ersetzung der menschlichen Anstrengung durch Kraft- und Arbeitsmaschinen in der Industriellen Revolution, beginnend mit den Dampfmaschinen von Thomas Newcomen und James Watt;
- die systematische Vernetzung solcher Maschinen zu Großsystemen in der zweiten Hälfte des 19. Jahrhunderts im Telegrafen- und Eisenbahnwesen wie in der Energieversorgung durch Gas und Elektrizität; und schließlich
- die Steuerung der Systeme durch Rechenanlagen in der sogenannten Zweiten Industriellen Revolution seit dem letzten Drittel des vergangenen Jahrhunderts.

Immer waren es technische Innovationen, die Durchbrüche ermöglichten, die weit in die Kultur wirkten. Man denke an die Erfindung des Papiers und des Drucks, die zusammen erst ein lesendes Bürgertum ermöglichten; man denke an die Ersetzung des Lateinsegels durch ein Segel, das Kreuzen gegen den Wind erlaubte und zusammen mit dem Kompass den geistigen Horizont des Abendlandes auf ungeahnte Weise erweiterte. Und es sei daran erinnert, dass seit der zweiten Hälfte des 19. Jahrhunderts nicht nur die Technik verwissenschaftlicht ist, sondern im Gegenzuge die Wissenschaften technisiert wurden: Kein Messgerät ist ohne Technik denkbar; selbst die Geisteswissenschaften haben sich dem nicht entziehen können, auch wenn sie technische Verfahren wie Altersbestimmungen, elektronische Textanalysen oder chemische Farbanalysen als Hilfswissenschaften ansehen.

Auch vor dem Menschen hat die Technik nicht haltgemacht. Medizintechnische Eingriffe sind spätestens seit der Antike bekannt; und ein Bypas oder ein

Herzschrittmacher gehören wohl, wenn wir alt genug werden, heute zur Standardausrüstung. Was Wunder, dass wir unseren Körper selbst als Maschine betrachten, uns vom Arzt ‚durchchecken' lassen wie unser Auto. Selbst unser Denken ist da längst eingeschlossen, denn wenn jemand ‚nicht so richtig tickt', da oben, vermuten wir, es sei bei ihm ‚eine Schraube locker'. Kurz, der Mensch ist ein mit und durch Technik lebendes Wesen.

Was aber ist Technik in ihrer Vielgestaltigkeit? Jeder von uns führt das Wort tausendfach im Munde, jeder von uns glaubt zu wissen, worum es dabei geht – und doch bereitet eine Definition beträchtliche, vielleicht unlösbare Schwierigkeiten; denn sie müsste in der Lage sein, die Vielfalt dessen zu umgreifen, was von uns mit dem Begriff verbunden wird. Als eine erste Verständigung soll ein Definitionsvorschlag von Klaus Tuchel dienen:

> „*Technik* ist der Begriff für alle Gegenstände und Verfahren, die zur Erfüllung individueller oder gesellschaftlicher Bedürfnisse auf Grund schöpferischer Konstruktionen geschaffen werden, durch definierbare Funktionen bestimmten Zwecken dienen und insgesamt eine weltgestaltende Wirkung ausüben."[1]

Von *Technologie* möchte ich dort sprechen, wo es darum geht, die Verwissenschaftlichung der Technik zu betonen.

Worin besteht nun die Herausforderung durch Technik heute – in einer Zeit dramatischer Technikdynamik? Dieser Frage soll hier nachgegangen werden, und zwar als einer Frage aus der Distanz und einer, die auf Allgemeines abzielt; zugleich aber als einer Frage, die hinsichtlich der Technik nicht auf über zwei Jahrtausende expliziter Reflexion und gesicherter Methodik zu bauen vermag. Denn obwohl sich bei genauerem Zusehen von Platon und Aristoteles an immer wieder Überlegungen zum technischen Handeln finden, stammt die erste Philosophie der Technik aus der zweiten Hälfte des 19. Jahrhunderts, geschrieben von Ernst Kapp. Doch erst in den letzten drei Dezennien hat sich eine eigene Disziplin herausgebildet, ohne deshalb schon feste Formen mit lehr- und lernbaren Inhalten und einem eigenen Methodenkanon angenommen zu haben. Allerdings steht zu vermuten, dass dies gar nicht gelingen kann, denn die heutigen Beiträge spiegeln die ganze Breite von Zugangsweisen – von systemtheoretischen Ansätzen technischer Provenienz bei Günter Ropohl, dessen Systembegriff so gut wie gar nichts mit dem von Niklas Luhmann zu tun hat, über den der analytischen Philosophie folgenden Methodik bei Friedrich Rapp bis hin zu lebensphilosophischen Überlegungen bei dem der deutschen Tradition folgenden Spanier und Argentinier José Ortega y Gasset und dem existenzphilosophischen Zugang bei Martin Heidegger, in Gestalt der Technikkritik in der kritischen Theorie Max Horkheimers, Herbert Marcuses und Jürgen Habermas'.[2]

---

[1] Tuchel, Herausforderung der Technik, S. 24.
[2] Zu den Genannten vgl. Hubig/Huning/Ropohl, Nachdenken über Technik.

Mit dem gerade erschienen Werk von Christoph Hubig liegt erstmals wieder eine umfassende und eigenständige, von der Mittelproblematik ausgehende Philosophie der Technik vor.[3] In der Technikethik wiederholt sich dieses Spektrum philosophischer Positionen, die in ihrer Heterogenität einzig in dem wechselnden Bezug auf Technik ihren gemeinsamen Fluchtpunkt haben.

Angesichts der durch die Komplexität der Technik selbst und der Vielfalt ihrer Eindringtiefe in menschliches Leben und Zusammenleben wie auch in die menschliche Kultur wäre es unsinnig, nach dem einen, alles erfassenden Weg zu suchen, auch wenn dies einige Autoren für sich in Anspruch nahmen. Statt dessen soll hier – nach einer knappen Skizze der gegenwärtigen Herausforderung durch neue Techniken – der Zugang längs vier zentraler Fragen gesucht werden: Was dürfen wir technisch verwirklichen? Was ist ein Artefakt? Was ist technisches Wissen? Was sind die Möglichkeitsbedingungen von Technik auf der Seite des Menschen? Oder anders, in klassischer philosophischer Begrifflichkeit ausgedrückt: Es geht um die Ethik, die Ontologie, die Epistemologie und schließlich um die Anthropologie der Technik.[4]

2. Die Herausforderung: Neue Techniken

Von der Herausforderung durch Technik zu sprechen setzt voraus, dass es eine Lage gibt, die neue theoretische Lösungsansätze nicht nur im technologischen Bereich verlangt. Tatsächlich sehen wir uns solchen Problemen gegenüber, die teils durch neue Technologien, teils durch deren veränderte Aufnahme und Distribution aufgeworfen sind. Diese seien kurz und ohne Anspruch auf Vollständigkeit benannt:

1. Technologien sind heute in den *Nanobereich* vorgedrungen, in Dimensionen zwischen einem und hundert Nanometer, wobei ein Nanometer etwa dem Ausmaß von fünf Atomen entspricht. Nanophysik, Nanochemie und Nanobiologie haben dort gänzlich unerwartete Phänomene gefunden. Dieser Bereich galt früher als vollkommen jenseits aller denkbaren Technik, weil Eingriffsmöglichkeiten unvorstellbar waren. Genau das aber hat sich geändert, so dass die neuen Phänomene technologisch nutzbar gemacht werden können. Die Herausforderung jedoch liegt darin, dass wir kaum über Theorien verfügen, welche die Phänomene zu erklären gestatten oder gar andere, mit den Effekten verbundene Wirkungen zu prognostisieren vermöchten – und das bedeutet bezüglich der Nanotechnologien, dass eine Technikbewertung oder Technikfolgenabschätzung fast ausfällt, weil eine Nebenwirkungsprognose kaum möglich ist.[5]

---

[3] Hubig, Die Kunst des Möglichen I.
[4] Hierzu auch Poser, Perspektiven einer Philosophie der Technik.
[5] Grunwald, Nanotechnologie als Chiffre der Zukunft; Poser, Small is beautiful?

2. Technologien stützen sich heute nicht nur auf Physik und Chemie: Als *Biotechnologie* ist die technologische Umgestaltung unserer Lebewesen und unserer Lebenswelt in einen Bereich vorgedrungen, der für eine am Maschinenparadigma orientierte Sicht gänzlich unzugänglich schien. Doch Descartes' Vorstellung von einer Körpermaschine fordert ihren späten Tribut: Wir finden uns nicht nur von gentechnisch modulierte Pflanzen umgeben, längst dringt die Technik zu Tier und Mensch vor; und auf der EXPO 2000 in Hannover wurde als Zukunftsvision in einer Video-Installation ein junges Paar gezeigt, das die Eigenschaften seines Kindes wie das Zubehör des zu ordernden Autos nach einer Liste zusammenstellte: blauäugig wie das Video, gutartig wie die Installation, klug wie die Installationsgestalter hätten sein sollen und so fort: Wir stehen vor der Frage, ob wir uns mit dem vertrauten Bild vom Menschen zufrieden geben wollen oder ob wir die Anthropologie von einer deskriptiven Wissenschaft zu einer Gestaltungswissenschaft für den gestylten Menschen umformen sollen.

3. Ein weiterer Bereich ist längst der Technik zugesellt, in dem der Mensch ursprünglich ganz bei sich selbst zu sein beanspruchte – der Bereich der Vernunft: Alle formalen geistigen Operationen lassen sich auf den Computer übertragen, der in dieser Sicht weit mehr als ein bloßer Rechner ist. Alle Information, die sich codieren lässt, wird ihm nicht nur als ausgelagertes Gedächtnis wie einst den Büchern übergeben, sondern auch von ihm verarbeitet – und dies in einem Umfang und mit einer Geschwindigkeit, die alles menschliche Maß übersteigt. Die *Informationstechnologie* hat schon Joseph Weizenbaum vor der Macht der Computer und Ohnmacht des Geistes warnen lassen; doch seither sind computergesteuerte medizinische Diagnosen und komplexe Systemsteuerungen zur Selbstverständlichkeit geworden. Neu ist das Problem des Datenmülls, der alle Computer verstopft, und die Unmöglichkeit, diesen Müll wie bei der mechanischen Abfallbeseitigung nun elektronisch zu entsorgen, so dass wir in der Informationsflut zu ersticken drohen.[6] Vor allem aber scheint der Albtraum vom Menschen als Sklave der Roboter der Verwirklichung nähergerückt.[7]

4. Damit ist der Bereich der *Systemtechnik* berührt. Netzwerke sind heute – anders als die Gas- und Elektrizitätsnetze des 19. Jahrhunderts – nicht mehr das Produkt einer bis ins Detail gehenden Planung, sondern folgen – wie die Expansion des Internets zeigt – einer Dynamik, der keine Gesamtintentionalität zu Grunde liegt. Das aber gilt für Straßennutzung oder Warenflüsse in vergleichbarer Weise, ohne dass wir ein Verständnis von dieser Systemdynamik hätten – schlimmer noch: selbst wenn wir dafür adäquate Modelle besäßen, ist eines der durchschlagenden Resultate der Komplexitätstheorie, dass wir dann zwar das Systemgeschehen verstehen, es aber nicht zu prognostizieren vermögen; und dies gilt insbesondere für die Ausformung neuer Strukturen. Wir verwirklichen

---

[6] Kornwachs, Wissen als Altlast.
[7] Poser, Computergestütztes Konstruieren.

also technologisch Netzwerke und Strukturen, die in nicht prognostizierbarer Weise zu gesellschaftlichen und kulturellen Veränderungen führen.[8]

5. Ein Element der Technikdynamik, das eine große Herausforderung darstellt, ist die Wirkung der *globalisierten Technik* – und zwar ökonomisch wie ökologisch und kulturell: Auf der einen Seite bedarf es einer Form der Ethik mittlerer Begründungstiefe, die kulturübergreifend bestimmte Formen der Entwicklung und des Umgangs mit Technik einschließlich der Kriegstechnik gemeinsamen Regeln und Verhaltenscodices unterwirft, während wir andererseits die Bewahrung der Vielfalt der Kulturen um der Vielfalt der Ausprägungen menschlichen Geistes willen als Aufgabe begreifen müssen.[9]

Nun sind die eben genannten Herausforderungen nicht alle genuin philosophisch, sondern oft technologischer Art. Viele von ihnen werden, was die philosophische Seite anlangt, nur als Probleme einer Technikethik wahrgenommen; deshalb soll von dort der Zugang gewählt werden – nicht allerdings mit dem Ziel, Grundzüge und Grundprobleme einer Technikethik zu entwickeln, sondern um daran zu verdeutlichen, dass auch die technikspezifische moralisch-ethische Argumentation nicht ohne eine Reflexion der Bereiche der Ontologie, Epistemologie und Anthropologie der Technik auskommen kann. Die philosophischen Herausforderungen sind deshalb von viel grundsätzlicherer Art als die öffentliche Diskussion erkennen lässt. Dem gilt es sich jetzt zuzuwenden.

3. Ethik: Was dürfen wir verwirklichen?

Technikethik ist keine Sonderethik, die neben die sich als universell verstehende Ethik zu treten hätte, sondern recht gesehen das Eingliedern von moralischen Wertungsproblemen, die im Zusammenhang mit technischen Handlungen auftreten, in den ethischen Horizont. Dies hat es immer schon gegeben – auch die Antike kennt solche Fragen –, denn Technik, die ja genuin mit Wertungen verbunden ist, ist deshalb stets in einen kulturellen Rahmen eingebunden gewesen. Unsere Schwierigkeiten liegen dabei in zwei sehr unterschiedlichen Bereichen – der eine besteht in der Neuartigkeit technischer Artefakte, Prozesse und Strukturen, die zu neuen Fragestellungen führen, der andere wird durch den Zusammenprall von Globalisierung durch Technik mit regionalen Kulturen und ihren unterschiedlichen Normen und Wertvorstellungen hervorgerufen. Während der erste Bereich die Analyse der zu bewertenden Elemente und die schrittweise Anknüpfung an vertraute Antworten verlangt, erfordert der zweite, durch die Globalisierung hervorgerufene Problembereich als Antwort eine Globalisierung der Handlungsprinzipien, ohne dabei den Kern fremder Kulturen in Frage zu stellen. Dies kann nur erfolgreich sein, wenn nicht nach ethischen Grundprinzipien

---

[8] Poser, System und Selbstorganisation.
[9] Hubig/Poser, Technik und Interkulturalität.

mit universellem Geltungsanspruch gefragt wird, sondern nach Prinzipien mittlerer Begründungstiefe, die kulturübergreifend akzeptabel erscheinen.

Blicken wir kurz auf die Herausforderungen zurück. In der *Nanotechnologie* lautet der Vorwurf, dass in einem Bereich, in dem Prognosen bislang kaum möglich sind, bereits technische Anwendungen vorgenommen werden. Dies ist eher ein Problem der Technikbewertung denn ein genuin moralisches Problem; dennoch verlangt es eine philosophische Antwort, die auf den Prozess der Technikentwicklung abstellt, für den analog der Pharmaentwicklung Risiken einzudämmen sind. – In der *Biotechnologie* geht es recht eigentlich um die Frage, was Leben ist, was der Mensch ist und worin der technologische Eingriff im Zusammentreffen von Technologie und Leben besteht; eine Antwort auf ethische Fragen sollte nicht gegeben werden, ohne diese Grundfrage geklärt zu haben. – Bei der Sorge um eine Beherrschung des Menschen durch den *Computer* oder gar durch Roboter sollte zunächst geklärt sein, was technisches Wissen ist, um in diesem besonderen Fall sagen zu können, welche Teile hiervon formalisierbar und damit einer Rechenanlage übertragbar sind. – In der durch *Systemtechnik* hervorgerufenen Sorge um eine Unbeherrschbarkeit großtechnischer Systeme muss bei der viel tiefer liegenden Frage angesetzt werden, worin die Dynamik technischer Systeme besteht und worauf sie sich gründet. – Die durch die *Globalisierung* aufgeworfenen Fragen gehören in den Problemkreis einer Kulturphilosophie der Technik, und nur von dort her lässt sich eine Antwort darauf finden, wie mit Wertungsproblemen einschließlich ethischer Fragestellungen umzugehen ist.

Nun sind die hier anstehenden Probleme und Schwierigkeiten heute breit diskutiert, es werden zu ihrer pragmatischen Lösung Enquete-Kommissionen und nationale Ethikräte eingesetzt, jedes Klinikum hat seine Ethik-Kommission. So wichtig dieses alles ist – es kann und soll an dieser Stelle nicht vertieft werden. Vielmehr war es mein Anliegen zu verdeutlichen, dass wir derzeit über Technikethik reden, als wüssten wir genau, was Technik ist und worin ihre Herausforderungen für die Gegenwart bestehen. Diese Seite verlangt jedoch einer tiefgreifenden Klärung, weil sonst Technikethik auf tönernen Füßen zu stehen droht.

4. Ontologie: Was ist ein Artefakt?

Einer der wenigen Bereich der klassischen Metaphysik, der bis heute seine Bedeutung nicht verloren hat, ist die Ontologie. Dort aber zeigen sich als Folge der Technik ganz neue Fragestellungen, weil die alte Schichtenlehre von Aristoteles bis zu Nicolai Hartmann endgültig obsolet geworden ist:

Moderne Materialtechnologien haben unsere Vorstellungen von Eigenschaften der physischen Welt vollkommen verändert. Wenn in der Nanotechnologie so etwas Unfassbares wie sogenannte Quantendots herumgeschoben und manipuliert werden, also etwas, das weder klassische Welle noch klassisches Korpuskel ist, wenn keramische Stoffe erzeugt werden, die magnetisierbar sind, Licht im Laser so polarisiert und energetisch aufgeschaukelt werden kann, dass ein Laserstrahl als Artefakt entsteht, geht der alte Materiebegriff verloren. Wenn überdies die Technologie in die Biologie Einzug hält, um biotische Strukturen zu verändern, muss der ganze klassische Artefaktbegriff aufgegeben werden: Dolly ist (oder war) ein Lebewesen und zugleich ein Artefakt, oder, wie sich einzubürgern beginnt, ein Biofakt.[10] Wie aber steht es um die Samen gentechnisch erzeugter Pflanzen? Ihre Vermehrung geschieht wie bei jeder anderen Pflanze auch – und dennoch liegt wegen der vorausgegangenen gezielten Manipulation ein Unterschied gegenüber der Züchtung vor, die ja auch intentional durch Auslese bewirkt wird. Wenn mir ein Herzschrittmacher eingesetzt wird, bin ich ein Hybrid, gerade so wie nanotechnisch erzeugte Zwitter aus einem organischen und einem mechanischen Teil in sogenannten Drug delivery systems – extrem kleinen Transportfähren, die über Blutbahnen Medikamente an die erkrankte Stelle bringen. Die Grenze zwischen Materie und Leben ist damit auf andere Weise als zum Beispiel bei Viren unterlaufen. Wie aber ist dieses alles von Artefakten zu unterscheiden, die wir Müll nennen – Müll, der heute von der blechernen Konservendose über organische Abfälle bis zum Datenmüll reicht: Auch dies sind Artefakte im Sinne von etwas, das Menschen hervorgebracht haben, obgleich sie es nicht intendiert hatten. Das selbe gilt für die der Technikentwicklung, insbesondere für die den technischen Systemen innewohnende Dynamik, die jedenfalls *so* nicht gewollt ist. Andererseits versuchen wir heute, das Müllproblem von Beginn an durch Recyclingkonzepte und durch eine Müllentsorgungs- und -verwertungstechnologie in den Griff zu bekommen, und Entsprechendes gilt für die Dynamik der Netzwerke, die wir zu steuern suchen.

All dies zeigt, dass Technik, die ja in ihrer Entwicklung intentional hervorgebracht ist, in einer nicht einfach zu erfassenden Weise mit Zielen und Zwecken verbunden ist, dergestalt, dass die intendierten Objekte und Prozesse von uns als quasi-teleologisch ablaufend gesehen werden. Der Müll allerdings ist nicht intendiert, sondern ebenso wie die Technikdynamik ein Folgephänomen. Der Artefaktbegriff ist also zu differenzieren: Er muss unterscheiden zwischen Objekten und Prozessen als quasi-teleologischen Elementen, deren Einsatz oder deren Hervorbringung durch Intentionalität zu kennzeichnen ist, und solchen, die zwar menschliche technogene Hervorbringungen sind wie unsere CO_2-Emissionen, aber dennoch allenfalls in Kauf genommen werden. Noch schwieriger wird die Lage bei Kunstwerken, die heute vielfach technisch hervorgebracht sind; denn was unterscheidet Wolf Vostells still vor sich hin rostende, von Beton ummantelte Cadillacs von zwei fahrtüchtigen Cadillacs auf der Straße? Fraglos hatte Vostell eine Intention – jedoch nicht Prozesse in der Dingwelt betreffend,

---

[10] - eingeführt von Karafyllis, Biofakte.

sondern Prozesse in unseren Köpfen, im Denken. Doch gilt das nicht auch für jede Informationsverarbeitung am Computer?

Die philosophische Herausforderung besteht also darin, einen angemessenen Artefaktbegriff zu entwickeln. Die dargestellte Problemlage zeigt, dass ein Zugang von einer Ding-Ontologie her in die Irre führen wird; doch auch eine Prozessontologie wird der Lage nicht gerecht, weil dreierlei seinen Ort finden muss: Erstens: Technologie wird von uns *geschaffen*; das bedeutet, dass eine voraufgegangene *Idee* von einer *Möglichkeit* am Ende *verwirklicht* wird. Weder Ideen noch Möglichkeiten sind Dinge oder Prozesse – die stehen erst am Ende. Zweitens: Was vorausgesetzt werden muss, ist die *Verwirklichbarkeit* der Möglichkeit – wiederum ein Modalbegriff, der sich wie alle Modalbegriffe einer Rückführbarkeit auf eine modalitätenfreie Kennzeichnung entzieht. Doch es wird noch schwieriger. Drittens: Geschaffen wird etwas, um als Mittel zu einem Zweck zu fungieren; Technik ist also gar nicht denkbar ohne eine Intention, und jede im Hinblick auf einen Zweck verwirklichte Möglichkeit ist essentiell auf dieses Telos, dieses Ziel bezogen.[11] Eine Technik – Prozess wie Artefakt – zu *verstehen* kann nur bedeuten, den Zweck zu verstehen, den sie erfüllen soll. In diesem Sinne muss eine Ontologie der Technik Platz haben für Möglichkeit und Wirklichkeit, für Mittel und Zwecke, für Intentionen und für eine neue Teleologie. Sie zu entwickeln ist eine wahrhaft herausfordernde philosophische Aufgabe.

5. Epistemologie: Was ist technisches Wissen?

Auf zweierlei Weise wirft Technik erkenntnistheoretische Probleme auf – nämlich zum einen in Gestalt der Frage, was technisches Wissen ist, und zum zweiten, wie dieses in den Technikwissenschaften so organisiert wird, dass es begründet ist, gelehrt und gelernt werden kann. Beide Fragen weisen trotz aller wechselseitigen Bezogenheit angesichts heutiger durchgängig verwissenschaftlichter Technik in eine grundsätzlich unterschiedliche Richtung, denn während sich technisches Wissen als Handlungswissen direkt auf die Entwicklung und auf den Umgang mit Technik bezieht, zielen Technikwissenschaften ganz und gar auf eine Versprachlichung in einem Möglichkeitsraum; dabei ist mit Sprache die Fachsprache einschließlich symbolischer Darstellungen in Formeln, Grafiken, Tabellen und Computerprogrammen gemeint. Das Bindeglied zwischen beiden ist fraglos das Handlungswissen; doch es hat je unterschiedliche Gestalt: als technisches Wissen bezieht es sich vorwiegend auf das know how, als technikwissenschaftliches Wissen auf die sprachliche Darstellung der Handlungs*struktur* und der Struktur des know how.

---

[11] Poser, Teleologie der Technik.

Beide Wissensformen sind erst in jüngster Zeit in den Blick der Philosophie beziehungsweise der Wissenschaftstheorie der Technikwissenschaften getreten. Der Grund dafür bestand wohl vorwiegend in der Unterstellung, Technologie sei angewandte Naturwissenschaft, weshalb sich technisches Wissen nicht von erfahrungswissenschaftlichem Wissen unterscheide. Das aber ist grundsätzlich irreführend; denn um es mit einer handlichen Formel Mario Bunges zu sagen: Naturwissenschaftler suchen nach *general laws*, Technikwissenschaftler hingegen nach *better ends*:[12] Für Ingenieure sind allgemeinste Gesetze der Natur zwar nicht zu umgehen, aber für ihre Tätigkeit völlig belanglos; hingegen gibt es kein allgemeines Gesetz für das allgemeine Auto oder für den Laser schlechthin.

Aber was gibt es dann? Genau hier ist eine andere Perspektive gefordert, eben eine handlungstheoretische – denn better ends, Ziele, stehen im Zentrum einer jeden Handlung. Dabei soll unter einer Handlung im Folgenden stets ein absichtsvolles, also intentionales Tun (einschließlich Unterlassungen) verstanden werden. Handlungen aber lassen sich in ihrer Struktur nicht nach dem Erklärungsschema der Erfahrungswissenschaften, nach dem Hempel-Oppenheim-Schema erfassen, sondern in dem, was seit Aristoteles als *praktischer Syllogismus* bezeichnet wird:

Person P will den Zustand A in den Zustand B überführen.
<u>Um B zu erreichen, muss man C tun.</u>
Also P tut C

Nun hat Georg Henrik von Wright schon vor Jahrzehnten auf die Voraussetzungen dieses Schemas aufmerksam gemacht.[13] So bezeichnet die erste Prämisse (die auch ein Sollen ausdrücken kann) eine Intention oder eine Norm – jedenfalls eine Bewertung des gegenwärtigen Zustands A als unbefriedigend gegenüber einem gedachten Zustand B, der als befriedigender empfunden wird – eben als better end; diese Prämisse wird deshalb wertende (auch: normative) Prämisse genannt – und das zu Recht, denn wenn nach einer Begründung gefragt wird, besteht die Antwort in dem Verweis auf Normen und Bewertungen; und fragt man dann weiter, gelangt man zu allgemeineren Normen und Bewertungen. – Die zweite Prämisse dagegen ist von völlig anderer Art: Sie bringt ein Wissen darüber zum Ausdruck, dass C ein Mittel ist, um B von A aus zu erreichen. Sie wird deshalb kognitive Prämisse genannt, und wenn eine Begründung verlangt wird, besteht die Antwort im Verweis auf einen regelmäßig zu beobachtenden Zusammenhang zwischen Zuständen vom Typ A, B und C. Hier schimmert so etwas wie eine Naturgesetzlichkeit durch; doch es wäre falsch, an dieser Stelle von einem Naturgesetz, gar von einem universellen Naturgesetz zu sprechen, denn tatsächlich genügt eine Regelmäßigkeit, die beispielsweise in einer Gesellschaft eine Konvention sein mag. Doch um dem

---

[12] Bunge, Technology as Applied Science. Vgl. Poser, On structural differences.
[13] von Wright, Über sogenanntes praktisches Schließen.

Handlungsstrukturcharakter gerecht zu werden, muss noch weiteres hinzutreten: Die Person P muss diese Regel erstens *kennen*, zweitens sachgerecht *anwenden können* (wie oft das auf Schwierigkeiten stößt, zeigt das häufige Scheitern bei der Befolgung von Gebrauchsanweisungen). Damit nicht genug – eine solche Regel ist hinreichend, aber keineswegs ist man gezwungen, ihr zu folgen, um das gewünschte Ziel B zu erreichen; denn stets gibt es im Grundsatz unendlich viele andere Möglichkeiten. Doch es ist nicht einmal zwingend, eine dieser Möglichkeiten zu ergreifen; denn wenn sich für den Handelnden zeigt, dass er nicht über die Mittel verfügt, die nötig wären, im Augenblick C zu tun, kann er sein Ziel modifizieren zugunsten eines höheren Zieles, das über einen anzustrebenden Zustand B* erreichbar ist. – Nun zur Konklusion: Sie stellt einen Sachverhalt dar. Schon Aristoteles war klar, dass es sich hier nicht um einen logischen Schluss handelt, sondern allein um die Struktur, die unserem praktischen Handeln als Begründungsstruktur zugrunde liegt. Da dies ganz grundsätzlich für alle menschlichen Handlungen gilt, wird hier das Element der Willensfreiheit sichtbar, das hinter jedem intentionalen Tun steht; denn wir könnten trotz aller Einsicht auch anders handeln, weil wir frei sind in der Wahl der Ziele und der Mittel wie auch in der Bewertung der jeweiligen Möglichkeiten.

Das klingt sehr abstrakt und weit entfernt von technischem Handeln; aber ein einfaches Beispiel von Wrights mag verdeutlichen, worum es geht. Wir sehen jemanden im Winter aus seiner Hütte kommen und mit einem Arm voll Holz zurückkehren. Wir deuten dies in einem praktischen Syllogismus etwa folgendermaßen:

P will seine Hütte heizen. Um zu heizen, muss man Holz holen. Also holt P Holz.

Doch angenommen, P kennt diese Regel, hat aber kein Holz – dann kann er beispielsweise Holz sammeln oder wie in Indien mit getrocknetem Dung heizen oder einen Ölofen aufstellen oder, oder. Aber auch eine ganz andere Lösung ist denkbar: Warum will P seine Hütte heizen? Weil er friert – und das zu ändern ist sein oberstes Ziel. Das zu erreichen gibt es aber tausenderlei andere Möglichkeiten, etwa Kniebeugen, der Griff zur Whiskyflasche, der Besuch der nächsten Kneipe – oder noch höherrangig: eine stoische Lebenshaltung und ein willensstarkes Unterdrücken des Unbehagens des Frierens.

Was wir für das technische Handeln gewonnen haben, ist nun deutlich: Technik ist als Artefakt wie als Prozess ein *Mittel*, ein *Ziel* zu erreichen. Technisches Wissen betrifft die Herstellung und Anwendung dieses Mittels ebenso wie eine Kenntnis der zugrunde gelegten Regelstruktur und eine Kenntnis der auf den Zweck bezogenen Bewertungsmaßstäbe. Zu diesem Wissen wird auch eine Kenntnis darüber zählen, wie ein Mittel durch ein anderes ersetzt werden kann. Das aber führt uns auf einen neuen Begriff, der hier unumgänglich ist, auf den Begriff der *Funktion* – nicht im mathematischen Sinne, auch nicht im Sinne von

Funktionieren, sondern im Sinne von Aufgabe: Das Mittel erfüllt eine bestimmte Funktion. Ein Räderwerk einer Pendeluhr erfüllt beispielsweise die Funktion, eine bestimmte Zeigerbewegung zu bewirken. Der Zweck der Funktion ist es, uns die Zeit anzuzeigen. Die selbe Funktion erfüllt auch ein Federwerk oder ein Quartzwerk. Die Substitution eines Mittels durch ein anderes ist also möglich, wenn beide die selbe Funktion erfüllen. Genau hierauf beruht die Bedeutung des Funktionsbegriffs, denn er erlaubt uns, vom jeweiligen konkreten Mittel abzusehen. Die besondere Schwierigkeit liegt nun darin, dass nicht nur Zwecke und Mittel nicht beobachtbar sind, sondern auch die Funktion; alle diese Begriffe werden von uns im Handlungsverstehen herangetragen. Zwar lässt sich die Zeigerbewegung beobachten, aber sie als eine Funktion zu verstehen bedeutet stets ihren Zweck zu kennen. Weder in der Physik noch in der Chemie kommen Funktionen vor, wohl aber in der Biologie, wo sie deskriptiv erfassbar zu sein scheinen; doch schaut man genauer hin, wird ein Maschinenmodell des Organismus unterstellt, das es erlaubt, beispielsweise das Herz als eine Pumpe zu verstehen, die den Zweck hat, den Blutkreislauf in Gang zu halten – und genau in dieser Perspektive wird es unter dem Gesichtswinkel der Funktion möglich, ein krankes Herz durch ein gesundes oder gar durch ein mechanisches Pumpwerk zu substituieren. Das klingt selbstverständlich, ist es aber nicht; so wird beides, die Herztransplantation wie das Kunstherz, in der japanischen Kultur abgelehnt, weil es weder zulässig erscheint, das eigene Herz durch eine Maschine noch gar durch das eines fremden Toten zu ersetzen.

Betrachtet man nun das technik*wissenschaftliche* Wissen, so kann es in ihm nicht mehr um dieses oder jenes Mittel gehen, sondern um deren Funktion, wobei die Funktionserfüllung wiederum in Regeln zu fassen sind. Bemerkenswert ist hierbei, dass nicht nach der Wahrheit der Regeln gefragt wird, ebenso wenig werden solche Regeln als Gesetzeshypothesen gesehen – vielmehr geht es um etwas gänzlich anderes: Die Regeln müssen *effektiv* sein; damit ist gemeint, dass die von der Regel ausgesagte Überführung einer Situation vom Typ A in eine vom Typ B (und das ist genau die von C zu erfüllende Funktion) tatsächlich erfolgt. Ob die Regel *effizient*, beispielsweise günstig im Material- und Energieaufwand ist, stellt eine weitergehende Forderung dar, zu der noch viele andere hinzutreten. Daraus ergibt sich, dass ein komplexes technisches System, in dem zahlreiche Mittel zur Erreichung eines Globalziels koordiniert werden müssen, in der Technikwissenschaft als eine Regelstruktur in Verbindung mit einer Bewertungsstruktur erscheint – was zugleich bedeutet, dass der begriffliche Zusammenhang nicht einem Deduktionsideal verpflichtet ist, sondern einer an der Effektivität zu messenden Kohärenz der Teilregeln. Das mag erklären, wieso es bislang nur Ansätze einer Wissenschaftstheorie der Technikwissenschaften gibt;[14] doch gilt es, diese Herausforderung aufzunehmen und eine angemessene Technikwissenschaftstheorie zu entwickeln.

---

[14] So in Banse/Grunwald/König/Ropohl, Erkennen und Gestalten.

6. Anthropologie: Was sind die Bedingungen auf Seiten des Menschen?

Das Nachdenken über Technik setzt bei Platon im *Protagoras* mit der These vom Menschen als Mängelwesen ein. Diese Linie ist über Herder, Kapp und Gehlen bis heute wirksam geblieben. Die biologisch-anthropologische Bestimmung vom Mängelwesen wurde zwar ergänzt durch die Annahme eines Antriebsüberschusses und durch Verweis auf die Mobilität der Hand; aber über die Deutung bloßer Handwerkstechnik kommt man mit solchen Ansätzen kaum hinaus. Gerade die Herausforderungen der Gegenwartstechnologien fordern eine umfassende Ergänzung der anthropologischen Sicht um für Technik bedeutsame geistige Vermögen, die in der Kultur gleichermaßen in Erscheinung treten:

Ein erstes bemerkenswertes Spezifikum technischen Handelns ist seine *Zeitdimension*. Natürlich ist alles Handeln ein Tun in der Zeit – aber charakteristisch für Technik war von Anbeginn eine beträchtliche Weitung des Zeithorizonts: Eine Steinaxt zu durchbohren braucht lange – die Herstellung setzt voraus, dass sich dieser Zeitaufwand als Umweg, Bäume zu fällen, lohnt; und dies wiederum verlangt eine Zeitperspektive, ein Zeitmanagement und eine Zukunftserwartung, die im Grundsatz bei der Amortisationserwartung eines Industriebetriebs nicht anders beschaffen ist.[15] Worum es an dieser Stelle geht, ist die Feststellung, dass Technik als Mittel immer schon ein Denken in der Zeitdimension verlangt. Das betrifft sowohl den Herstellungs- wie den Verwendungsprozess als auch weit in der Zukunft liegende erwartete Folgen – beim Ackerbau die Ernte Monate später, beim Pflanzen eines Baumes gar Jahre. Die damit verbundene Zeit wird als einsinnig-linear gedacht, verbunden mit der Erwartung der Erfüllung des Zwecks, um dessentwillen die Technik eingesetzt wurde.

Hier scheint die Gegenwartstechnik jedoch in vielen Fällen mit einer gänzlich anderen Erwartungshaltung verknüpft zu sein; denn die Zweck/Mittel-Abfolge hat sich vielfach verändert: neue technische Mittel werden zu anderen Zwecken als den ursprünglich intendierten benutzt. An die Stelle der im praktischen Syllogismus vorausgesetzten Reihenfolge Zweck/Mittel tritt eine Umkehrung durch neue kreative Zielsetzung vermöge des gegebenen Mittels. Mobiltelefone wurden nicht entwickelt zu fotografieren und die Fotos zu mailen; doch in dem Augenblick, in dem das Handy mit einem Display versehen wurde, öffnete sich eine zunächst gar nicht intendierte Nutzungsmöglichkeit – von der Möglichkeit zur Fernzündung einer Terrorbombe ganz zu schweigen. Mehr noch – wurde früher eine Maschine zur Schraubenproduktion gebaut, so lag der Herstellungsprozess – Pressen oder Schneiden – fest, und andere Zielsetzungen waren nicht denkbar. Die Fabrik der Zukunft, wie sie sich Günter Spur erträumte und zu deren Verwirklichung er Namhaftes beigetragen hat, bietet statt solcher zweck-fixierten Maschinen echte Möglichkeitsmaschinen, die durch neue Steuerungssoftware

---

[15] Ropohl, Technisches Problemlösen.

vollkommen neue Produkte herzustellen vermögen.[16] Das gilt bereits für jeden Computer, der längst keine Schreib- oder Rechenmaschine mehr ist, sondern durch einen offenen Möglichkeitsraum gekennzeichnet ist. Tatsächlich gilt dies für alle technischen Systeme – wobei nicht nur Systemtechnik gemeint ist, sondern all jene vergleichsweise frei sich entfaltende Netzwerke wie das Internet oder wie das System Auto / Straße / Tankstelle / Werkstatt / Ersatzteilversorgung. Für den Zeit- und Erwartungshorizont bedeutet dies jedoch eine tiefgreifende Veränderung, weil nicht mehr eine Globalintention, zu schweigen von einer überschaubaren intentionalen Ausrichtung des Handelns die Zukunftserwartung trägt; vielmehr tritt an deren Stelle eine Technikdynamik mit prinzipiell nicht vorhersehbarem Ausgang, die deshalb nicht als technischer Fortschritt, sondern geradezu als Bedrohung empfunden wird. Diese Änderung des Zeithorizonts hat aber unmittelbare Auswirkungen nicht nur auf den Einzelnen, sondern auf die Gesellschaft und ihre Kultur, weil der auf Technik gegründete Fortschrittsoptimismus und die mit ihm verbundene Zuversicht in eine Haltung umgeschlagen ist, die von der Technikkritik über das Aussteigertum bis zur Technikphobie und Resignation reicht. Technik erweist sich als auf eine Weise mit der Gegenwartskultur verwoben, die zu untersuchen eine große Herausforderung ist.

Oben wurde schon deutlich, dass Möglichkeiten für die Technik konstitutiv sind. In der hier verfolgten handlungstheoretischen Perspektive bedeutet dies das *Denken* in Möglichkeiten, die *bewertende Wahl* unter Möglichkeiten und die *Verwirklichung* einer Möglichkeit. Während sich Ingenieure selbst wohl als Wirklichkeitsmenschen sehen, hat sie Robert Musil im *Mann ohne Eigenschaften* als Möglichkeitsmenschen treffend gekennzeichnet. Ganz deutlich wird dies in den Technik*wissenschaften*, handeln sie doch gerade nicht von faktischen Bauwerken, Maschinen, Produktionssystemen, sondern sie formulieren Regeln, wie diese im Möglichkeitsraum zu entwerfen sind. Selbst die Blaupause des Ingenieurbüros spricht in einer Möglichkeitsform. Die Handlungsmöglichkeit, um die es hier geht, ist eine Verwirklichungsmöglichkeit, deren effektive Regeln lehr- und lernbar sind.

Heute stehen wir in diesem Zusammenhang vor einem neuen Phänomen, das darauf beruht, dass, wie gerade in Zusammenhang mit der Zeitwahrnehmung geschildert, Möglichkeiten zu neuen Zwecken genutzt werden. Dies hat zur Folge, dass ganze Technologien nicht mehr im klassischen Sinne Zwecken korrespondieren, sondern selbst Möglichkeiten bereitstellen – wie Spurs programmgesteuerte Fabrik oder unser PC. Wir haben es hier mit einer iterierten Möglichkeit, einer Möglichkeit zur Möglichkeitsverwirklichung zu tun! Dieses die Gegenwartstechnik kennzeichnende Phänomen ist insofern bemerkenswert, als es voraussetzt, dass die menschliche Vernunft die Fähigkeit erlangt hat, nicht nur Möglichkeiten, sondern auch Möglichkeiten von Möglichkeiten zu denken.

---

[16] Spur, The future of the factory.

Ein solches Vermögen ist geradezu eine Bedingungen der Möglichkeit heutiger System- und Netzwerktechnik. Da Möglichkeitsdenken auch die Voraussetzung der Willensfreiheit ist, zeigt sich, dass iterierte Möglichkeiten zugleich eine Ausweitung des Freiheitsspielraumes bedeuten – wenn es denn gelingt, solche Möglichkeitsmöglichkeiten zu beherrschen.

Ebenso bedeutsam ist die Ausweitung des menschlichen Denkens auf Systemzusammenhänge, wie sie sich in Techniksystemen spiegeln. Denn als beispielsweise Leibniz ein automatisch gesteuertes System aus zwei Wasserbecken, wassergetriebenen Pumpen zur Bergwerksentwässerung und windgetriebenen zum Zurückpumpen des Wassers in das höhergelegene Becken bauen ließ, das eine Zeit lang effektiv arbeitete, erklärte das Bergamt bei einer Störung, es könne des Herrn Leibniz Maschinen nicht reparieren, da man sie nicht verstehe.[17] Heute verfügen wir hingegen über alle gedanklich-theoretischen Mittel, solche Systeme zu konzipieren. Damit sollte auch das Instrumentarium gegeben sein, die Technikdynamik im Rahmen der Theorie komplexer Systeme zu verstehen – eine Steuerbarkeit ließe sich daraus allerdings nur ableiten, wenn es gelänge, solche Parameter auszuzeichnen, die Hermann Haken als Ordnungsparameter bezeichnet hat und die in gewissem Umfang eine Komplexitätsreduktion erlauben: Auch dieses eine philosophische Herausforderung, denn ein solcher Umgang mit Systemtheorie verlangt, die epistemischen, ontologischen und anthropologischen Voraussetzungen einzubeziehen.

Entscheidende Bedeutung gewinnt der Möglichkeitsraum als Raum der *Kreativität*: Technik wird durch neue Erfindungen und deren Umsetzung bis zur Innovation auf dem Markt vorangetrieben.[18] An jeder Stelle dieses Wegs geht es um kreative Problemlösungen im Geflecht von Zwecken, Zielen und Funktionen bis hinab zu geeigneten Mitteln. Doch dass diese Problemlösungen in einem platonischen Reich präexistenter idealer Lösungsformen ontisch gegeben sind, wie Friedrich Dessauer meinte, ist nicht nur eine sehr voraussetzungsreiche Annahme – sie löst überdies das Problem der Kreativität des Ingenieurs nicht. Die philosophische Herausforderung, die hier sichtbar wird, bezeichnet die Aufgabe, eine Modaltheorie zu entwickeln, die dem technischen Möglichkeitsdenken angemessen ist und Kreativität als eine Form der Erweiterung dieses Möglichkeitsraums durch die menschliche Schöpferkraft als Grundelement einbezieht. Zugleich muss hier die Analyse der Technikdynamik einsetzen, denn letztlich hat sie ihre Grundlage im Handeln von Individuen – und neue Ausrichtungen beruhen auf deren neuen Ideen. Von dort her müssen die Möglichkeiten als dynamische Möglichkeiten begriffen werden, um das Phänomen einer Dynamik ohne Gesamtintention im Rahmen einer Systemtheorie modellieren zu können.

---

[17] Poser, Theoria cum praxi.
[18] Poser, Innovation, sowie: Wissenschaftsmodelle des Neuen, und: Entwerfen als Lebensform.

Diese Herausforderung könnte man der Ontologie oder der Wissensproblematik zuordnen wollen; dass sie hier bei den anthropologischen Fragestellungen angesiedelt wird, liegt entscheidend an der anthropologischen Voraussetzung der Weltoffenheit, die allererst – zusammen mit der Willensfreiheit – eine Anthropologie in technikphilosophischer Sicht weit über die biologischen Mängelwesen-Bestimmungen hinausführt, hin zu einer Einbindung der Technik in die Kultur in ihren regionalen und temporalen Differenzierungen. Technik wird so zu einer Herausforderung, die keinen Bereich der klassischen philosophischen Probleme unberührt und wohl am Ende auch unverändert lassen wird.

Literatur

Banse, Bernhard, Armin Grunwald, Wolfgang König, Günter Ropohl (Hrsg.), Erkennen und Gestalten. Eine Theorie der Technikwissenschaften. Berlin: Sigma 2006.

Bunge, Mario: Technology as Applied Science. In: Technology and Culture 7 (1966) 329-347.

Grunwald, Armin: Nanotechnologie als Chiffre der Zukunft. In: *Alfred Nordmann, Joachim Schummer, Astrid Schwarz* (Hrsg.): Nanotechnologien im Kontext. Berlin: Akademische Verlagsgesellschaft, 2006, S. 49-80.

Hubig, Christoph: Die Kunst des Möglichen I. Technikphilosophie als Reflexion der Medialität. Bielefeld: transcript 2006.

Hubig, Christoph, Alois Huning u. Günter Ropohl: Nachdenken über Technik. Die Klassiker der Technikphilosophie (Technik - Gesellschaft - Natur 2). Berlin: Sigma 2000.

Hubig, Christoph, u. Hans Poser: Technik und Interkulturalität. Probleme, Grundbegriffe, Lösungskriterien. In: *Christoph Hubig, Hans Poser* (Hrsg.), Technik und Interkulturalität (VDI-Report 36). Düsseldorf: VDI 2007, S. 11-56.

Karafyllis, Nicole C. (Hrsg.): Biofakte. Versuch über den Menschen zwischen Artefakt und Lebewesen. Paderborn: Mentis 2003.

Kornwachs, Klaus: Wissen als Altlast – Zukunft des Wissens und Wissen für die Zukunft. In: Universitas 54 (1999). Heft 10 Oktober, S.989-996.

Poser, Hans: Computergestütztes Konstruieren in philosophischer Perspektive. In: *Gerhard Banse, Käthe Friedrich* (Hrsg.), Konstruieren zwischen Kunst und Wissenschaft. Idee - Entwurf – Gestaltung. Berlin: Sigma 2000, S. 275 – 287.

Poser, Hans: Entwerfen als Lebensform. Elemente technischer Modalität, in: *Klaus Kornwachs* (Hrsg.), Technik – System – Verantwortung (Technikphilosophie Bd. 10). Münster: LIT 2004, 561-575.

Poser, Hans: Innovation: The tension between persistence and dynamics. In: *Nicole C. Karafyllis u. Tilmann Haar* (Hrsg.), Technikphilosophie im Aufbruch. Fs. für Günter Ropohl. Berlin: Sigma 2004, S. 183-196.

Poser, Hans: On structural differences between sciences and engineering. In: *Hans Lenk, Evandro Agazzi and Paul Durbin* (eds.): Advances in the Philosophy of Technology: Proceedings of the International Academy of the Philosophy of Science, Karlsruhe, Germany, May 1997. In: Philosophy and Technology: Quarterly Electronic Journal 4.2 (Winter 1998), 81-93. – Nachdruck in: *Hans Lenk, Matthias Maring* (eds.), Advances and Problems in the Philosophy of Technology (Technikphilosophie 5). Münster: LIT 2001, S. 193-204.

Poser, Hans: Perspektiven einer Philosophie der Technik. In: Allgemeine Zeitschrift für Philosophie 25 (2000), S. 99 - 118.

Poser, Hans: Small is beautiful? Zur Problematik der Nanotechnologie. In: *Renate Dürr, Gunter Gebauer, Matthias Maring, Hans-Peter Schütt* (Hrsg.), Pragmatisches Philosophieren. FS für Hans Lenk (Philosophie: Forschung und Wissenschaft 10). Münster: LIT 2005, S. 404-417.

Poser, Hans: System und Selbstorganisation in einer philosophischen Perspektive, in: *Dieter Beschorner* (Hrsg.): Selbstorganisation. Ulm: Humboldt-Studienzentrum der Universität Ulm 2007, im Druck.

Poser, Hans: Teleologie der Technik. Über die Besonderheiten technischen Wissens. In: *Günter Abel, Renato Cristin, Wolfram Hogrebe, Andrzej Pezylebski* (Hrsg.), Lebenswelten und Technologien. Berlin: Parerga 2006, S. 217-233

Poser, Hans: Theoria cum praxi. Das Leibnizsche Akademiekonzept und die Technikwissenschaften. In: *Kurt Nowak, Hans Poser* (Hrsg.), Wissenschaft und Weltgestaltung. Int. Symposion zum 350. Geburtstag von G.W. Leibniz. Hildesheim: Olms 1999, S. 95-115.

Poser, Hans: Wissenschaftsmodelle des Neuen und ihre Grenzen. Kreativität und die Theorien der Komplexität In: *Günter Abel* (Hrsg.), Kreativität. XX. Deutscher Kongress für Philosophie, 26.-30. September 2005 an der Technischen Universität Berlin. Kolloquiumsbeiträge. Hamburg: Meiner 2006, S. 966-982.

Ropohl, Günter: Technisches Problemlösen und soziales Umfeld. In: *Friedrich Rapp* (Hrsg.), Technik und Philosophie (Technik und Kultur, Bd. 1). Düsseldorf: VDI 1990, S. 111-167.

Spur, Günter: The future of the factory: manufacturing research at M.I.T. and TUB Die Zukunft der Fabrik: Forschung auf dem Gebiet der Produktionstechnik am M.I.T. und an der TUB (Reports on cooperative research / Technische Universität Berlin ; Massachusetts Institute of Technology ; 11), Berlin: TU 1986.

Tuchel, Klaus: Herausforderung der Technik. Gesellschaftliche Voraussetzungen und Wirkungen der technischen Entwicklung. Bremen: Schünemann 1967.

von Wright, Georg Henrik: Über sogenanntes praktisches Schließen. In: *ders.*, Handlung, Norm und Intention. Untersuchungen zur deontischen Logik. Hrsg. u. eingel. von H. Poser. Berlin: de Gruyter 1977, S. 61-82.

Wolfgang König

Menschheitsgeschichte als Technikgeschichte

Einleitung[1]

Die Themenformulierung *Menschheitsgeschichte als Technikgeschichte* impliziert einen engen Zusammenhang beider. Man kann diesen Zusammenhang in Form einer Maximalposition und in Form einer Minimalposition ausdrücken. Die Maximalposition könnte lauten, dass Menschheitsgeschichte in erster Linie Technikgeschichte ist; die Minimalposition, dass Technik ein wesentliches Element der Menschheitsgeschichte darstellt.

Hans Poser macht in seinem Einführungsbeitrag die Aussage: „Technik bestimmt unser Leben". Hierfür liefert er eine individualhistorische Begründung: Das Leben beginne und ende im Krankenhaus. Das Krankenhaus lässt sich als eine Art soziotechnische Großmaschine begreifen, bei der Geburt und dem Tod spielen technische Gerätschaften eine wichtige Rolle. In nicht wenigen Fällen beginnt das Leben im Brutkasten und endet in der Intensivstation. Und auch in der Zeit zwischen Gynäkologie und Geriatrie hat der Mensch ständig mit Technik zu schaffen.

Die individualhistorische Begründung lässt sich durch eine gattungshistorische ergänzen. Auch Anfang und Ende der Gattung Homo dürften mit der Technik in Zusammenhang stehen. Der französische Anthropologe André Leroi-Gourhan weist mit dem Begriffspaar „Hand und Wort", das heißt mit Metaphern für Technik und Sprache, darauf hin, dass vor allem diese beiden Kandidaten zur Verfügung stehen, um die Herausbildung des Menschen bis hin zum Homo sapiens zu erklären.[2] Und die im Laufe der Geschichte gewaltig vermehrte technische Verfügungsmacht des Menschen hat die Möglichkeit geschaffen, dass er gerade wegen seiner Technik wieder von der Erde verschwinden wird. Es gibt also gute Gründe, den Stellenwert der Technik für die Menschheitsgeschichte hervorzuheben.

Im Folgenden wird es weniger um Anfang und Ende der Menschheitsgeschichte gehen. Wir stellen vielmehr die Frage, mit Hilfe welcher theoretischen Konstrukte und geschichtsphilosophischen Konzepte wir uns die Hunderttausende oder Millionen Jahre bisheriger Menschheitsgeschichte aneignen und welcher Stellenwert dabei der Technik zugeschrieben wird. Die Antwort erschließen

---

[1] Der Beitrag greift zurück auf unseren Aufsatz König, Das Problem der Periodisierung und die Technikgeschichte (1), geht aber in zweierlei Hinsicht über diesen hinaus. Er sucht zu einer deutlicheren Typisierung gängiger Periodisierungen zu kommen (2) und unterbreitet einen eigenen Vorschlag für eine kulturanthropologische Periodisierungsheuristik (3).

[2] Leroi-Gourhan, Hand und Wort.

wir uns über den Begriff der „Periodisierung". Periodisierungen sind mehr als temporale Festlegungen oder bloße Verzeitlichungen. Bei Periodisierungen handelt es sich vielmehr um hoch generalisierte Geschichtsinterpretationen, mit denen der Geschichte Sinn verliehen wird.

Den damit angerissenen Fragen gehen wir in drei Schritten nach:
(1) Zunächst diskutieren wir etwas ausführlicher die Bedeutung von Periodisierungen.
(2) Dann untersuchen wir, wie die Technikphilosophie und die Technikgeschichte mit dem Problem der Periodisierung umgegangen sind.
(3) Und schließlich unterbreiten wir einen Vorschlag für eine kulturanthropologische Periodisierungsheuristik.

1. Das Problem der Periodisierung

Wenn Benedetto Croce in Epochisierungen „Krücke(n) der historischen Erinnerung" sieht, ihnen in erster Linie „mnemotechnisches Interesse" zubilligt und damit die Warnung verbindet, dass Epochisierungen quasi als Vorurteile den Blick in die Geschichte verstellen können, so bereiten diese Äußerungen vor allem seine Empfehlung vor, der Historiker möge sich verstärkt dem Individuellen in der Geschichte als den „wirklichen" Epochen zuwenden.[3] In seiner Autobiographie betont Robin G. Collingwood das Fortleben der Vergangenheit, wenn auch in veränderter Form, mit den Worten: „In der Geschichte gibt es keinen Anfang und kein Ende. Geschichtsbücher beginnen und enden, aber nicht das, wovon sie handeln."[4] In einem gängigen historischen Lexikon sind die beiden Äußerungen aus ihrem Zusammenhang gerissen und als grundsätzliche Skepsis gegenüber der Aufgabe der Periodisierung überinterpretiert worden[5] und wandern seitdem durch die Literatur.

Prüfen wir zunächst, ob die Betonung des Individuellen in der Geschichte und der Verweis auf die Kontinuität historischen Geschehens tatsächlich ernst zu nehmende Argumente gegen Bemühungen um historische Periodisierungen[6] darstellen. Es gehört zu den Trivialitäten der Geschichtswissenschaft, dass jedem historischen Ereignis andere vorausgehen und andere folgen, unabhängig davon, ob man die Beziehungen zwischen diesen Ereignissen als kausal klassifizieren möchte. Ein Argument gegen Periodisierungen könnte der Hinweis auf die Kontinuität historischen Geschehens nur sein, wenn darin die

---

[3] Croce, Die Geschichte als Gedanke und als Tat, Kapitel „Chronologische Epochen und Geschichtsepochen" (S. 260-64).
[4] Collingwood, Denken, S. 96.
[5] Art. „Periodisierung". In: Besson (Hrsg.): Geschichte (Fischer Lexikon), S. 245f.
[6] Vgl. an allgemeiner Literatur zum Problem historischer Periodisierung: Art. „Periodisierung": Spitzelberger/Kernig, Periodisierung; Schulin, Universalgeschichte, Art. „Periodisierung", bes. S. 36; Brunner, Einführung in den Umgang mit Geschichte, S. 205-10; Herzog/Koselleck, Epochenschwelle und Epochenbewußtsein.

Behauptung enthalten wäre, Geschichte vollziehe sich völlig gleichmäßig, als ein kontinuierlicher, nie an- oder abschwellender Strom der Zeit.[7] Dies widerspricht jedoch jeglicher historischer Erfahrung. „Was damals im Schritt ging, geht jetzt im Galopp", schrieb Ernst Moritz Arndt 1807 im Rückblick auf durch die Französische Revolution ausgelöste Veränderungen.[8] Und bedarf es noch eines ausführlichen Hinweises auf die Entwicklung des Verhältnisses zwischen beiden deutschen Staaten um die Jahreswende 1989/90 nach Jahrzehnten des Nebeneinanderexistierens und vorsichtiger tastender Bemühungen sich näher zu kommen. Beschleunigung und Retardation gehören für uns, die wir im Strom der Geschichte schwimmen, zu den Grunderfahrungen; durch Beschleunigung und Retardation wird Chronos, die physikalische Zeit, erst zu Aetas, zur historischen Zeit.

Eröffnet die Feststellung von Geschwindigkeitsveränderungen historischer Zeiten auch die grundsätzliche Möglichkeit der – ungefähren – zeitlichen Fixierung von Perioden der Beschleunigung und Verlangsamung, so ist damit noch wenig über die diese Zeiten bestimmenden Umstände gesagt. Dass wir von der Existenz solcher charakteristischen Zeitumstände ausgehen, zeigt die verbreitete emphatische Redeweise der Zeitgenossen von „unserer Zeit" oder der rückblickenden Betrachter von „dieser" oder „jener Zeit", die mehr meint als bloß die Datierung durch das Vorher oder Nachher.[9]

Die emphatische Verwendung des Zeitbegriffs wie die historische Grunderfahrung von Beschleunigung und Retardation weisen darauf hin, dass es sich bei der historischen Periodisierung um eine Aufgabe handelt, der sich schon der teilnehmende Zeitgenosse nicht, noch gar der reflektierende Wissenschaftler entziehen kann. Eine genaue Analyse auch solcher Darstellungen, die begriffliche und zeitliche Epochenfixierungen vermeiden, erweist, dass sie – wenn auch manchmal rudimentär und wenig prägnant – implizit im Text enthalten sind, so dass die Diskussion eher darum gehen sollte, ob sie weiter wie unter einer Tarnkappe versteckt bleiben oder sich offen dem wissenschaftlichen Diskurs und der intersubjektiven Überprüfung stellen sollen.

Die Scheu vor der Benennung und zeitlichen Fixierung einer Epoche mag darin begründet sein, dass es sich bei Epochenbegriffen um hoch generalisierte typisierende Allgemeinbegriffe handelt, die der Vielfalt historischer Erscheinungen und ihrer Widersprüchlichkeit scheinbar Gewalt antun. Damit wird deutlich, dass sich das Problem historischer Periodisierung verorten lässt im Spannungsfeld jeglicher Historiographie, nämlich der Darstellung des Allgemeinen und der Darstellung des Individuellen in der Geschichte.[10] Ohne dies hier zu vertiefen,

---

[7] Vgl. König, Umbrüche und Umorientierungen.
[8] Zitiert nach Koselleck, Neuzeit, S. 329.
[9] S. hierzu u.a. Kamlah, „Zeitalter" überhaupt, „Neuzeit" und „Frühneuzeit".
[10] S. hierzu das entsprechende Kapitel bei Faber, Das Individuelle und das Allgemeine in der Geschichte.

soll nur angedeutet werden, dass sich die beiden Typisierungen historischer Vorgehensweisen nicht ausschließen, sondern aufeinander verwiesen sind.

Periodisierungen gehören zu den allgemeinsten Konstrukten der Geschichtsbetrachtung. Historische Gesamtdarstellungen kommen ohne ihre zumindest implizite Verwendung nicht aus, denn sie enthalten immer Vorstellungen von Beschleunigungen und Retardationen im historischen Prozess und von Charakteristika einer bestimmten Zeit. Damit beschränkt sich die Funktion von Periodisierungen nicht – wie es das eingangs gegebene Zitat von Benedetto Croce suggeriert – auf eine aus didaktischen Gründen erfolgende Strukturierung der kontinuierlichen Ereignisse, sondern Periodisierungen als Benennungen des Allgemeinen und des Wichtigen in der Geschichte leisten einen bedeutenden Beitrag für die Interpretation historischer Prozesse und der Geschichte überhaupt.[11]

2. Periodisierungen in Technikgeschichte und Technikphilosophie

Nach dieser knappen Vergewisserung der theoretischen Zusammenhänge des Periodisierungsproblems wenden wir uns der Frage zu, inwieweit technikhistorische Gesamtdarstellungen sich der unumgänglichen Aufgabe der Periodisierung gestellt und welche Lösungen sie angeboten haben.[12] Das Resümee einer Durchsicht der einschlägigen Werke lautet, kurz gefasst, dass bei den Technikhistorikern wenig Neigung besteht, den technikgeschichtlichen Gehalt einer Zeit begrifflich zu fassen. Die meisten Autoren lehnen sich entweder an die Chronologie an oder an traditionelle Epochenbezeichnungen der Politikgeschichte, der Kultur- oder der Wirtschaftsgeschichte, wobei die Anlehnung an unter anderen Betrachtungsgesichtspunkten gewonnene Periodisierungen teilweise einen reinen Chronologieersatz darstellt, teilweise das mehr oder weniger explizierte Postulat des Autors verkörpert, die technische Entwicklung stehe mit anderen Bereichen des historischen Prozesses, wie Wirtschaft und Industrie oder Geist, Kunst und Kultur, in besonders engen Wechselverhältnissen. So bevorzugen Vertreter der jüngeren Generation der Technikgeschichtsschreibung häufig Epochenbezeichnungen aus der Industrialisierungsgeschichte wie Früh- oder Hochindustrialisierung, und Friedrich Klemm mit seiner Epochisierung u.a. in

---

[11] Vgl. hierzu Schulin, S. 36.

[12] Genauer analysiert wurden unter dieser Fragestellung: Singer, Holmyard, u.a., A History of Technology (vgl. auch die ausführliche Auseinandersetzung mit diesem Werk in Technology and Culture 1, 1960, S. 299-425); Daumas, Histoire Générale des Techniques; Kranzberg/Pursell, Technology in Western Civilization; Gille, Histoire des Techniques; Sonnemann, Geschichte der Technik; Troitzsch/Weber, Die Technik; Klemm, Geschichte der Technik; König, Propyläen Technikgeschichte; Rapp, Analytische Technikphilosophie, S. 33-38, behandelt in seinem Kapitel „Die Perioden der Technikgeschichte" geschichtsphilosophische und keine geschichtswissenschaftlichen Periodisierungen. Das gleiche gilt für Popitz, Epochen der Technikgeschichte.

Antike, Renaissance und Barock steht ganz in der Tradition einer sich als Kulturgeschichte ausgebenden Kunstgeschichte.[13] Besonders charakteristisch für die Weigerung der Technikhistoriker, das eine Epoche kennzeichnende Allgemeine der technischen Entwicklung zu benennen, sind Formulierungen wie „Technik im Zeitalter der Antike" oder „der Renaissance", eine Art Offenbarungseid der Technikhistoriker, mit dem sie die Technik als ihren Untersuchungsgegenstand gesichtslos lassen und ihn in eine ausdrucksvolle Zeit hineinstellen.

Die Dominanz der Verzeitlichungsabsicht und der Verzicht auf Interpretation bei den Epochenbezeichnungen der Technikhistoriker ergibt sich schon daraus, dass häufig wirtschafts-, industrie-, kultur- und politikgeschichtliche Bezeichnungen in bunter Folge wechseln, das heißt, die Epochenbezeichnung erfüllt die Funktion einer Hausnummer, die ein Haus in einer Straße verortet, ohne schon Aussagen über dessen Aussehen und Bauweise zu machen.

Die Technikgeschichte leidet also unter Periodisierungsabstinenz. In der Technikphilosophie liegen die Dinge anders.[14] Periodisierungsfragen treten in der Technikphilosophie vor allem im Rahmen geschichtsphilosophischer und anthropologischer Ansätze in Erscheinung. Die Fragen nach dem Verlauf der Menschheitsgeschichte und dem Wesen des Menschen lassen sich ohne Bezugnahme auf die Technik kaum diskutieren. Dabei suchen die Philosophen in der Regel nach dem einen Prinzip, mit dem sich die Entwicklung des Menschen bzw. des Menschengeschlechts fassen lässt. Als Ergebnis entstehen metaphysische Konstrukte, welche gewissermaßen ein Komplement zur historischen Periodisierung bilden. Die philosophischen Geschichtsmetaphysiken zielen vor allem auf Konsistenz, während die historischen Periodisierungen Kontingenz ausdrücken. Beides ist notwendig und ergänzt sich auf fruchtbare Weise.

Eine Reihe von Philosophen sieht im Verhältnis von Mensch und Natur das Grundprinzip der Menschheitsgeschichte. Dies kommt in Formulierungen so unterschiedlicher Denker wie Karl Marx' „Stoffwechsel mit der Natur"[15] oder Heinrich Becks „Begegnung von Natur und Geist"[16] zum Ausdruck. Ernst Bloch interpretiert die Technik als Fortsetzung der natürlichen Evolution.[17] Indem der Mensch die in der Natur angelegten Möglichkeiten nütze, emanzipiere er sich von natürlichen Zwängen. Nikolaj Berdjajew unterteilt die Menschheitsgeschichte in zwei große Stadien:[18] Das erste kennzeichne eine „Abhängigkeit von der Natur".

---

[13] Zur kulturgeschichtlichen Tradition der Technikgeschichte vgl. König, Auffassungen von den Aufgaben des Faches Technikgeschichte zwischen 1900 und 1945 in der Ingenieurwelt; König, Didaktische Möglichkeiten und Grenzen der Technikgeschichte.
[14] Dem folgenden liegt eine Auswertung zugrunde von Hubig/Huning/Ropohl, Nachdenken über Technik.
[15] Z.B. Marx, Das Kapital. Kritik der politischen Ökonomie. Bd. 1, S. 192.
[16] Beck, Kulturphilosophie der Technik.
[17] Bloch, Das Prinzip Hoffnung.
[18] Berdjajew, Mensch und Technik.

Während er in diesem Stadium auf Handeln verwiesen sei, gelange er im zweiten durch Machen tendenziell zur „Beherrschung der Natur". In diesem „Reich der Maschine", in dieser „technischen Epoche" gerate er allerdings in neue Abhängigkeiten gegenüber der von ihm selbst geschaffenen zweiten Natur.

Während die genannten Denker mit einem weiten Naturbegriff arbeiten, führen andere die Technik auf die Natur des Menschen selbst zurück. In dem ersten Werk, welches sich im Titel als Philosophie der Technik auswies, bei Ernst Kapp,[19] umfaßte diese menschliche Natur Körper, Psyche und Geist. In einem solchen erweiterten Sinn ist Technik „Organprojektion", besser: das „Nach-außen-Setzen" des Menschen. Arnold Gehlen interpretiert – in Fortsetzung von Überlegungen, die bis in die Antike zurückreichen – den Menschen als „Mängelwesen", der seine Defizite durch Technik zu kompensieren sucht.[20] Dabei ersetzt er Organisches durch Anorganisches, menschliche Arbeit durch automatische Maschinenarbeit.

Andere Philosophen wie Max Scheler[21] oder Ernst Cassirer[22] finden den Zugang zur Technik nicht von der Natur, sondern von der Kultur aus. Für Ortega y Gasset ist Kultur das über das Notwendige hinausgehende Überflüssige, das über das Leben hinaus dem Wohlleben dienende.[23] Da die Vorstellungen vom Wohlleben aber ganz unterschiedlich sind, werden auch ganz unterschiedliche Techniken entwickelt.

Nicht deckungsgleich mit den Ableitungen von Technik aus Natur und Kultur sind idealistische bzw. materialistische Technikinterpretationen. Die Ideen, aus denen Technik erwächst, können aus den Menschen kommen oder diesen vorgelagert sein. So bezeichnet Ernst Cassirer Technik als realisierten Geist,[24] und Friedrich Dessauer interpretiert Technik als Fortsetzung bzw. Umsetzung des göttlichen Schöpfungsplans.[25] In der wirkmächtigsten materialistischen Geschichtsphilosophie, dem von Marx und Engels formulierten historischen Materialismus, wird die Art und Weise der Produktion als die entscheidende, die Geschichte bestimmende Kraft benannt. Dabei wirken die mehr zur Stabilität neigenden Produktionsverhältnisse und die mehr dynamischen Produktivkräfte zusammen. Unter den Produktivkräften, zu denen die Menschen selbst, die Naturreichtümer, die Produktionsorganisation und die Wissenschaft gehören, ist die Technik das beweglichste Element.[26] Technik wird solcherart zum wichtigsten Motor bei der Entwicklung zu immer höherwertigen Gesellschaftsformationen

---

[19] Kapp, Grundlinien einer Philosophie der Technik.
[20] Gehlen, Die Seele im technischen Zeitalter.
[21] Scheler, Probleme einer Soziologie des Wissens.
[22] Cassirer, Form und Technik.
[23] Ortega y Gasset, Betrachtungen über die Technik.
[24] Cassirer, Form und Technik.
[25] Dessauer, Streit um die Technik.
[26] Kusin, Karl Marx und Probleme der Technik; Stoskowa, Friedrich Engels über die Technik.

bis hin zur kommunistischen Zukunftsgesellschaft. Während Technik im historischen Materialismus zentrales Element einer positiven Utopie darstellt, so fundiert sie in anderen Lehren eine negative Utopie. Sehr eingängig ist dies bei Günther Anders, der in der Geschichte der Menschheit drei Revolutionen unterscheidet.[27] Die erste – gemeint ist die Industrielle Revolution – ist gekennzeichnet durch die Herstellung von Maschinen durch Maschinen. In der zweiten, im 19. Jahrhundert einsetzenden, geht es um die Herstellung von Bedürfnissen – mit dem Ziel, die Produktion in Gang zu halten. Und in der dritten – Anders denkt an die Atombombe – um die Herstellung des Untergangs der Menschheit.

In Technikgeschichte und Technikphilosophie gleichermaßen verbreitet sind historische Schemata, welche die Begriffe „Werkzeug", „Maschine" und „System" oder „Automat" in den Mittelpunkt stellen. Bei Hans Freyer stehen „Werkzeug" und „Maschinen" als Metaphern für den Prozess der Entfremdung.[28] Der Handwerker als Subjekt der Technik weist im Gebrauch den durch Organprojektion entstandenen Werkzeugen noch Bezüge zur Natur auf. In den technikgestützten sekundären Systemen – hierfür steht die Metapher „Maschine" – sinkt der Mensch zum Funktionselement herab. Die von Freyers Schüler Arnold Gehlen postulierte aus Wissenschaft, Wirtschaft und Technik bestehende „Superstruktur" kann man als Fortsetzung dieser Überlegungen begreifen.[29] Ortega y Gasset schaltet der Technik des Technikers, das heißt der Maschinentechnik, und der Technik des Handwerkers eine weitere Stufe vor, die Technik des Zufalls, worunter er den Gebrauch des Vorgefundenen durch den frühen Menschen versteht.[30] Modellieren Freyer, Gehlen und andere die technische Entwicklung als Entfremdungsprozess, so Gilbert Simondon als Aufhebung der Entfremdung.[31] Simondon benutzt mit „Element", „Maschine" und „Ensemble" teilweise andere, aber analoge Begriffe. Unter „Ensemble" versteht er die Durchdringung von Technik und Kultur, womit die Entfremdung aufgehoben wird.

Bei genauerer Betrachtung ergeben sich eine Reihe von Schwierigkeiten beim Versuch, die Begriffe „Werkzeug", „Maschine" und „System" genau zu fassen und voneinander abzugrenzen. Darauf soll hier nicht eingegangen werden. Im Periodisierungszusammenhang gravierender sind die mit ihnen verbundenen Gefahren einer technozentrischen Betrachtung der Menschheitsgeschichte bzw. eines reduktionistischen Technikbegriffs, der sich nur auf Struktur und Funktion technischer Sachen, aber nicht auf deren Entstehungs- und Verwendungszusammenhänge bezieht. Die technikphilosophischen Autoren fallen dieser Gefahr im Allgemeinen nicht zum Opfer, weil sie die Begriffe ohnehin nur als

---

[27] Anders, Die Antiquiertheit des Menschen, Bd. 2.
[28] Freyer, Theorie des gegenwärtigen Zeitalters.
[29] S. Anm. 20.
[30] S. Anm. 23.
[31] Simondon, Du mode de l'existence des objects techniques.

Metaphern für komplexe soziotechnische Zusammenhänge benutzen. In der Technikgeschichte scheint die Gefährdung größer zu sein. Das beginnt damit, dass die Werkzeugverwendung als konstitutiv für das Menschsein überhaupt angenommen wird, wie es Benjamin Franklins Begriff des „tool-making animal" zum Ausdruck bringt. Für die Industrielle Revolution ist auf Akos Paulinyis Betonung des Übergangs von der Handwerkzeugtechnik zur Maschinenwerkzeugtechnik zu verweisen.[32] Damit soll nicht die große Bedeutung dieses Übergangs in Frage gestellt werden, aber dessen Interpretation als zentralen Umbruch der Menschheitsgeschichte. Die Historiographen „großer technischer Systeme" verstehen darunter von vornherein soziotechnische Einheiten, vermeiden also die Gefahr des Reduktionismus, bezahlen dies aber mit dem Preis eines diffusen Begriffs technischer Systeme.[33]

Mehr der Popularhistorie gehören Autoren an, welche geschichtliche Epochen an einer Leittechnik festmachen, wie der Dampfmaschine, der Kernenergie oder dem Computer. Ernster zu nehmen sind Periodisierungen, die von vornherein an größeren Komplexen der Technik ansetzen. Theoretisch anbinden ließen sie sich an den in der Technikdiskussion durch Günter Ropohl verbreiteten Vorschlag, die Sachtechnik in Form einer neunfeldigen Matrix als Wandlung, Transport und Speicherung von Stoff, Energie und Information zu beschreiben.[34] Dabei beziehen sich Periodisierungskonzepte vorwiegend auf Stoff, Energie oder Information und behaupten damit – meist ohne große Begründung – einen Primat der jeweiligen Betrachtungsperspektive. Im folgenden soll dies mit je einem Beispiel konkretisiert werden.

Das Stoffliche als Periodisierungskategorie der Technikentwicklung ist präsent in Bezeichnungen wie Stein-, Bronze- und Eisenzeit. Allerdings wird damit nicht die Behauptung verbunden, jene Materialien hätten die jeweiligen Kulturen entscheidend geprägt. Dies wäre schon deswegen wenig überzeugend, weil das damals in der Technik mit Abstand dominierende Material das Holz war. Stattdessen sind Stein, Eisen und Bronze die Leitfossilien der Archäologie, welche sich eher erhalten haben als Gegenstände aus Holz und dadurch zu Bestimmungszwecken herangezogen werden.

Dagegen benutzt Werner Sombart das Stoffliche als echte Periodisierungskategorie, welche er mit dem Wissen verknüpft.[35] Dabei korrespondiert das Technische mit Wirtschaftssystemen und -epochen, welchen Sombarts Hauptinteresse gilt. Nach Sombart wird im Laufe des 19. Jahrhunderts eine empirisch-organische Technik durch eine wissenschaftlich-anorganische abgelöst. Empirisch heißt bei der alten Technik vor allem, dass Werkzeuge zur Unterstützung der menschlichen

---

[32] Paulinyi, Die Entwicklung der Stoffformungstechnik als Periodisierungskriterium der Technikgeschichte.
[33] Mayntz/Hughes, The Development of Large Technical Systems.
[34] Ropohl, Allgemeine Technologie.
[35] Sombart, Der moderne Kapitalismus.

Arbeit eingesetzt werden. Diese ist in Form der Eigenwirtschaft oder des Handwerks organisiert. Die dominierende Wirtschaftsgesinnung zielt auf standesgemäßen Unterhalt. Wirtschaft und Gesellschaft tendieren zur Beharrung. Als organische Hilfskräfte und Stoffe werden Menschen, Tiere und Pflanzen eingesetzt. Auf einer niedrigeren Generalisierungsebene kann Sombart hier auch vom „hölzernen Zeitalter" sprechen. Die wissenschaftlich-anorganische Technik nutzt dagegen u.a. Metalle und Steinkohle. Die Maschine substituiert menschliche Arbeit. Die kapitalistischen Unternehmer wollen mit Hilfe ökonomischer Rationalität Gewinne erzielen, was zur Dynamisierung der Gesellschaft führt.

Rolf Peter Sieferle siedelt wie Sombart die entscheidende menschheitsgeschichtliche Zäsur im 19. Jahrhundert an, erläutert sie aber anders.[36] Die zentrale Kategorie seiner Universalgeschichte ist das Energiesystem, wenn er daneben auch gesellschaftliche Kommunikationsprozesse betrachtet. Setzte das Solarenergiesystem der ersten Phase der Menschheitsentwicklung enge Grenzen, so wurden diese mit dem Übergang zu fossilen Energieträgern im 19. Jahrhundert scheinbar aufgehoben, was den Weg für exponentielle Wachstumsprozesse freimachte. Das Solarenergiesystem der ersten Phase untergliedert Sieferle in das „unmodifizierte" der Jäger und Sammler, welche sich gewissermaßen in die Natur einpassten. Allerdings erforderte dies gewaltige Flächen und ermöglichte nur eine geringe Populationsdichte. Schon die sesshaften Agrargesellschaften sahen sich gezwungen, durch Anbau, Tierhaltung und Vorratswirtschaft die naturalen Ressourcen stärker zu kontrollieren. Dieses „kontrollierte Solarenergiesystem" hatte immer mit Begrenzungen zu rechnen, wie dem in der vorindustriellen Zeit sich verschärfenden Holzmangel.

Für die Information und Kommunikation als Periodisierungskategorie soll Patrice Flichy als Beispiel dienen.[37] Allerdings beginnt Flichy seine Studie mit dem späten 18. Jahrhundert, klammert also den wichtigen mehrtausendjährigen Vorlauf der Schrift aus. Technik ist ihm mehr Determinandum als Determinante. Er unterscheidet vier sich überlappende „gesellschaftliche Umwälzungen", in deren Zusammenhang sich neue technische Kommunikationssysteme herausbildeten. Da ist zuerst der durch die Französische Revolution ausgeformte neuzeitliche Staat. Mit der optischen Telegraphie förderten die Revolutionsregierungen und Napoleon eine „staatszentrierte Kommunikation". Die nachfolgende elektrische Telegraphie stellte dagegen bereits eine „marktorientierte Kommunikation" für Börse, Finanzwelt und andere ökonomische Zwecke bereit. Familiale Veränderungen im 19. Jahrhundert begünstigten neue Medien der „Familienkommunikation". Photographie, der Phonograph, Telefon, Funk bzw. Rundfunk wurden zwar zunächst für den öffentlichen Raum entwickelt, eine massenhafte Verbreitung erlebten sie aber erst in den Privathaushalten. Im ausgehenden 20. Jahrhundert, von Flichy mit dem Begriff „globale Kommunikation" versehen,

---

[36] Sieferle, Rückblick auf die Natur.
[37] Flichy: TELE. Geschichte der modernen Kommunikation.

kommen eigentlich zwei Tendenzen zusammen, die der Globalisierung der Kommunikationsnetze und der Individualisierung der Nutzung.

Es ist durchaus legitim und erkenntnisfördernd, wenn Periodisierungsvorschläge für die technische Entwicklung unter bestimmten Perspektiven wie Stoff, Energie und Information oder anderen unterbreitet werden. Allerdings sollte man sich der Implikationen bewusst sein, wenn solche perspektivischen Kategorien als entscheidend für die ganze Technik- oder Menschheitsgeschichte ausgegeben werden. Sie implizieren nämlich Annahmen über die Zukunft und über den historischen Verlauf bestimmende Regel- oder Gesetzmäßigkeiten. Solchen teleologischen Konstrukten ist entgegenzuhalten, dass einerseits der Anfang der Menschheitsgeschichte ungeklärt und umstritten und andererseits – dies ist der gravierendere Einwand – das Ende der Menschheitsgeschichte unbekannt und offen ist. Wie aber sollte der gesetzmäßige Verlauf eines Prozesses bestimmt werden, dessen Anfang und Ende wir nicht kennen.

3. Plädoyer für eine kulturanthropologische Periodisierungsheuristik

Abschließend soll diskutiert werden, wie mit dem Periodisierungsproblem in der Technikgeschichte umgegangen werden könnte. Wenn man historische Kontingenz unterstellt und dass es keine Gesetzmäßigkeiten der Technikentwicklung gibt, dann müssen auch Epochenbezeichnungen unterschiedliche Gesichtspunkte verfolgen und unterschiedliche Schwerpunkte setzen. Damit verbietet es sich von vornherein, einer Periodisierung der gesamten Technikgeschichte relativ enge und jedenfalls partiell technische Kategorien wie Stoff, Energie oder Information zu Grunde zu legen. Es wäre aber durchaus denkbar, Stoff, Energie und Information als Begriffe zur Charakterisierung aufeinander folgender Epochen zu benutzen. So ließe sich mit Aussicht auf Plausibilisierung postulieren, dass das Stoffliche die technische Entwicklung bis zur Vorindustrialisierung bestimmte, das Energetische die Zeit bis nach dem Zweiten Weltkrieg und das Informationelle die heutige und kommende Zeit dominieren wird. Daraus ließe sich die interessante Frage ableiten, was es bedeutet, dass erstmals in der Menschheitsgeschichte keine endlichen und teilweise knappen Ressourcen wie Stoff und Energie entwicklungsbestimmend sind, sondern eine unbegrenzt wenn auch nicht verarbeitbare, so doch vermehrbare, wie Information.

Allerdings beinhaltet das Stoff-Energie-Informations-Schema die Gefahr eines technischen Reduktionismus. Noch mehr gilt dies für die Periodisierungskategorien Werkzeug, Maschine und System. Um solche Reduktionismen zu vermeiden ist es notwendig, sich seines Technikbegriffs zu vergewissern. Legt man einen über die Sachen hinaus erweiterten soziotechnischen Technikbegriff zugrunde, der auch die Entstehungs- und Verwendungszusammenhänge der Sachen mit einschließt, dann ist es sinnvoll, auch diese Zusammenhänge bei der Identifizierung und Benennung technikhistorischer Epochen zu thematisieren.

Im Folgenden werden wir dies an den zwei anerkannten wichtigsten menschheitsgeschichtlichen Umbruchzeiten exemplifizieren: der „Neolithischen Revolution" und der „Industriellen Revolution". Man könnte sie als Umbruchzeiten 1. Ordnung bezeichnen. Auf einer niedrigeren Hierarchieebene ließen sich Umbruchzeiten 2. Ordnung identifizieren, worauf aber hier verzichtet wird. Es unterstreicht den Stellenwert der Technik in der Menschheitsgeschichte, dass ihr in beiden Revolutionen eine wesentliche Rolle zukommt.[38] „Neolitische Revolution" soll hier für den Prozess der Sesshaftigkeit des Menschen stehen, der sich zwischen etwa 7000 und 3000 v. Chr. abspielte. „Industrielle Revolution" steht für den Prozess der Industrialisierung, der im späten 18. Jahrhundert in Großbritannien begann und im Laufe des 19. und 20. Jahrhunderts die gesamte Welt erfasste. Die allgemeine Anerkennung der beiden Umbruchphasen geht daraus hervor, dass eine ganze Reihe der oben vorgestellten Periodisierungen sich explizit oder implizit auf sie bezieht.

Die hier angegangene Aufgabe besteht darin, technische und sonstige menschheitsgeschichtliche Veränderungen zu integrieren und sie damit zu soziotechnischen zu machen. Für die Durchführung schlagen wir ein heuristisches Schema vor, welches auf einen traditionellen in Ethnologie und Anthropologie entwickelten Kulturbegriff zurückgreift.[39] Dort wird unter Kultur die Gesamtheit der menschlichen Hervorbringungen verstanden und diese unterteilt in materielle, soziale und geistige Kultur. Kultur wird damit zum allgemeinsten Allgemeinbegriff der Menschheitsgeschichte. Der Nachteil eines solchen Allgemeinbegriffs besteht in seiner fehlenden Spezifität. Dessen ungeachtet ist ein entsprechender Begriff unverzichtbar, wenn man holistische diachrone und synchrone Vergleiche zwischen räumlich geschiedenen Kulturen unternehmen will.[40] Hierfür benötigt man einen Allgemeinbegriff hoher Flexibilität, welcher perspektivische Vorentscheidungen zur relativen Bedeutung historischer Teilphänomene vermeidet. Innerhalb der Unterteilung in materielle, soziale und geistige Kultur wird Technik üblicherweise zur materiellen Kultur gerechnet. Dies mag angehen, man muss sich aber darüber im Klaren sein, dass bei jeder menschlichen Tätigkeit Materielles, Soziales und Geistiges zusammenwirken. So handelt es sich bei der Technik um stoffliche Dinge als Ergebnis geistigen Schaffens und sozialer Prozesse. Bevor wir das vorgeschlagene Schema durchspielen, sei noch einmal betont, dass wir darin ein heuristisches Schema zur Identifizierung von Veränderungen als Grundlage für Periodisierungen sehen und nicht schon die Periodisierungen selbst.

---

[38] Über die Angemessenheit des Begriffs Revolution soll hier nicht befunden werden. Vgl. hierzu König, Das Problem der Periodisierung; Buchhaupt u.a., Gibt es Revolutionen in der Geschichte der Technik?
[39] Vgl. hierzu zum Beispiel Meyers Enzyklopädisches Lexikon. Mannheim u.a. ^{9}1975, Stichwort „Kultur" und die dort angegebene Literatur.
[40] Vgl. König, Der Kulturvergleich in der Technikgeschichte.

In dem Jahrtausende währenden Prozess der *Neolithischen Revolution* wurden die nomadisierenden Horden und Stämme sesshaft. Sie errichteten größere und stabilere zu Siedlungen zusammengefasste Wohnbauten (*materielle Kultur*). Die Versorgung der dichter zusammen lebenden Menschen beruhte auf Haustierhaltung und Ackerbau. Die daraus resultierenden verbesserten Woll- und Faserqualitäten ermöglichten die Herstellung von Geweben und Kleidung. Aufgrund der Sesshaftigkeit ließen sich Erfahrungen mit den an Ort und Stelle vorkommenden Rohstoffen kumulieren. Daraus entstanden aus Ton gebrannte Gefäße und die Verhüttung von Erzen. Die größeren Siedlungen erforderten mehr und detailliertere soziale Regelungen (*soziale Kultur*). Die Arbeitsteilung zwischen Stadt und Land sowie innerhalb der Städte nahm zu. Ebenso wuchs der Güteraustausch – gefördert durch die Erfindung des Rades und des Wagens. In den städtischen Hochkulturen entwickelte sich die Schrift (*geistige Kultur*). Sie diente als Herrschaftsmittel, unterstützte die Formierung von Religionen und erleichterte die Kommunikation in den Eliten. Für die Verbreitung der Schrift wurden neue Schreibgeräte und Beschreibstoffe geschaffen.

In der *Industriellen Revolution* lösten Industrie und Gewerbe die Landwirtschaft als dominierenden Wirtschaftsbereich ab. Im Industriesystem wurden Güter in Fabriken mit Hilfe von Maschinen in Massen produziert (*materielle Kultur*). Die Steinkohle wurde zur energetischen und mit der Zeit auch zur stofflichen Zentralressource. Die kapitalistische Konkurrenzgesellschaft setzte sich durch (*soziale Kultur*). Die damit verbundene allgemeine gesellschaftliche Mobilisierung wurde durch neue Verkehrstechniken, wie Dampfschiff, Eisenbahn und Telegraph, erleichtert. Veränderungen der *geistigen Kultur* betrafen jetzt nicht mehr nur die Eliten, sondern erfassten die Masse der Bevölkerung. Die Zurückdrängung des Analphabetismus bildete die Voraussetzung für eine Massenkommunikation. Die Verbreitung der Printmedien profitierte von technischen Innovationen, wie der Papiermaschine sowie den Druck- und Setzmaschinen.

Das vorgeschlagene heuristische Schema sollte auch eine Hilfe sein für die Erfassung von Veränderungstendenzen in unserer Zeit, welche vermutlich eine ähnliche Tiefenwirkung besitzen wie die geschilderten historischen. Die relative Entwicklung der volkswirtschaftlichen Sektoren zeigt, dass die Industrie kein kultureller Leitsektor mehr ist. Auf der anderen Seite macht die Inflation von Begriffen, mit denen die neue Zeit zu fassen gesucht wird, Postmoderne, Dienstleistungsgesellschaft, Informations-, Wissensgesellschaft usw., klar, dass es den Zeitgenossen schwer fällt, ihre Gegenwart auf den Begriff zu bringen. Wir befinden uns in einem weit fortgeschrittenen Prozess der Akkumulation und Ausdifferenzierung der Güterversorgung bis hin zu Sättigungserscheinungen in den Wohlstandsgesellschaften (*materielle Kultur*). Gleichzeitig erkennen wir mehr und mehr Grenzen der durch die konsumtiven Lebensstile gewachsenen Naturbelastung. Die Individualisierung drängt ältere Formen des sozialen Zusammenlebens zurück (*soziale Kultur*). Soziale Beziehungen verlieren an Dauerhaftigkeit und mutieren zu sich überschneidenden und ständig umgruppierenden Netzwerken. Neue Kommunikationstechniken wie das Handy und das Internet unterstützen den sozialen Wandel. Es findet eine ungeheure Vermehrung der erzeugten Informationen statt (*geistige Kultur*). Dies eröffnet zahlreiche Optionen, führt aber auch zu einer Zunahme geistiger und sozialer Verarbeitungsprobleme. Es zeichnet sich eine multimedial gestützte Renaissance der Mündlichkeit und Bildlichkeit ab, welche auf die Schriftkultur in Form einer Denormierung zurückwirkt.

Die in diesem Essay angestellten Überlegungen abschließend, sollen einige Empfehlungen für die Periodisierungsaufgabe gegeben werden:
- Das einen Zeitraum kennzeichnende Allgemeine sollte nicht – wie vielfach üblich – hinter dem Schutzschild chronologischer Angaben versteckt, sondern explizit und damit der Überprüfung im wissenschaftlichen Diskurs zugänglich gemacht werden.
- Periodisierungen unter vereinseitigenden Perspektiven sind zu vermeiden. Sie geben den Teil für das Ganze aus und verstellen den Blick auf das Bedingungsgefüge historischer Totalität.
- Die Kontingenz der Geschichte verbietet die Postulierung einer zentralen Periodisierungskategorie für den Gesamtverlauf der Menschheitsgeschichte.
- Periodisierungen der Technikgeschichte sollten sich an einem modernen Technikbegriff orientieren und Entstehung und Verwendung der Technik gleichermaßen thematisieren. Damit gewinnen sie Anschluss oder werden deckungsgleich mit allgemeinen Periodisierungen der Menschheitsgeschichte.
- Der ethnologische bzw. anthropologische Kulturbegriff kann als heuristisches Schema zur Identifizierung epochaler Veränderungen dienen.

Literatur

Anders, Günther: Die Antiquiertheit des Menschen. Bd. 2: Über die Zerstörung des Lebens im Zeitalter der dritten industriellen Revolution. München: Beck ^{4}1986 (zuerst 1980).
Kultur. In: Meyers Enzyklopädisches Lexikon. Mannheim u.a. ^{9}1975.
Periodisierung. In: *Waldemar Besson* (Hrsg.): Geschichte (Das Fischer Lexikon). Frankfurt a.M.: Fischer 1961, S. 245-69.
Beck, Heinrich: Kulturphilosophie der Technik. Perspektiven zu Technik, Menschheit, Zukunft. Trier: Spee Verlag ^{2}1979.
Berdjajew, Nikolaj: Mensch und Technik. In: *Andre Sikojev* (Hrsg.), Von der Würde des Christentums und der Unwürde der Christen. Schriften zur Philosophie (Talheimer Texte aus der Geschichte 3). Mössingen-Talheim 1989, S. 7-41 (zuerst russisch 1933).
Bloch, Ernst: Das Prinzip Hoffnung (Bloch-Gesamtausgabe, Bd. 5). Frankfurt a. M.: Suhrkamp 1959.
Brunner, Karl: Einführung in den Umgang mit der Geschichte. Wien: Literas Universitätsverlag 1985.

Buchhaupt, Siegfried unter Mitwirkung v. *Volker Benad-Wagenhoff* u. *Markus Haas* (Hrsg.): Gibt es Revolutionen in der Geschichte der Technik? Workshop am 20. Februar 1998 aus Anlaß der Emeritierung von Akos Paulinyi. Tagungsband (TUD-Schriftenreihe Wissenschaft und Technik 77). Darmstadt: Technische Universität Darmstadt 1999.

Cassirer, Ernst: Form und Technik. In: *Leo Kestenberg* (Hrsg.), Kunst und Technik. Berlin: Wegweiser Verlag 1930, S. 15-61.

Collingwood, R. G.: Denken. Eine Autobiographie. Stuttgart: Koehler 1955, S. 96.

Croce, Benedetto: Die Geschichte als Gedanke und als Tat. Hamburg: Schroeder 1944.

Daumas, Maurice (Hrsg.): Histoire Générale des Techniques. 5 Bde., Paris 1962-79.

Dessauer, Friedrich: Streit um die Technik. Frankfurt/M.: Knecht 1956.

Faber, Karl-Georg: Theorie der Geschichtswissenschaft. München: Beck ⁴1978.

Flichy, Patrice: TELE. Geschichte der modernen Kommunikation. Frankfurt u.a.: Campus Verlag 1994 (zuerst französisch 1991).

Freyer, Hans: Theorie des gegenwärtigen Zeitalters. Stuttgart: Deutsche Verlags-Anstalt 1955.

Gehlen, Arnold: Die Seele im technischen Zeitalter. Sozialpsychologische Probleme der industriellen Gesellschaft. Hamburg: Rowohlt 1957.

Gille, Bertrand (Hrsg.): Histoire des Techniques. Techniques et Civilisations. Techniques et Sciences (Encyclopédie de la Pléiade). Paris: Gallimard 1978.

Herzog, Reinhart u. *Reinhart Koselleck* (Hrsg.): Epochenschwelle und Epochenbewußtsein (Poetik und Hermeneutik 12). München: Fink 1987.

Hubig, Christoph, Alois Huning u. *Günter Ropohl* (Hrsg.): Nachdenken über Technik. Die Klassiker der Technikphilosophie (Technik – Gesellschaft – Natur 2). Berlin: Sigma 2000.

Kamlah, Wilhelm: „Zeitalter" überhaupt, „Neuzeit" und „Frühneuzeit". Saeculum 8 (1957), S. 313-32.

Kapp, Ernst: Grundlinien einer Philosophie der Technik. Zur Entstehungsgeschichte der Cultur aus neuen Gesichtspunkten. Braunschweig: Westermann 1877 (Reprint 1978).

Klemm, Friedrich: Geschichte der Technik. Der Mensch und seine Erfindungen im Bereich des Abendlandes (Kulturgeschichte der Naturwissenschaften und der Technik). Reinbek bei Hamburg: Rowohlt 1983.

König, Wolfgang (Hrsg.): Propyläen Technikgeschichte. 5 Bde., Berlin: Propyläen 1990-92.

König, Wolfgang: Das Problem der Periodisierung und die Technikgeschichte. Technikgeschichte 57 (1990), S. 285-98.

König, Wolfgang: Der Kulturvergleich in der Technikgeschichte. Archiv für Kulturgeschichte 85 (2003), S. 413-35.

König, Wolfgang: Didaktische Möglichkeiten und Grenzen der Technikgeschichte. Frühere und heutige Ansätze. In: *König, Wolfgang* und *Karl-Heinz Ludwig* (Hrsg.), Technikgeschichte in Schule und Hochschule (Didaktik der Naturwissenschaften 11). Köln: Aulis 1987, S. 9-37.

König, Wolfgang: Auffassungen von den Aufgaben des Faches Technikgeschichte zwischen 1900 und 1945 in der Ingenieurwelt. Humanismus und Technik 29 (1986), S. 23-45.

König, Wolfgang: Umbrüche und Umorientierungen – Kontinuität und Diskontinuität – Evolution und Revolution. Zur Theorie historischer Zeitverläufe in der Wissenschafts- und Technikgeschichte. In: *König, Wolfgang* (Hrsg.), Umorientierungen. Wissenschaft, Technik und Gesellschaft im Wandel. Frankfurt a. M.: Peter Lang 1994, S. 9-31.

Koselleck, Reinhart: „Neuzeit". Zur Semantik moderner Bewegungsbegriffe. In: *Reinhart Koselleck*, Vergangene Zukunft. Zur Semantik geschichtlicher Zeiten (Theorie). Frankfurt a. M.: Suhrkamp 1979, S. 300-48.

Kranzberg, Melvin u. *Carroll W. Pursell Jr.* (Hrsg.): Technology in Western Civilization. 2 Bde., New York, London, Toronto: Oxford University Press 1967.

Kusin, Aleksandr A.: Karl Marx und Probleme der Technik. Leipzig: Fachbuchverlag 1970.

Leroi-Gourhan, André: Hand und Wort. Die Evolution von Technik, Sprache und Kunst. Frankfurt a. M.: Suhrkamp 1980 (zuerst 1964-65).
Marx, Karl: Das Kapital. Kritik der politischen Ökonomie. 2 Bde. Berlin: Kiepenheuer 1989 (zuerst 1867-85).
Mayntz, Renate u. *Thomas P. Hughes* (Hrsg.): The Development of Large Technical Systems. Frankfurt a. M., Boulder, Col.: Campus 1988.
Ortega y Gasset, José: Betrachtungen über die Technik. In: Gesammelte Werke. Bd. 4, Stuttgart: Deutsche Verlags-Anstalt 1978, S. 7-69 (zuerst spanisch 1939).
Paulinyi, Akos: Die Entwicklung der Stofformungstechnik als Periodisierungskriterium der Technikgeschichte. Technikgeschichte 57 (1990), S. 299-314.
Popitz, Heinrich: Epochen der Technikgeschichte. Tübingen: Mohr 1989.
Rapp, Friedrich: Analytische Technikphilosophie (Kolleg Philosophie). Freiburg, München: Alber 1978.
Ropohl, Günter: Allgemeine Technologie. Eine Systemtheorie der Technik. München, Wien: Hanser [2]1999.
Scheler, Max: Die Wissensformen und die Gesellschaft. Probleme einer Soziologie des Wissens. Leipzig: Der neue Geist Verlag 1924.
Sieferle, Rolf Peter: Rückblick auf die Natur. Eine Geschichte des Menschen und seiner Umwelt. München: Luchterhand 1997.
Simondon, Gilbert: Du mode de l'existence des objects techniques (Collection Analyse et Raisons). Paris: Auber 1958.
Singer, Charles, E. J. Holmyard, A. R.Hall u. *Trevor I. Williams* (Hrsg.): A History of Technology. 7 Bde., Oxford: Clarendon Press 1954-78.
Sombart, Werner: Der moderne Kapitalismus. Historisch-systematische Darstellung des gesamteuropäischen Wirtschaftslebens von seinen Anfängen bis zur Gegenwart. 3 Bde., München, Leipzig: Duncker & Humblot [2]1928.
Sonnemann, Rolf (Hrsg.): Geschichte der Technik. Leipzig: Edition Leipzig 1978.
Spitzelberger, Georg u. *Claus D. Kernig*: Periodisierung. In: Sowjetsystem und demokratische Gesellschaft. Eine vergleichende Enzyklopädie. Bd. 4, Freiburg, Basel, Wien 1971, Sp. 1135-60.
Schulin, Ernst (Hrsg.): Universalgeschichte (Neue Wissenschaftliche Bibliothek 72), Köln: Kiepenheuer 1974.
Stoskowa, N. N.: Friedrich Engel über die Technik. Zu ihrer Rolle in der Entwicklung der Gesellschaft. Leipzig: Fachbuchverlag 1971.
Troitzsch, Ulrich u. *Wolfhard Weber* (Hrsg.): Die Technik. Von den Anfängen bis zur Gegenwart. Braunschweig: Westermann 1982.

Karl H. Metz

Arbeitsethos und technische Entwicklung

1. Zum Kulturbegriff der Arbeit

Die Arbeit ist die Bedingung aller Geschichte. Ohne Arbeit gibt es keine Geschichte. Den Unterschied macht das Werkzeug, ein auf bewusst gewählte Zwecke hin zugerichtetes Stück Materie, von den ersten zugeschlagenen Steinen an. Mit ihm beginnt die kulturelle Evolution als Vorgang eigener Prägung neben der biologischen. Zwei grundlegende Veränderungen waren die Folge: Die „Zeit" als Kategorie der Kultur entstand und mit ihr der Gegenbegriff der „Natur". Verglichen mit der Naturzeit ist die Zeit der Kultur Kurzzeit, überdies eine, die sich zunehmend beschleunigt: von den 2,5 Millionen Jahren seit den frühesten Steinwerkzeugen über die 500.000 Jahre des ausgearbeiteten Faustkeils, die 10.000 Jahre des Ackerbaus, die 300 Jahre der Dampfmaschine, die 25 Jahre des Personalcomputers, bis zu den symbolischen 2 Jahren des Mooreschen Gesetzes. Kulturzeit ist demnach Beschleunigungszeit und den Impuls dieser Beschleunigung bildet die Technik. Die Zeitdynamik der Kultur gründet deshalb in der Technik, weil das Werkzeug selbst gespeicherte Zeit ist und also der Anfang von Ökonomie, d.h. Investition von Zeit und Arbeit in eine Vorrichtung zu dem Zweck, durch deren spätere vielfache Verwendung Zeit und Arbeit einzusparen. Das ergibt zugleich ein neues, objektivierendes Verhältnis zur Natur. Denn Technik ist in der Natur nicht vorhanden. Daher ist sie zugleich ein „erstes" Bewusstsein, also Wissen um Herstellung und Handhabung eines „Werkzeugs", mit dem ein künstliches Zeugen, Erzeugen neben das natürliche tritt. Nach riesenhaft langer Menschenzeit allerdings erst entsteht aus der erzeugten Distanz zur Natur eine Vorstellung davon, ein „zweites" Bewusstsein, nun nicht mehr des tatsächlichen, sondern des symbolischen Handelns, ausgedrückt in Zeichen, die ähnlich wie beim Werkzeug Natur auf jenes artefaktische Minimum reduzieren, mit welchem der Mensch in ihr erst handlungsfähig wird. Von ersten steinzeitlichen Zeichnungen, vor 40.000 Jahren, über einfache Strichzeichen bis zur entwickelten Schrift entfaltet sich ein Bogen immer differenzierterer symbolischer Wahrnehmung der sozialen wie natürlichen Welt, eine neue Dimension neben der des Werkzeugs, doch in Abhängigkeit von ihr.

Wenn nun die Bedingung aller Arbeit, physikalisch wie sozial, Energie ist, dann wird das Verhältnis der Arbeit zur Energie, genauer: die Verfügungsweite einer Gesellschaft über Energien, entscheidend. Um den in einer Gesellschaft zunächst dominanten Energiefluss aus menschlichen und tierischen Körpern auf Kraftmaschinen zu verlagern, ist die „moralische" Abgrenzung der menschlichen Arbeit vom Muskelmotor wesentlich. Das setzt die Freiheit der Arbeit voraus. Die soziale Geschichte der Energie ist daher die materielle Freiheitsgeschichte des

Menschen. Arbeit als Achtungsposition in der Gesellschaft und Verfügung über „tote" Energie verbinden sich. Aus ihrem Wechselbezug ergibt sich die Dynamik der Technik. Dieser Wechselbezug ist nicht kausal in dem Sinne, dass die gewerbliche Arbeit direkt durch Kraftmaschinen entlastet wird. Eine solche Entlastung entwickelt sich zwar allmählich im langen Jahrtausend europäischer Technikgeschichte, sie wird jedoch erst umfassend und unmittelbar wirksam im Zusammenhang der Industrialisierung seit dem frühen 19. Jahrhundert. Der Mensch bleibt zwar noch lange der wichtigste „Kleinmotor", aber er wird im sozialen Kontext handwerklich-städtischer Arbeit nicht mehr vorrangig als Muskelmotor aufgefasst, sondern als einer, der in seiner Arbeit vorrangig Geschick, Wissen verwirklicht und der in der gesellschaftlichen Hierarchie der „Stände" eine Position sozialer Anerkennung einnimmt. Handwerkliche Arbeit erwirbt damit ein „Ethos". Erst neben einer derart moralisch gewichteten Arbeit kann sich die Energie als eigene Größe in der gesellschaftlichen Wahrnehmung herausbilden. Energietechniken wie die des Wasserrades waren offenkundig auch in anderen Zivilisationen bekannt, doch nur in der Europas entstand daraus ein dynamisches Potential. Die „moralische" Trennung von Arbeit und Energie verselbständigte diese schrittweise zu eigenen sozialen und ökonomischen Größen, sie zeigte zudem die Technik als das sie verbindende Moment. Technik jedoch ist in seiner artefaktischen Seite das Ergebnis von Arbeit, in seiner geistigen Seite das Ergebnis von Wissen. Die Entdeckung, dass Technik eine geistige Dimension hat, eine Entdeckung, wie sie für die moderne Technologie begründend geworden ist, wäre ohne den Achtungsstatus der freien, handwerklichen Arbeit unmöglich gewesen: das sei hier als These angenommen, und weiter, dass die Dissoziierung von Arbeit und Energie zur wichtigsten Triebkraft im Entfaltungsprozess dieser Technologie geworden ist.

2. Zu einer Arbeitsgeschichte der Technik

2.1 Arbeit als Last

Die Geschichte der Arbeit, wenn man sie als Fortschrittsgeschichte von der Industriegesellschaft her auffasst, wäre dann eine von der menschlichen Motorik zum Wissen. Um Werkzeuge herzustellen und anzuwenden bedarf es der Energie, die zunächst aus dem menschlichen Körper kommt. Der Mensch ist ein erster Motor, für den Antrieb von Werkzeugen wie den Transport von Lasten. Ist eine Arbeit nahezu vollständig Muskelanstrengung und also das Wissen in ihr marginal, so rückt sie in die Nähe des Animalischen. Damit erscheint der menschliche Körper dem des Tieres ähnlich, das Lasten zieht und Bewegung erzeugt, an Göpeln und in Treträdern. Arbeit ist hier nur Last, der Unfreiheit nahe. Nun war die Arbeit des Bauern über Jahrtausende hinweg die wesentliche und für den Bestand der Gesellschaft entscheidende: Eine Arbeit, die vor allem körperbezogen blieb, muskelmotorisch, technikschwach, eingefügt in eine von den Göttern beherrschte Natur.[1] Das von ihr erzeugte Mehrprodukt hingegen ermöglichte die Herrschaft, die Stadt, ermöglichte andere Formen von Arbeit und Tätigsein jenseits des Landbaus. Die Vernunft begann sich zu verselbständigen, wurde in der Philosophie zu einer gesellschaftlichen Aktivität. Dabei verband sie sich mit der Schrift und löste sich von der Arbeit. Ihre Frage, die zentrale Frage des „zweiten" Bewusstseins, richtete sich auf die „Ordnung": des guten Lebens, der Gesellschaft, auch der Natur. Sie war daher der Herrschaft nahe, nicht der Arbeit, so wie das Schreiben den Herren und der Herrschaft nahe stand.

Der Mensch wird stark da, wo er technisch machtvoll wird. Es ist eine Stärke des Nutzens, die, so vermuteten die Philosophen, zur Hybris wird, wo das erste Bewusstsein das zweite zu überwältigen droht. Der antike Mythos wusste darum, wenn er den Geschichten von Prometheus und Daedalus jene von Pandora und Ikarus entgegen stellte. Wo die Vernunft sich mit Technik verband, der Arbeit dienstbar wurde, verfiel sie zur List, zur listenreichen Nutzung der Natur. Der arbeitende Körper versklavte gewissermaßen den Geist, weshalb die Arbeit wie ihre Geräte als geistlos erschienen, der geistigen Beschäftigung nicht wert. Eine Wissenschaft von der Technik konnte unter dieser Voraussetzung so wenig entstehen wie eine Vorstellung von Arbeit, welche dieser eine mit Achtung verbundene Position in der sozialen Hierarchie zuwies. In der Sklaverei war die Abwertung der Arbeit dann extrem geworden. Die freie Arbeit wurde im Wettbewerb mit der des Sklaven marginalisiert und demoralisiert. Die Körperkraft erschien als Wesen der Arbeit insgesamt. Je eindeutiger sie das war, desto verächtlicher wurde sie, mit den menschlichen Muskelmotoren der Galeerensklaven, Bergwerks- und Mahlsklaven als Wesen jenseits aller Menschlichkeit.[2] Der Niedergang der freien vor der unfreien Arbeit korrespondierte mit dem Aufstieg der Schreiber und Deuter, die das Wissen, die Vernunft für sich in Anspruch nahmen. Die körperliche Arbeit wurde vernunftlos. Wo aber die Arbeit ohne Vernunft ist, da wird es die Technik auch.

2.2 Arbeit als Ethos

Um in die Ehre einzurücken und damit in die Vernunft, musste die Arbeit ihre Fesseln sprengen, die sie an die Unfreiheit und den Muskelmotor banden. Bezogen auf den Muskelmotor bedurfte es der Erschließung einer neuen energetischen Ressource, welche die mentale wie pragmatische Gleichsetzung von Arbeit und Kraft aufzulösen erlaubte. Um die Arbeit in die soziale Achtung zu heben war es nötig, sie aus der Unfreiheit zu befreien. Mit der immer umfassenderen Nutzung der Kraft von Wind und Wasser durch die Mühle, insbesondere durch die zunehmende Diversifizierung ihrer Zwecke über das Mahlen von

---

[1] Ven, Sozialgeschichte I, S. 23f.
[2] Metz, Ursprünge, S. 28ff.

Getreide hinaus, erschloss sich das abendländische Europa eine radikal neue Energieressource.[3] Radikal neu war sie in ihrer Wirkung deswegen, weil sie „tote", physikalische Energie, die unbegrenzt, wenngleich nicht stetig, vorhanden war, erstmals in großem Umfang zum Antrieb von Werkzeugen einsetzte. Ein Universalmotor war entstanden mit um die Mitte des 16. Jahrhunderts bereits rund 40 verschiedenen Anwendungen, mit Energie versorgt von einer Ressource, die nicht – wie die tierische Kraft – mit dem engen Nahrungsspielraum des Menschen konkurrierte. Eben hierin bestand das riesenhafte, neue Potential dieser Energien, nämlich Kraft zu liefern, ohne der Nahrung zu bedürfen. Für den Blick auf die Technik war die beginnende Verselbständigung der Energie bedeutsam, weil sich hier ein Bereich maschinenhafter Arbeit bildete, der ohne direkte Krafteinwirkung menschlicher Arbeit funktionierte. Nicht nur in den Städten entstanden zahlreiche Mühlwerke, welche die Kraft des Wassers oder Windes nutzten, vor allem zu gewerblichen Zwecken. Auf dem ganzen Land breitete sich ein Netzwerk solcher Mühlen aus, meist zu Mahlzwecken, aber auch zum Heben von Wasser, Hämmern von Eisen usw. Sie minderten nicht nur das Muskelmotorische der Arbeit, sie ließen auch den Zugriff auf tote Energie zu etwas Selbstverständlichem werden. Die technische Umsetzung der Bewegung von Wind und Wasser in mechanische Arbeit ist für die Geschichte der Arbeit also weniger deswegen bedeutsam, weil sie unmittelbar bestimmte gewerbliche Arbeitsabläufe veränderte, etwa das Walken, sondern weil sie den Arbeitsbegriff selbst zu ändern begann, lebendige, auf den Leib bezogene Arbeit durch tote, von jeder Leiblichkeit freie Arbeit parallelisierte. Zudem ermöglichte diese Weitung des Arbeitsbegriffs die Entfaltung technischer Innovationen. Diese Relativierung der menschlichen Arbeit als Kraftlieferant wurde durch ihre moralische Aufwertung parallelisiert, die in deren christlicher Wertschätzung einen ersten Ursprung hatte: Der Mensch arbeitet nicht einfach um zu überleben, was ihn in die Nähe der bewusstlosen Sklavenarbeit rücken würde. In der christlich aufgefassten Arbeit ist vielmehr ein Zweck, der die Subsistenz übersteigt. Indem er arbeitet, beugt sich der Mensch unter das Gebot des Sündenfalles und gewinnt so Teilhabe an der Erlösung.[4] Damit erhält die Arbeit eine erste, religiöse Rechtfertigung, die zwar bereits in der Form asketischer Mönchsarbeit auf eine Hochschätzung der Technik, präzise: der Energietechnik, wies, für die gewerbliche Arbeit der Laien allerdings nur indirekt bedeutsam werden konnte.

Ein weiteres musste hinzu treten, nämlich die Freiheit der Person. Sie verwirklichte sich in der Stadt. Das Besondere der europäischen Stadt, wie sie sich seit dem 12. Jahrhundert ausgebildet hat, bestand darin, dass sich in ihr Handel und Gewerbe, Geldwirtschaft und Markt mit Selbstregierung und Freiheit verbanden. Die europäische Stadt wurde zu einem autonomen politischen Gebilde,

---

[3] Ludwig, Technik, S. 70ff.
[4] Ven, Sozialgeschichte I, S. 136.

unabhängig von der Willkür eines Fürsten bzw. in einem Rechtsverhältnis zu ihm stehend, so wie die Stadt selbst ein Rechtsverhältnis zwischen Freien darstellte.[5] Damit trat die abendländische Stadt in einen entschiedenen Gegensatz zu den Städten anderer Zivilisationen, die keine einheitliche Bürgerschaft, abgegrenzt von Sippe und Land, verbunden durch Freiheit und Recht, kannten. Stadtluft macht hier um Unterschied zu Landluft „frei", weil auf dem Land der Boden der Produktionsfaktor ist, welcher erst Arbeit und Nahrung ermöglicht, dieser Boden jedoch feudaler, mit Herrenrechten versehener Besitz bleibt. In der Stadt hingegen ist die Arbeit selbst der bestimmende Produktionsfaktor. Die Selbstbehauptung der mittelalterlichen Stadt als eigener politischer Einheit gegen Fürsten und Klerus war jedoch nur auf der Basis der Freiheit ihrer Bewohner möglich. Der freie Lohndienstvertrag, also der individuell freie Verkauf der Arbeitskraft, sowie der Zusammenschluss zu selbstregierenden Korporationen, „Zünften", waren dann Weiterungen der Stadtfreiheit zur Arbeit hin.[6] Die hier beschriebene Entwicklung gilt für die Städte Italiens, von wo die Korporationen der Kaufleute und Handwerker ihren Ausgang nahmen, so gut wie für die der deutschen Länder, Frankreich oder England.[7] Überall wurde die Arbeit frei, rückte sie, sofern als Korporation organisiert, in die ständische „Ehre" ein, entwickelte ein Ethos, auch wenn seit dem turbulenten 15. Jahrhundert die städtische Selbstregierung, sei es von den Fürsten bedrückt, sei es vom Patriziat okkupiert werden sollte, Entwicklungen, welche jedoch die persönliche Freiheit der Arbeitenden unberührt ließen. Diese Verbindung von Freiheit, Korporation und Ethos der Arbeit gilt im übrigen ebenfalls für den Bergbau in den deutschen Ländern, wo die Bergleute ihre Freiheit und Ehre in Korporationen gegen den vordringenden Frühkapitalismus verteidigten, im Unterschied etwa zu England und Schottland, wo dies nicht gelang und die bergmännische Arbeit in die Verachtung absank, zum Teil Leibeigenschaft war.

Die Stadt stellt Freiheit und Gewerbe gegen den Feudalismus des Landes und ruiniert ihn, und zwar umso mehr, je stärker Land zum Umland der Stadt wird. Das religiöse Ethos der Arbeit, in den Mönchsorden bereits in Verfall geraten, wird von den Handwerkern der Städte aufgenommen und umgebildet. Um in der mittelalterlichen Gesellschaft eine soziale Position erhalten und behaupten zu können, war es nötig, als Korporation auf zu treten und seine christliche Verbundenheit zu zeigen. Indem sie sich als christliche Verbrüderungen zu organisieren begannen, transportierten die Handwerker das christliche Arbeitsethos in ihre Berufsvereinigungen und transformierten es zugleich von der Askese zum Erwerb. Das Ethos der Arbeit wird Teil der entstehenden Laiengesellschaft, in der sich auch die Schrift von der „Heiligen Schrift" ablöste, „weltlich" zu werden begann, kommerziell, also ebenfalls eine Art Arbeit, ausgeführt gegen

---

[5] Weber, Wirtschaft, S. 742ff.
[6] Ven, Sozialgeschichte II, S. 69, 84.
[7] Kulischer, Wirtschaftsgeschichte I, S. 188ff.

Geld.[8] Dass die technische Revolution in der Vervielfältigung von Texten: der Buchdruck, eine geistige Revolution auslöste, hat mit dem Freiheitsgefüge der europäischen Stadt zu tun sowie damit, dass die Schrift, die Vernunft, nie Herrschaftsbesitz einer geschlossenen Schicht von Schreibern geblieben ist. Die für alle entwickelten Zivilisationen kennzeichnende Differenz von Arbeit und Schrift konnte hier nie Kluft werden. Eine Enteignung der Vernunft durch die Schrift und die Schriftgelehrten kam nicht zustande. Bot in der Renaissance die ständische Einheit des „Künstler"-Seins noch eine soziale Verbindung zwischen Handwerker und Gelehrtem, so wurde zwei Jahrhunderte später, in der „wissenschaftlichen Revolution", der instrumentelle Zugriff des Handwerkers auf die Natur als Komplex aus Stoffen und Kräften zur Inspiration wie zu einem Fundus empirischen Wissens der entstehenden Naturwissenschaften. Die Technik wurde als die materiell gewordene Vernunft der Arbeit erkannt und anerkannt.

2.3 Arbeit als Pathos

Arbeit, Technik und Freiheit schließen sich zusammen, verbinden sich mit Vernunft: Das ist der Nexus, auf dem die Aufklärung gründet. Denn weder die Gesellschaft noch die Natur waren mit Vernunft zu durchdringen, wenn man nicht der Arbeit Vernunft zubilligte. Nur dann, dann allerdings, wurde die Vernunft zur Fähigkeit eines jeden, wurde sie demokratisch. Auf der Arbeit überdies beruhte nicht nur die Gesellschaft: ihr Vernunft zuzubilligen hieß, zu einer Auffassung der Natur zu gelangen, welche nach dem menschlichen Nutzen in ihr fragte. Die hier einsetzende Allmacht der Arbeit in der europäischen Gesellschaft ist folgerichtig kausal verflochten mit einer Allmacht der Technik wie des Technischen als Muster der Weltauffassung: Eben dadurch wird diese Gesellschaft „modern". Ihr Impuls ist, dass alles erkannt werden könne; ihre Dynamik, dass alles Erkannte in Technik umgesetzt werden solle; ihre Struktur, dass der uralte Nexus von Arbeit und Armut aufgelöst werden müsse; ihre Emphase, dass die Zukunft herstellbar sei. In der Konsequenz führt das zur Industrialisierung, zu einer Ökonomie und Gesellschaft, gegründet auf Maschinen, die Kraft erzeugen und verbrauchen, explodierend in Güterproduktion und Arbeitsproduktivität.[9] Aus dem Ethos der Arbeit, handwerklich geprägt und korporativ verfasst, wird ihr Pathos, das nicht mehr nur eine ständische Gruppe umfasst und hierarchisch positioniert, sondern die ganze Gesellschaft durchgreift. Die fortwirkende Gemeinsamkeit beider liegt in der Überzeugung, dass Arbeit ein Wert an sich sei und nicht bloß materieller Nutzen. Ohne die hier entstandene Struktur gewerblicher Arbeit wäre die Industrialisierung unmöglich gewesen. Die neue industrielle Arbeit stellte die Technik ins Zentrum der Gesellschaft, in dem vorher die Landwirtschaft gestanden hatte. Sie zerstörte die handwerkliche Arbeit

---

[8] Ven, Sozialgeschichte II, S. 55.
[9] König, Massenproduktion, S. 314 ff.

und schuf sie als industrielle neu. Im Wandel von den klein- zu den großbetrieblichen Formen wurde aus dem Ethos einer ständisch gebundenen Gruppe das Pathos einer Arbeiterschaft, die von ihrer strategischen Rolle im Produktionsprozess wusste und dies nicht zuletzt deshalb als Forderung nach politischer Teilhabe reflektierte, weil sich diese Rolle ohne Bezug auf die Technik nicht verwirklichen ließ. Die neue, mit starker Technik armierte Arbeit wird endgültig zur Selbstherstellung des Menschen: als des Arbeitenden in der Gesellschaft, des sich aus der Tierheit erhebenden Kulturschaffenden, als des die Natur sich unterwerfenden Technikers. Für den Liberalismus bildet die Arbeit dann als Fähigkeit der sozialen Selbständigkeit die Voraussetzung des Person- und Bürgerseins, so wie sie die Grundlage des Eigentums darstellen soll. Für den Sozialismus wird die Arbeit zum Vorgang der Selbstherstellung des Menschen. Vom Liberalismus aus gesehen ergibt sich dabei die soziale Dynamik der Technik vom Markt her, vom Wettbewerb um Arbeit und Kapital und vom Zwang, sie ökonomisch zu optimieren. Das sozusagen Experimentelle des Markthandelns mündete in die Permanenz der Innovation. Für den Sozialismus hingegen handelte es sich bei der Technik um ein Element der lebendigen Arbeit selbst, weshalb die Aneignung der Technik durch das Kapital zur Aneignung des arbeitenden Menschen zu werden drohte. Die tote Energie, eigentlich der materielle Mechanismus in der Befreiung der Arbeit, schien sich damit ins Gegenteil zu verkehren: zur Selbstbewegung der produzierenden Maschinen, die der lebendigen Arbeit immer weniger bedurften.

2.4 Arbeit als Rest

Beide jedoch, Liberalismus wie Sozialismus, folgten dem Pfad einer europäischen Arbeitsgeschichte der Technik. Die in ihrem Disput aufgeworfene Frage nach dem Verhältnis der Technik zu einer Arbeit, die sich weitgehend von der Muskelkraft abgelöst hatte, erhielt am Übergang zum 20. Jahrhundert praktische Bedeutung, als die standardisierte Massenfertigung zur Regel zu werden begann. Der Energiefluss aus Kraftmaschinen ermöglichte die Souveränität einer Technik, welcher die Arbeit angekoppelt wurde, anonym, austauschbar wie ein Maschinenteil. Die möglichst weitgehende Verminderung der Arbeitszeit wie die Verwirklichung der sozialen Existenz nicht mehr durch Arbeit, sondern durch Freizeit und Konsum, sollten für diese Reduktion auf Technik entschädigen.

Im amerikanischen Taylorismus ist die sehr europäische Verbindung von Arbeitspathos und Technik aufgekündigt. War in Europa die lange Geschichte der Freiheit, sofern sie nur und doch entscheidend den „gemeinen Mann" betraf, eine Geschichte der Arbeit, so wurde sie in den (späteren) USA als eher kurze Geschichte religiöser und politischer Rechte verwirklicht. Ein Ethos der Arbeit gab es dort so wenig wie eine ständische Achtungsstelle für zünftische Arbeit. „Arbeit" war eine Erscheinungsform des sehr umfassenderen Geldes bzw. des

Marktes. Das bis weit ins 20. Jahrhundert anhaltende europäische Reden von der „Arbeitsfreude" als Wesensmoment der Arbeit war als Reflex eines alteuropäischen Arbeitsethos für Amerikaner schlichtweg unverständlich.[10]

Technik entfaltet sich nicht länger im Zusammenhang der freien Arbeit, sondern in einer Schnittmenge aus Technikforschung und Markt. Die Arbeit sollte da, wo sie mit fortgeschrittener Technik verbunden war, ihre Vernunft verlieren, weil die Vernunft, das Wissen, ganz in die Technik gewandert sei. Das Wissen konzentrierte sich in der Tätigkeit des Ingenieurs, die eigentlich manuelle Arbeit reduzierte sich auf die Bedienung maschineller Abläufe bei minimalem physiologischem Kraftaufwand. Damit war, zumindest in der modellhaften Vorstellung „moderner" Arbeit, ein Endprodukt erreicht: Die zweifache Abtrennung von der Vernunft und der physischen Kraft gleichermaßen hin zu einer robotischen Auffassung der Arbeitsleistung, die im Ideal einer menschenleeren Produktion, der „Automatisierung", gipfelte. Die Technik wurde zum leitenden Pathos neben einer marginalisierten Arbeit, die ihren Ethos-Verlust durch die Vision marginalisierter Arbeitszeiten in einer Freizeit-Gesellschaft zu kompensieren suchte.

3. Zur Zukunft der Arbeit

Es mag sein, dass im neuen Jahrhundert die „amerikanische" Arbeit Europa nicht nur erreicht – das hat sie längst –, sondern auch durchdringt. Es ist sogar wahrscheinlich, denn es handelt sich dabei wohl um die Realisierung einer allgemeineren Entwicklung, die in den USA lediglich verkürzt worden ist. Schon für Taylor war das Ethos von den Arbeitern zu den Ingenieuren gewandert und dort als Handeln am Markt fortgedeutet und vergessen worden. Bei Taylor war das die Konsequenz aus der Umkehrung des Verhältnisses von Arbeit und Technik im Kontext der Industrialisierung: Galt vordem die Arbeit als Herr der Technik, so wandelte sich diese Beziehung mit der Revolution der fossilen Energietechnik in ihr Gegenteil um. Wollte die Arbeit noch von Bedeutung sein, musste sie intelligent werden, also „Wissensarbeit", musste der Arbeiter zu einem Organisator und Kaufmann seines Wissens werden oder zurückbleiben, wie die Beinlosen und Blinden in Fords Autofabrik, Handlanger einer Technik, die sie nur aus Kostengründen nicht ersetzte.

Damit stellt sich die Frage nach der Zukunft. Die Antwort ist schwierig, nicht nur, weil Zukunft das Gegenteil von Vergangenheit ist, also das Gegenteil von Wissen, auch, weil die Zukunft der technischen Zivilisation heute nicht mehr von Europa bestimmt wird. Die Begriffe „Arbeit", „Technik", „Energie" sind zwar generell anwendbar, nicht aber der Begriff des „Ethos", wie er sich in Europa entwickelt hat. Christliche Arbeitsschätzung und städtische Arbeitsfreiheit haben der gewerblichen Arbeit zu einem Ethos verholfen, das auch die Arbeitsmittel in der Achtung hielt und eine Analogie von Arbeit, Technik und

---

[10] Metz, Ursprünge, S. 366 ff.

Muskelmotor verhinderte. In diese Dissoziierung der Arbeit vom Muskelmotor nistete sich der Mühlenmotor ein, aus dem sich die „Energie" als reale wie symbolische Kategorie der Gesellschaft entwickelte. Mit der Verselbständigung der Technik im Zusammenhang einer wissenschaftsbasierten „Erfindung der Erfindung" wie eines linearen Energieflusses kam es zur Abwertung der Arbeit bzw. ihrer Umwertung als Wissensarbeit. Die Energie hat die Arbeit weithin ersetzt: Ihre nachhaltige Verminderung müsste das industriell entstandene soziale Gefüge in eine fundamentale Krise stürzen, die zugleich eine Krise ihrer Werte wäre, denn der integrierende Nexus dieser Gesellschaft ist der Konsum, insbesondere von Energie und deren Derivaten. Ihre Moral ist eine des energetischen Überflusses und des Anspruchs darauf. Die Garantie des Überflusses durch Technik ist ein Moment der Geschichte, insbesondere der Technikgeschichte, gewesen. Ob sich diese Garantie wird aufrecht erhalten lassen, ist zweifelhaft.

Technik erzeugt Zukunft, sie formt die „Ursprünge der Zukunft". Freiheit bzw. Ethos der Arbeit ist die eine Bedingung des technischen Aufstiegs Europas gewesen, doch ist zu fragen, ob sie im 21. Jahrhundert noch bedingend ist, in einer Epoche, die längst die Technik als ihr Zentrum anerkennt. Die zweite Grundlinie des technischen Aufstiegs Europas bildet das Wachstum der Energieverfügung in ihren beiden Effekten, der Entlastung bis hin zum Verschwinden der Körperarbeit und der Erschließung der Energie als Konsum. Dabei ging die Entwicklung von den Energien des Windes und Wassers zur Kohle und erst spät zum Erdöl, also einem Energieträger, der in Europa kaum verfügbar war. Zu fragen ist, ob diese Energiegeschichte fortzuschreiben ist oder nicht. Das gilt auch für den sekundären Effekt der linearen Energienutzung, die Beschleunigung aller technischen, also auch sozialen Abläufe.

Als Antwort eine Hypothese: Das Zeitalter der fossilen Brennstoffe, das mit der Dampfmaschine revolutionär begann, neigt sich seinem Ende zu. Die Energien des vorfossilen Zeitalters: Wasser, Wind, Holz, die Sonne, werden neu entdeckt und über Hochtechnologie genutzt. Dennoch wird Energie als grenzenloser Konsum verschwinden. Knapper werdende Ressourcen und drohender Klimawandel erzwingen eine Wende, die ohne Technik nicht zu vollziehen sein wird. Die Technik ist hier erneut Ursprung einer Zukunft, nachdem die ältere, industrielle an ihr Ende gekommen ist. Wenn nun der Überfluss an Energie die Arbeit in ihrer Energetik marginalisiert hat, ein Mangel an Energie aber die Arbeit degradierte, so ist die Bedeutung der gesellschaftlichen Energieweite offensichtlich. Dass im übrigen Europa am ehesten bereit ist, den Wandel einzuleiten, hat durchaus auch mit seiner langen Energiegeschichte als Technikgeschichte zu tun. Als eigene soziale Größe aufgefasst zeigte sich Energie stets als Konstrukt und wurde als solches reflektiert, d.h. als etwas, das hergestellt werden musste, immer wieder, reflektiert in den Debatten um Mühlennutzung und Holznot, in den Befürchtungen über ein Ende des Zeitalters der Kohle, des Erdöls, schon im 19. Jahrhundert, in der Debatte um das „Atomzeitalter". Eine derart in Apparaten hergestellte bzw. in

Arbeit umgewandelte Energie stellt die Technik an sich ins Zentrum der sozialen Wahrnehmung, was zum einen bedeutet, dass die Versorgung mit Energie eine Herausforderung an die Technik bleibt. Mit der Zentralstellung der Technik wird diese zugleich zur Hersausforderung an die Arbeit und zwar nicht mehr, wie im Industrie-Zeitalter, eine Herausforderung zur Anpassung der Arbeiterschaft an Fabrikdisziplin und Maschinenabläufe sowie eine Herausforderung in Bezug auf den Arbeiterschutz. In einer Zukunft, die längst begonnen hat, richtet sich die „Herausforderung Technik" an eine Arbeit, die vollends Wissenstätigkeit geworden ist, intelligente Kommunikation mit technischen Vorrichtungen im Medium des Computers. In gewisser Weise verbindet sich hier der Wissensaspekt der alten, handwerklichen Arbeit mit einem körperlosen Energiefluss und universalisiert sich dabei. Ein neuer Begriff von Arbeit zeichnet sich ab, der die ältere, aus der persönlichen Freiheit abgeleitete Vorstellung von der (körperlichen) Arbeit als Eigentum zu einem neuen Verständnis des Arbeitseigentums fortbildet. Denn das für die Produktion wichtige „Kapital" wandert tendenziell von den Anlagewerten zu den Wissenswerten der Arbeitenden, das sie investieren, d.h. als Arbeit verwerten, und in das sie investieren müssen, d.h. durch Lernen ständig erneuern. Die „employability" wird zum Zielpunkt der neuen Arbeit.

Die „Herausforderung Technik" ist nichts weniger als eine Herausforderung an das Überleben der bestehenden Gesellschaft. In ihr kulminiert die Technikgeschichte Europas und öffnet diese zugleich auf ein neues Jahrhundert. Die Bedingung dieser Geschichte: das „dialektische" Gefüge aus sozial hochgeschätzter Arbeit, gesellschaftlicher Verfügung über Energie und einem Wissensbegriff von Technik, kann auch als Bedingung ihrer erfolgreichen Fortsetzung gelten. Die Gestalt dieser Faktoren hat sich im Laufe ihrer Geschichte wiederholt geändert: eben deshalb ist dieser Geschichte beweglich geblieben, dynamisch. Sie wird es weiter bleiben, wenn man die Gegenwart nicht zu arretieren sucht und von der Zukunft nicht das Paradies erwartet, sondern nur eine Herausforderung, die sich lohnt.

Literatur

König, Wolfgang: Massenproduktion und Technikkonsum 1880-1914. In: *W. König, W. Weber*, Netzwerke, Stahl und Strom 1840-1914 (= Propyläen Technikgeschichte, Bd. 4). Berlin: Propyläen Verlag 1990.
Kulischer, Josef: Allgemeine Wirtschaftsgeschichte des Mittelalters und der Neuzeit, Bd. 1. München: Oldenbourg Verlag ^{3}1965.
Ludwig, Karl Heinz: Technik im Hohen Mittelalter zwischen 1000 und 1350/1400. In: *K.H. Ludwig, V. Schmidtchen*, Metalle und Macht 1000-1600 (= Propyläen Technikgeschichte, Bd. 2). Berlin: Propyläen Verlag 1992.
Metz, Karl H.: Ursprünge der Zukunft. Die Geschichte der Technik in der westlichen Zivilisation. Paderborn: Schöningh Verlag 2006.
van der Ven, Frans: Sozialgeschichte der Arbeit. München: dtv 1972.
Weber, Max: Wirtschaft und Gesellschaft. Tübingen: J.C.B. Mohr Verlag ^{5}1972.

Gerhard Gamm

Artefakte der Kunst – Artefakte der Technik

> „Im Zustand zwischen Seyn und Nichtseyn wird überall das *Mögliche* real und das Wirkliche ideal, und dieß ist in der freien Kunstnachahmung ein furchtbarer, aber göttlicher Traum." F. Hölderlin

Was auf den ersten Blick ein wunderbares Thema zu sein scheint, entpuppt sich auf den zweiten als ein schreckliches, bei dem man kaum dass man angefangen hat, nicht mehr ein noch aus weiß, so voller List und Tücken steckt es. Dabei sieht es so einfach aus: Man vergleiche zwei für jedermann und jede Frau unterschiedliche Realitätsbereiche bzw. Begriffe – Kunst und Technik – im Blick auf ein Drittes, das *tertium comparationis*, nämlich darauf, dass sie Artefakte sind, dass es sich bei ihnen um etwas Faktisches oder tatsächlich Vorliegendes wie Bauwerke, Kunstwerke und Maschinen handelt, deren Witz freilich in ihrer *Künstlichkeit* liegt: In einer irgendwie durch Kunst(-fertigkeit) hervorgebrachten tatsächlichen Existenz, die sich darüber hinaus – der übliche Sprachgebrauch zeigt es – auf einzelne Gegenstände bzw. Dinge bezieht. In Letzterem könnte eine kleine Provokation stecken. In einer Zeit, die ihre Kommunikation und Wahrnehmung von der Zentrierung auf Werke und Instrumente, Subjekte und Objekte, Dinge und Handlungen zu lösen und auf Medien, Systeme und Ereignisse umzustellen versucht, erscheint auch der Begriff des Artefakts, des einzelnen künstlichen Dings obsolet.

Eine andere Bedeutung von Artefakt scheint im heutigen Sprachgebrauch fast vergessen. Von etwas zu sagen, es sei (bloß) ein Artefakt, deutet auf ein Kunstprodukt, auf etwas, das keine Realität hat: das sich eingestellt hat in Folge eines zufälligen oder bedenklichen Arrangements von Ideen und Praktiken, Funktionen oder Intentionen, eine „Kopfgeburt", ein Künstliches oder ein Konstrukt, dem nichts in der wirklichen Welt entspricht. Dass Artefakte ständig um ihre Reputation oder ihr Sein zwischen Faktisch und Fetisch zu kämpfen haben, dass sie gehalten sind, in diesem mehrdeutigen Schwebezustand zu verharren, wirft ontologisch wie epistemologisch ein interessantes Licht auf sie. Das erinnert auch an das komische Gefühl, das sich regelmäßig einstellt, wenn allgemein von Artefakt die Rede ist. Es ist, als werde man stets aufs Neue davon überrascht, dass nicht die Natur, sondern die Kunst es fertig bringt, ihre Produkte und Prozeduren, Projekte und Programme in den Rang eines mit Leben, Symbol und Bedeutung erfüllten faktischen Daseins zu erheben – trägt doch das Künstliche und erst recht das Artifizielle immer auch die Note eines Unwirklichen (Irrealen) und Unechten (Nicht-Authentischen), eines bloß Aufgesetzten oder

Unnatürlichen. Dabei wissen wir recht gut, dass wir seit weiß Gott wie langer Zeit fast ausschließlich in einer sozialen Realität von selbst erzeugten Gütern und Gegenständen leben, in einer „zweiten" künstlichen Natur.[1] Fast alles um uns herum trägt – in direkter oder indirekter Bearbeitung der Natur – die Signatur des Künstlichen und Gemachten, so sehr, dass man sagen kann: das Medium, in dem wir uns fast ausschließlich bewegen, sei (die) Kunst.

1. Techne und ars, ihre wechselvolle Geschichte

Das wiederum scheint in dieser vereinfachten Form weit überzogen zu sein, und doch ist es noch nicht lange her, dass die beiden für die moderne Welt strikt geschiedenen Realitätsbereiche von Kunst und Technik, von Künstler und Ingenieur sich getrennt und ausdifferenziert haben; heute scheinen zwischen ihnen Abgründe zu klaffen. Für Aristoteles und die klassische Ästhetik der *Antike* zeigt sich eine Einheit von Kunst und Technik im überragenden Gedanken des *Werks*, er wurde für lange Zeit und eben auch für die europäische Entwicklung schulbildend. Das *ergon*, so Aristoteles, bildet das Ziel der techne, und die Kunst gehört in der Antike unter die Techniken wie Medizin und Rhetorik. Der Künstler ist gleichsam ein edler Handwerker, der in dem, was er schafft, ein öffentliches Zeugnis seiner Fähigkeit abliefert, darauf gründet sein Ruhm und seine Anerkennung, daraus resultiert seine gesellschaftliche Sonderrolle.

Noch lange über die Antike hinaus hatten Kunst und Technik die gleiche Bedeutung. Alles, was zur Technik, zum Handwerk, zum Können überhaupt gehört, war im Begriff Kunst mitgemeint. Der griechische und der lateinische Ausdruck *techne* und *ars* hat noch nicht die Bedeutung dessen, was wir Kunst nennen, er bezeichnet vielmehr etwas, was zwischen den mechanischen und schönen Künsten gemeinsam ist, auch wenn es bald weiter differenziert wurde. Man hat im Nachahmen bzw. der *mimesis* den der mechanischen und schönen Kunst gemeinsamen Begriff gesehen, der diese Art des Könnens auszeichnet. Platon sah beide im Nachmachen von etwas Vorbildlichem am Werk. Das gilt für den Handwerker, der den idealen Tisch nachbaut, das gilt aber auch für den Maler, der ihn schön malt, allerdings gehört sein Produkt nicht zur Gebrauchswelt. *Techne* und *ars* bewegen sich im Rahmen der Natur und dem Freiraum, den die Natur dem Erfindungsgeist des Menschen lässt, ihn auszufüllen.

In der *Renaissance* finden Kunst und Technik einen gemeinsamen Ausdruck im kreativen Tun ihres Schöpfers. In Künstleringenieuren wie Leonardo da Vinci fallen Kunst und Technik in eins, gleichwohl beginnen sie in dieser Zeit sich auseinander zu entwickeln. Von Nikolaus von Cues wird der Mensch als

---

[1] Umso mehr erstaunt es, in der gegenwärtigen Philosophie eine mehr als seltsame Tendenz festzustellen. Je künstlicher die Welt um uns herum wird, desto mehr sucht die Philosophie die Nähe zum Naturalismus: Die Welt wird künstlicher, die Philosophie naturalistischer.

„zweiter Gott" angesprochen, in seinen Selbst- wie Weltbezügen wird er auf eine kreative Entfaltung seiner Kraft hin angelegt betrachtet. Würde und Gottähnlichkeit erlangt er durch das Schaffen vorbildloser technischer Formen (wie z. B. einen geschnitzten Holzlöffel). Es ist die Kunstfertigkeit, die Technik, die den Menschen seinem Schöpfer, und Künstler und Handwerker untereinander, ähnlich macht.

Dass und inwiefern Kunst und Technik lange Zeit als nahe Verwandte betrachtet wurden, ist häufig dargelegt worden, es genügt vielleicht daran zu erinnern, dass die *Romantik* in gewisser Weise einen Umbruch darstellt: Kunst wird als Kunst, wie wir sie kennen, absolut gesetzt. „Was vergangene Generationen im Zusammenhang mit Religion und Mythos als Kunst schufen und verstanden, ist damals zum selbständigen Bewußtsein erwacht."[2]

Kunst wird in einem gewissen Sinn das Andere der Technik, ein von ihr deutlich unterschiedener autonomer Bereich. Überhaupt formierte sich – beginnend mit dem *Sturm und Drang* und einer neuen Sprachphilosophie in der Generation der Jahre um 1770 – eine neue Theorie des Menschen, in welcher der Kunst eine wichtige Rolle in der Verwirklichung der menschlichen Natur zugeschrieben wurde. Seit dieser Zeit beginnt die Kunst auch eine der Religion und dem Mythos vergleichbare Funktion zu übernehmen, ja, sie bis zu einem gewissen Grad zu ersetzen. Dass diesem historischen Wandlungsprozess und einer sich verändernden Stellung von Kunst und Technik ebenso tiefgreifende Verschiebungen im Verhältnis von Gesellschaft und Wissenschaft, Industrie und Technologie korrespondieren, kann hier nur erwähnt werden.

In der *modernen Welt* wird das Bild so unübersichtlich wie es unübersichtlicher nicht sein könnte. Kunst und Technik werden in zahllose Verhältnisbestimmungen auseinander gesetzt, diese werden in oft schneller Reihenfolge von Künstlern und Ingenieuren ausprobiert und propagiert, in der Öffentlichkeit und der Wissenschaft vorgestellt, verteidigt oder verworfen, um festzustellen, wo Gemeinsamkeiten und wo Unterschiede liegen: Von der Identifikation und Wesensverwandtschaft beider bis zur Annahme eines *toto genere* verschiedenen Richtungssinns werden alle erdenklichen Positionen in Erwägung gezogen, um ein Verständnis ihres gemeinsamen oder je spezifischen Weltzugangs zu entwickeln – und das in einem sozialen Klima, das nur selten gemäßigte Zonen kennt.

Zu einem Vorbegriff von Kunst lässt sich vielleicht soviel sagen: wenn heute von „moderner" oder „postmoderner" Kunst gesprochen wird, werden unvermittelt zwei Bedeutungen aufgerufen, ein weiter und enger Begriff. Dabei ist klar, dass die Seite, die einen weiten Inhaltsbereich umfasst, neben den literarischen Künsten auch die Baukunst/Architektur, die bildende Kunst und die Malerei, die Medienkunst und viele andere mit einschließt; ebenso vorentschieden

---

[2] Gadamer, Kurze Geschichte der Kunst, S. 11 f.

stellt sich aber auch die Kunst als eine von der Technik und dem Alltag, der Wissenschaft und der Ökonomie getrennte Sphäre dar, was natürlich nicht besagt, dass die modernen Künste – nicht weniger als die alten – technische Gerätschaften, Medien und Verfahren ohne Ende benutzen.[3]

2. Im wechselseitigen Blick

Um Übersicht in das Feld zu bringen, könnte man formal vorgehen und das folgende einfache Tableau entwerfen:

(1) Die Kunst nutzt die *Technik als Werkzeug* oder Mittel – ihre Artefakte und Verfahren – zur Gestaltung von Kunstwerken: vom Pinsel und der Staffelei über Fotoapparate und Kameras bis zu video- und computer-, das heißt technologiebasierten Medien, sie alle kommen bei der Schaffung von Kunst zum Einsatz. – So hat man Collagen als eine erste Stufe der technischen Modernisierung gesehen, die bei Max Ernst und Hans Arp noch etwas von altväterlicher Handwerklichkeit besitzen. Futurismus und Kubismus haben um diese neue Technik gerungen, Picassos „Stilleben mit geflochtenem Stuhlsitz" (April 1912) gilt als eine der ersten Collagen. Radikale Innovationen der Technik, z. B. der Fotografie, inspirierten Künstler wie Man Ray oder Moholy-Nagy zu Fotogrammen, autorecorded Assemblagen und Collagen usf. Während Techniker und Fotografen noch an der Beseitigung von Mängeln, z. B. der Doppelbelichtung arbeiteten, haben Künstler begonnen, die falsche Belichtung – die angebliche Schwäche des Mediums – für innovative künstlerische Effekte bewusst zu nutzen. Das „Verwackeln" – bis zu Francis Bacon ein Kunstgriff in der Malerei – schien die dynamische Bewegung darstellbar zu machen.

(2) Man macht die Technik bzw. technische Artefakte wie Maschinen oder auch große technische Systeme selbst zum *Thema der Kunst*. Man denke an Claude Monet und den Impressionismus, seine Windmühlen-, Brücken- und Eisenbahnbilder. Oder auch an funktionierende Technik in der Kunst, an Joseph Beuys' „Honigpumpe", oder an eine – was häufiger ist – die nicht funktioniert, wie die von Man Ray, der ein Bügeleisen auf seiner flachen, zum Bügeln bestimmten Seite, mit Nägeln bestückt hat. Noch witziger die „Capri-Batterie" von Beuys, sie verbindet funktionale Technik mit symbolischer Bedeutung: das menschliche Kräftesammeln (auf der Insel Capri) als Wiederaufladen der Batterie erschöpfter Zeitgenossen.

Viel aufschlussreicher freilich wäre eine andere Perspektive, die zum Grundzug der modernen und zeitgenössischen Kunst avancierte: In Experimenten der Kunst mit sich selbst, die Techniken und Medien zu untersuchen, die bei der

---

[3] Dass ich mich ständig einer abkürzenden substantivischen Redeweise befleißige und von der Kunst und Technik spreche, ist so problematisch wie unvermeidlich, wahrscheinlich selbst ein Artefakt.

Schaffung von Kunstwerken verwendet werden; jene ‚Second-order-Cybernetics' der Kunst, die in Reflexion auf die medialen Bedingungen ihrer Möglichkeit in Bild und Ton, Stimme und Schrift, Farbe und Form, Rahmen und Raum, Performativität und Objektivität usf. die grundlegend materiellen und immateriellen Dispositive ästhetischer Erfahrung zu klären versucht, auf denen sie selbst beruht.[4] Hans Blumenberg hatte in diesem Zusammenhang von einem „Selbstwertgewinn der [künstlerischen, G. G.] Mittel" gesprochen.[5]

In beiden Hinsichten lässt sich verstehen, welche ungeheure Faszination von der und den Technik(en), vor allem den *Maschinen* ausgegangen ist. Sie werden dämonisiert, aber auch in ihrer weltverändernden und welterschließenden Kraft begeistert begrüßt. Der Experimentalismus der frühen Jahre des 20. Jahrhunderts fühlte sich – nicht nur in Gestalt der Futuristen – von technischen Systemen und Artefakten, Mechanismen und Verfahren aller Art herausgefordert – bis zur Idolatrie des Maschinellen; auch die Verschmelzung von Mensch und Maschine ist ein langer, die Moderne hindurch andauernder Traum, die Annäherung des Mechanischen an das Organische nicht weniger – von La Mettrie über die Faszination an Automaten, Le Corbusiers „Wohnmaschine" bis zu jenen Wunschmaschinen, die Gilles Deleuze und Félix Guattari sich ausgedacht haben, um alles, was es gibt, das Unbewusste und den Sex, den Körper und die Wissenschaft, das Leben und die Kunst als Maschine neu zu interpretieren.[6]

(3) Man kann der formalen Vollständigkeit wegen die Verhältnisse auch umkehren und beobachten, wie Kunst zum *Thema der Technik* bzw. der Technikwissenschaften wird, wie und an welchen Stellen der Technologieentwicklung es immer noch einer mathematisch oder technisch nicht ableitbaren Ingenieurs*kunst* bedarf, damit Technik ihre internen wie externen Aufgaben erfüllt.[7]

(4) Vielleicht kann man selbst an der Kunst bzw. an bestimmten Zügen ihrer Produktion und Rezeption etwas erkennen, um es für die Technikentwicklung zu nutzen. Was an der Kunst könnte für die Technik interessant sein? Wie lässt sich ihr kultureller Mehrwert in die symbolischen und materiellen Wertschöpfungsketten von Wissenschaft und Technik einbauen? Was wissen die Bilder? Könnte es eine der Bionik vergleichbare Wissenschaft und Kunst geben, die, anstatt von der Natur, von Bildern und Kunstgegenständen lernt? Der Weg einer asymptotischen Annäherung (Identität) von Kunst und Technik scheint dort beschritten, wo die Technik die Kunst gleichsam absorbiert, wenn nicht neutralisiert, sie fast vollständig in ihren Begriff aufnimmt – wie in jener *Kunst aus dem Labor*, in der Künstler wie Eduardo Kac sich mit der technischen Herstellung transgener

---

[4] Vgl. Gamm, Vom Wandel der Wissenschaften und der Kunst.
[5] Blumenberg, Sprachsituationen und immanente Poetik, S. 146.
[6] Einen materialreichen Überblick bietet: Von Beyme, Das Zeitalter der Avantgarden.
[7] Vgl. dazu: Mildenberger, Wissen und Können im Spiegel gegenwärtiger Technikforschung, aber auch: De Certeau, Die Kunst des Handelns.

Organismen, Hybriden und Technofakten beschäftigt, oder auch in einer computerbasierten Kunst, in der ein Übermaß an Technik und Graphik den Kunstgedanken zu erdrücken droht.[8]

Wie sich zeigt, bleibt dieses formale Schema der Kunst und der Technik relativ äußerlich, in die heißen Zonen der Diskussion gelangt man eher, wenn man sich philosophisch, das heißt technik- oder auch kunstkritisch auf eine inhaltliche Rekonstruktion beider einlässt, denn wenig oder nichts an jenem Schema bildet die Dramatik ab, in der Kunst und Technik sich im 20. Jahrhundert verwickelt finden. Schon dass beide zwischen Identität (insofern es sich bei beiden um ein kreatives Tun handelt) und krasser Gegensätzlichkeit (Künstler und Ingenieur) gesehen werden, zeigt, dass der Verständnisnutzen der vorgestellten formalen Aspekte gering ist. Man muss sich wohl oder übel auf das unwägsame (verminte) Gelände geschichtsphilosophischer und kunstkritischer Thesen wagen, um etwas über das Schicksal von Kunst und Technik im Blick auf ihre Artefakte zu sagen. Nachdem in der Moderne die „großen Erzählungen" (Jean-François F. Lyotard) des Christentums und andere an allgemeiner Verbindlichkeit verloren haben, sehen wir Kunst und Technik in die Bresche springen. Sie selbst stellen große Selbst- und Weltdeutungssysteme bereit, sie offerieren Sinnangebote, wie eine gelingende Praxis aussehen könnte. Beide verbreiten den Vorschein einer besseren Welt.

3. Im Kampf um die richtige Deutung – Befreiung und Rätsel

Die These lautet: man versteht die Koalitionen und Oppositionen, überhaupt die Dramatik der Auseinandersetzung zwischen Kunst und Technik besser, wenn man sie aus einer Konkurrenzsituation heraus begreift: einem Kampf um die richtige Auslegung des Lebens. Mit beiden haben sich in der modernen Welt – um einen Ausdruck Hegels zu bemühen – „Weltanschauungsweisen"[9] verbunden, Paradigmen des Wahrnehmens, Erfassens und Schaffens von dem, was als real/rational, gut und erstrebenswert gelten kann. Beide stehen unter erheblichem Inkompatibilitätsdruck, sie sind immer im Begriff, ihre paradigmatische Vorstellung von Mensch- und Gegenstandswelten zu totalisieren. Dabei folgen sie ihrem je eigenen Richtungssinn, der sie in die Widersprüche, Konflikte und Ambivalenzen stürzt, über die sie sich im 20. Jahrhundert aufeinander beziehen. Man könnte die Modernität des Zeitalters über die Ausarbeitung jener Inkompatibilität verstehen und fragen: Warum vertragen sich beide nicht? Warum diese ständige Reibung? Wo doch in einer nach Rollen und Funktionen ausdifferenzierten Gesellschaft jede sich mit dem ihr zugewiesenen Auftrag und symbolischen Kapital zufrieden geben könnte? Wodurch ist die Autonomisierung der Kunst gegen Wissenschaft und Technik bestimmt? Nachdem das Christentum

---

[8] Vgl. Reichle, Kunst aus dem Labor, S. 233-253.
[9] Hegel, Vorlesungen über die Ästhetik II, S. 232.

seine innerweltliche Deutungshoheit weitgehend eingebüßt hat, konkurrieren Kunst und Technik um die richtige Deutung und Gestaltung gelingenden Lebens. Sie geben vor, mindestens zu einem Teil, das Vakuum ausfüllen zu können, das die Erosion der onto-theologischen Metaphysik hinterlassen hat.

Vielleicht lässt sich ihr je verschiedener Richtungssinn im Blick auf zwei Stichworte kurz erläutern: Was verstehen sie unter „Befreiung", was unter „Rätsel"? Was heißt das für die Technik? Was für die Kunst? Beide werden in der Moderne vom Versprechen getragen, die Menschen zu befreien, aber sie verstehen je Verschiedenes darunter: Technik – die Verbesserung und Perfektionierung des Lebens durch eine umfassend instrumentell rationale Kontrolle der natürlichen und kulturellen Bedingungen, unter denen es stattfindet: Lebenssicherung durch Instrumente und Verfahren. Sie wird faktisch nur erreicht, wo die Dinge und Zustände, Verfahren und Ereignisse technisch-praktisch beherrscht werden: „Befreiung von …" meint „Kontrolle über …". Kleine und große technische Systeme heben in großer Planmäßigkeit das Unvorhersehbare auf. Den Zufall, der in der Kunst als „geplante Spontaneität", wie Gerhard Richter sagt,[10] eine überaus große Rolle spielt, gilt es in der Technik auszuschalten. Technik soll einwandfrei und ohne Störungen funktionieren. Darin liegt ihre befreiende und entlastende Wirkung. Die Kunst bricht gleichsam ungeregelt in die Ketten des Kausalen ein, unter die die Technik sich planmäßig zu schalten sucht. Dabei gelingt ihr die Kontrolle von sozialen und natürlichen Systemen vor allem dann, wenn sie nicht gegen sie vorgeht, sondern lernt, sich ihren Gesetzen zu unterwerfen, um so glanzvoller zu triumphieren, die Natur lässt sich nur, wie Bacon sagt, „durch Gehorsam [ihr gegenüber, G. G.] bändigen".[11]

Ist die eine (die Technik) die Kunst des Möglichen, so die andere das Spiel mit dem unmöglich Möglichen, die Kunst zielt nicht auf die Sicherung des Lebens, sondern – im besten Fall – auf seine Verunsicherung. Was für die eine Dysfunktion oder Störung ist, über die sie ihren Zweck verliert, ist der anderen Verstörung, über deren Effekte sie ihre Bedeutung, ihre Motivation und Legitimation ständig erneuert.

Das wiederholbare, abstrakte Können hat sein *telos* nicht in sich selbst, sondern in dem zu einem Sachsystem verfestigten äußeren Zweck. So sehr die technischen Sachsysteme die Zwecke, Überzeugungen und Wünsche der Menschen auch verkörpern, indem sie eine für den Menschen und seine Leistungen äußere, raumzeitlich manifeste Gestalt annehmen –, sie werden ihm auch fremd, sie werden ihm, dem, was er ist und wie er lebt, entfremdet. Ort und Einsatz der Kunst ist ein anderer, ihr Sein liegt im Vollzug selbst, ihr performativer Charakter strahlt die größte Bedeutung ab, sie liegt weniger in dem, was fix ist, was vor-, her- und festgestellt werden kann, in dem was wir

---

[10] Richter, Texte, Schriften, Interviews, S. 149.
[11] Bacon, Neues Organon der Wissenschaften I, Aph. 3, S. 81.

haben und in den *technai* objektiv verkörpern können, sondern in dem, was wir *sind* und unmöglich kontrollieren können. Authentisch sind wir dort, wo wir uns nicht haben, uns nicht mittels bestimmter Techniken in Szene setzen können: Wo der Weg das Ziel ist, scheint das Glück am größten.

Wenn Freud sich über die Tatsache erstaunt, ja befremdet zeigt, dass die Technik, obwohl sie täglich perfekter wird, und der Mensch mittels der Vervollkommnung seiner technischen Systeme „beinahe selbst ein Gott [...] sozusagen eine Art Prothesengott" geworden ist und sich dennoch „in seiner Gottähnlichkeit nicht glücklich"[12] fühlt, dann lässt sich daran vielleicht etwas über den Unterschied von „frei sein" im Blick auf Kunst und Technik lernen. Kunst bearbeitet gleichsam die Enttäuschung, welche die Technik hinterlässt, wenn festgestellt wird, dass die kontrollierte Befreiung von inneren und äußeren Zwängen der Natur und der Gesellschaft nicht zum Ziel führt, dass die *promesse de bonheur*, die sich mit ihr verbindet, nicht eingelöst wird; das Versprechen, sobald es sich in einem Machbaren konkretisiert, weniger als Befreiung denn als Einschränkung, Begrenzung, Zwang, Last erfahren wird. Wo sich die Kunst der Poesie bedient, bleibt der Technik die Prosa. Technik ist ein Algorithmus, der darin besteht, Wünsche und Bedürfnisse, Vorstellungen und Überzeugungen in handhabbare Produkte und Verfahren herunterzuschrauben, aber in diesem Umwandlungsprozess den Reiz verliert, der mit seiner Projektion verbunden ist. Die Kunst bewegt etwas anderes: Es ist die Attraktion des Verstandes am Unverstandenen, oder seine Irritationen (ein Unterhaken) an dem, was so gar nicht verstanden werden kann, aber alles andere als bedeutungslos ist. Das soll in Rücksicht auf das zweite Stichwort verdeutlicht werden.

Nicht allein von den Werken der modernen Kunst wird behauptet, sie seien ein *Rätsel*, auch von den Wissenschaften und der Philosophie wird gesagt, ihre Problemmaterie trage alle Anzeichen eines Rätsels. Der Wissenschaftshistoriker Thomas S. Kuhn sieht im „puzzle-solving" einen grundlegenden Mechanismus des Wissenschaftshandelns, er schreibt: „Ein normales Forschungsproblem zu einem Abschluß zu bringen [...] erfordert die Lösung einer Vielzahl umfangreicher instrumenteller, begrifflicher und mathematischer Rätsel."[13] Theodor W. Adorno spricht vom „Rätselcharakter der Kunst" und davon, dass Kunstwerke Vexierbilder seien, „nur derart, daß es beim Vexieren bleibt, bei der prästabilierten Niederlage ihres Betrachters".[14] Interessanterweise haben beide Philosophen offenbar Verschiedenes im Sinn. Im ersten Fall hat das Rätsel die Form eines Problems, für das es mehr oder weniger gute Lösungen gibt, es geht, wie es bei Kuhn heißt, darum, ein normales Forschungsproblem abzuschließen. Beim Rätselcharakter der Kunst ist das nicht so, es bewegt sich nicht im Medium von Problem und Problemlösung, man kann bei ihm nicht mit einer

---

[12] Freud, Unbehagen in der Kultur, S. 450.
[13] Kuhn, Die Struktur wissenschaftlicher Revolutionen, S. 59.
[14] Adorno, Ästhetische Theorie, S. 184.

definitiven Antwort rechnen, das Problem „überlebt", wie Adorno schreibt, die Interpretation, es handelt sich um eine andere Materie. ‚Rätsel' bleibt für Fragen reserviert, die unlösbar sind und uns gleichwohl nicht loslassen; die so verfasst sind, wie für Kant die Fragen der Metaphysik insgesamt. Sie übersteigen alles Vermögen der menschlichen Vernunft und hören dennoch nicht auf, uns zu „belästigen".[15] Je bedeutender die Fragen, desto weniger können wir uns einer Antwort sicher sein.[16] Verwirrenderweise aber wird durch die Unausdeutbarkeit ihre Anziehungskraft nicht geringer. Im Gegenteil, im Hin und Her zwischen den Verständnisalternativen – im Spiel mit ihnen – gelangen wir in den inneren Kreis ästhetischer Erfahrung. Die Unauflösbarkeit des Rätsels, das Unverstandene an ihm übt auf den Verstand einen magischen Reiz aus. Paul Valéry hat etwas davon geahnt: bei dem Genuss, den die Kunst erzeugt, handle es sich

„um eine zuweilen so intensive Lust, daß sie die Illusion eines innigen Verstehens jenes Objekts vermittelt, das die Lust hervorruft; eine Lust, die den Verstand erregt, ihn herausfordert und ihn dazu bringt, seine Niederlage hoch zu schätzen; außerdem eine Lust, die das seltsame Bedürfnis auslöst, das Ding, Ereignis, Objekt oder den Zustand [...] zu reproduzieren, mit dem sie verbunden zu sein scheint und der dadurch zu einer Quelle von Aktivität *ohne einen bestimmten Endpunkt* wird und die einem ganzen Leben Disziplin, Eifer und Beunruhigung aufprägen".[17]

Man stelle es sich so vor: wir lesen Franz Kafkas Parabel *Vor dem Gesetz*. Bei jeder Zeile macht sich das Gefühl breit, dass man mit dem Verstand nichts ausrichten kann, mit den Mitteln der begrifflichen Differenz- und Summenbildung stößt der Verstand fortwährend an seine Grenzen, er holt sich im besten Fall, wie Wittgenstein sagt, „Beulen". Und dennoch ertappt sich der Leser immer wieder dabei, auf den Spuren des Sinns zu wandeln, an dessen Grenzen sie führen, um den geheimen Code dieser überaus bedeutsamen Botschaft zu entziffern: in der unbestimmten, aber festen Erwartung, dass sie Großes, Wichtiges, Überraschendes für ihn bereithält. Dieses Bevorstehen einer Offenbarung, zu der es nicht kommt, ist vielleicht das Besondere ästhetischer Erfahrung. Die Erzählung verführt den Verstand, wenn schon nicht dem Mann vom Lande zu seinem Recht zu verhelfen, ihm einen gangbaren Weg durch das Labyrinth der Gesetze und ihrer Wächter zu weisen, so doch mindestens seine (aporetische) Lage zu verstehen.

Für Kunstwerke kann es eine abschließende Lösung nicht geben, für sie bleiben die Ausgänge ihrer Produktion und Rezeption, ihrer Interpretation und Dekonstruktion in der Schwebe, ein Schwebendes ist an ihnen selbst; ja ihre

---

[15] Kant, Kritik der reinen Vernunft, A VII.
[16] Es ist wie in den Sozial- und Geisteswissenschaften und ihrem ambitionierten Bestreben, vermittels Experiment und Statistik gestützter Methoden in den Rang naturwissenschaftlicher Forschung aufzusteigen. Je höher die Objektivität, Reliabilität und Validität der Verfahren, desto geringer die (inhaltliche) Aussagekraft, desto nichtssagender die Ergebnisse. Die wenigen, an einer Hand abzählbaren Ausnahmen bestätigen die Regel.
[17] Valéry, Rede über die Ästhetik, S. 222.

Bestimmtheit durch Farbe und Form, Rahmen und Struktur, Raum und Zeit usf. sollte jenem Undarstellbaren zum Ausdruck verhelfen, das gleichsam wie von Ferne an das radikal Unausdeutbare unserer Existenz erinnert. Die Kunst bringt nichts Machbares, Nützliches, keine Problemlösung zustande, enttäuscht aber nicht, während die Technik, die wirklich etwas zustande bringt, auf das man sich verlassen kann, das Freiheits- und Glücksversprechen zutiefst enttäuscht, das sie wie die Kunst in der Moderne verkörpert – so ungerecht ist die Welt.[18]

4. Im Spiegel der Interpretationen

Für die wechselvolle Geschichte von Kunst und Technik im 20. Jahrhundert einige Beispiele, zunächst *Heidegger*.

Die neuzeitliche, auf Experiment und Gesetz sich stützende Naturwissenschaft („der in sich geschlossene Bewegungszusammenhang raumzeitlich bezogener Massenpunkte") ist für Heidegger ihrer Anlage nach schon technisch, darin unterscheidet sich ihr Bezug zur Natur von früheren in grundsätzlicher Weise. Technik selbst versteht er als Ge-stell, in diesem Sinn gleicht sie dem, was wir heute eher als Dispositiv bezeichnen würden, also einem historisch-apriorisch bestimmten Weltbezug (Grundriss), der noch der Unterscheidung nach Theorie und Praxis vorausgeht. Daher kann Heidegger am Ende seines Technikaufsatzes auch davon sprechen, dass „das Wesen der Technik nichts Technisches ist". Die Besinnung darauf enthält die methodisch interessante Auskunft, dass, wie es weiter heißt, die „entscheidende Auseinandersetzung mit ihr [der Technik, G. G.] in einem Bereich" geschieht, „der einerseits mit dem Wesen der Technik verwandt, andererseits von ihm doch grundverschieden ist".[19] Mit diesem einerseits/andererseits ist die Kunst gemeint, die Heidegger dadurch in eine ausgezeichnete Beziehung setzen kann, dass er beide als Weisen des Entbergens begreift, aber so, dass und vor allem wie sie Verschiedenes zum Vorschein bringen. Im Medium des Gestellt- und Herausgefordertwerdens der Natur ist der Grundzug der Technik „Steuerung und Sicherung".[20] Kunst hat ihr Besonderes darin, dass sie den Welthorizont, der im alltäglichen Umgang mit den Dingen verborgen bleibt, eigens sichtbar zu machen versteht.

Die Technik steht bei Heidegger wie bei Adorno für das Machbare. Was sie und viele andere daran bedenklich stimmt, ist, dass Technik als „Weltanschauungsweise" darauf pocht, nur das als real/rational zu betrachten, was als machbar gilt; dass das Machbare den entscheidenden, in ihren Grundzügen festgelegten „Aufriss"[21] dessen zeichnet, nach dem alles, was zählt, konzipiert, evaluiert und

---

[18] Anders verhält es sich natürlich, wenn man mit der Technik spielt.
[19] Heidegger, Die Technik und die Kehre, S. 35.
[20] Ebenda, S. 16.
[21] „Aufriss" erinnert sowohl an eine skizzenhafte Zeichnung wie an das Gewaltsame eines Risses im Sinne des Abreißens oder Trennens.

justiert werden soll. Kunst hingegen vertritt, wie es an einer Stelle bei Adorno heißt, das „unterdrückte Nichtmachbare" – wenngleich und gerade durch technisches Geschick: „von allen Paradoxien der Kunst ist wohl die innerste, daß sie einzig durch Machen [...] das Nichtgemachte trifft, die Wahrheit".[22]

Kurz und plakativ: für Heidegger ist die Auflösung des Gegenstandes in den Bestand (die systemisch vernetzten Zusammenhänge) das herausragende Geschehen bzw. Ereignis in der Geschichte der Metaphysik oder einer vollends technisierten Welt, Heidegger: „Was im Sinn des Bestandes steht, steht uns nicht mehr als Gegenstand gegenüber."[23] Die Dinge verlieren in diesem alles durchdringenden und systemisch organisierten Technisierungsprozess ihre Wider- und Eigenständigkeit (also *Gegen*ständigkeit). Sie sind in erster Linie das Material technischer Manipulation. Dieser fundamentalen Transformation – dem Verschwinden „des Gegenstands in das Gegenstandslose des Bestands" – korrespondiert zugleich ein bedeutsamer Wandel der Kunst: „Daß in einem solchen Zeitalter die Kunst zur gegenstandslosen wird, bezeugt ihre geschichtliche Rechtmäßigkeit." Da aber „das Gegenstandslose [...] nicht schon das Standlose ist", rätselt Heidegger darüber, ob nicht „im Gegenstandslosen eine anders geartete Ständigkeit" heraufkommt.[24] Das Fazit, das man daraus ziehen muss, lautet: Die Kunst ist notwendig, um nicht an der Technik zugrunde zu gehen. Offen bleibt, welche Kunst es denn sein könnte. Am ehesten kämen Heideggers Auffassung nach die Bilder Paul Klees dafür in Frage.

Seine Andeutungen zu Klee sind in vieler Hinsicht aufschlussreich, Klee selbst schreibt einmal, in der Kunst lerne man „die Vorgeschichte des Sichtbaren", nicht in dem Sinn eines zeitlich Vorausgehenden, sondern als eines phänomenologisch Vor-Gegenständlichen. Es geht um den erregten Augenblick, in dem sich ein Noch-Nicht-Sein zum Dasein formiert. Weniger am fertigen Produkt als am Akt des Hervorbringens hängt das Interesse: „Welt", „Sein" in *statu nascendi*. Das Erscheinen selbst soll zum Ereignis werden. Alle Kunst als Performance lässt sich bis heute davon leiten.

In einem weitaus positiveren Licht sieht der Medientheoretiker *Marshall McLuhan* die neuen Technologien. Wenn auch in seinen Stellungnahmen des Öfteren schwankend, glaubt er aufs Ganze bezogen doch, dass die Informations- und Kommunikationstechnologien die Demokratie und die menschliche Wahrnehmung befördern. Aufschlussreich in unserem Zusammenhang ist seine Überzeugung, dass die neuen Medien am besten von den Künstlern verstanden und erforscht werden können; sie ergreifen die Möglichkeiten, die in den neuen Medien stecken, auf das Entschiedenste, indem sie in ihren Denk- und Wahrnehmungsweisen ihrer Zeit voraus eilen. Der Künstler nimmt in der Gesellschaft

---

[22] Adorno, Ästhetische Theorie, S. 191.
[23] Heidegger, Die Technik und die Kehre, S. 16.
[24] Heidegger, Der Satz vom Grund, S. 65 f.

eine Sonderstellung ein – als „fleischloser Mensch" mit einem, wie er sagt, „integralem Bewußtsein".

Eine Annahme kreist um die „Gutenberg-Galaxie" oder die Erfindung des Buchdrucks, die nach McLuhans Auffassung einen entscheidenden Anteil an den gesellschaftlichen Veränderungen der Neuzeit hat. Sie befördert, im Unterschied zu einer Kultur mündlicher Überlieferung, den Individualismus und lineares Denken, sie hat maßgeblichen Anteil an der Ausbildung der Privatsphäre, sie unterdrückt aber auch Denken und Fühlen, fördert Objektivität und Spezialisierung, revolutioniert das moderne Militärwesen. Seine Quintessenz lautet: „the medium is the message", er zielt damit auf die Macht der Medien und darauf, dass deren Strukturen wichtiger sind als die Inhalte, dass sie das menschliche Bewusstsein und seine Wahrnehmung nachhaltig beeinflussen. Während die Printmedien die Menschen tendenziell vereinzeln, fördern die neuen Medien die Herstellung weltweiter Kommunikationsnetze, die eine neue internationale Gemeinschaft, das „global village" entstehen lassen, es breitet sich über die engen politischen Grenzen, wie wir sie aus dem Zeitalter der Nationalstaatlichkeit kennen, aus. Als begeisterter Anhänger der neuen Medien wird ihm die alteuropäisch tragende Unterscheidung zwischen ‚wirklicher' bzw. ‚hoher' Kunst und Massenkunst, Kultur und Kulturindustrie zweitrangig, er sieht eine Bereicherung und Erweiterung darin, dass die neuen Medien unsere Sinne, ja unser Gehirn verändern und neu programmieren, vor allem, dass sie ein nichtlineares, „mosaikartiges" Denken entstehen lassen, das den Betrachter nötigt, die Leerstellen in den kontinuierlich aktualisierten Inputs auszufüllen.

Die elektronischen Medien stimulieren nicht nur verstärkt die lange liegen gelassenen, von der rechten Hirnhälfte geschalteten Verbindungen: Dinge in ihrer Ganzheit zu erfassen und zu verstehen, sondern auch unsere Phantasie und Integrationsfähigkeit; durch die neuen Medien wird das Terrain der mündlich geprägten Kultur zurück erobert, auf dem gemeinschaftlich Hören, Fühlen und Mimik erneut wichtig werden.[25]

In seinem Buch *Understanding Media* (Die magischen Kanäle) überwiegt die Hoffnung, dass in Folge der technologischen Revolution eine Demokratisierung und Verständigung im globalen Ausmaß eingeleitet wird, dass sich die Technologien des 20. Jahrhunderts insgesamt von geschlossenen zu offenen Systemen fortentwickeln, dass ein höherer Grad an Freiheit für alle die fast unausweichliche Konsequenz der neuen Technologien sein wird: „Es ist das Bild des Goldenen Zeitalters als einer Welt der vollständigen Metamorphose oder Übertragung der

---

[25] So einfach wie McLuhan sich das vorstellt, ist es sicher nicht. An der Videokunst von Bill Viola kann man sehen, dass das Medium nicht per se kritisch ist, sondern der vorbereitenden Arbeit des Künstlers bedarf, um die Wahrnehmungsmöglichkeiten zu steigern und produktiv werden zu lassen, nur Musikvideos von MTV zu gucken, erweitert die Sinnlichkeit noch nicht. Vgl. dazu: Freeland, Auch das ist Kunst, S. 223 ff.

Natur in menschliche Kunst."[26] Kunst und Technik erscheinen ironischer Weise insoweit versöhnt, als McLuhan dabei auf medientechnische Errungenschaften setzt, „so daß die Technik selbst in den Rang eines Erlösungsmythos rückt, der die verlorene Nähe und Unmittelbarkeit wieder herzustellen verspricht".[27] Freilich sollte man auch McLuhans Diagnose über die Rettung der Kultur aus dem Geist der neuen Kommunikationstechnologien nicht, wie Dieter Mersch weiter schreibt, „ohne ihren melancholischen Unterton lesen".

Vollends gemischt und undurchsichtig wird die Lage bei dem kürzlich, im März 2007 verstorbenen Medientheoretiker und Philosophen *Jean Baudrillard* und seinen magischen Formeln aus dem Handbuch postmoderner Grundbegriffe: Simulation, Simulacra, Implosion, Hyperrealität, Medialität, Obszönität, Transparenz des Bösen, Selbstverführung usf. Im Unterschied zu McLuhan kann Baudrillard keine utopischen Momente in der Informations- und Kommunikationsgesellschaft erkennen, seiner Diagnose erscheint die Gegenwart in der falschen Unmittelbarkeit endloser Bilder- und Zeichenströme zu versinken, sie ist durchgängig in der „Grundfarbe schwarz" (Adorno) gehalten. Eine Simulation ist eine Kopie oder Imitation, die die Wirklichkeit ersetzt, sie ist „wirklicher als wirklich", damit hyperreal. Ihre Realität – das ist ihre Repräsentation – geht dem Realen voran. Was ein Politiker sagt, ist einzig und allein auf seine Ausstrahlung in den Medien, insbesondere dem Fernsehen hin, berechnet und inszeniert. Es ist die Welt im Bild des Zynikers: Viele Hochzeiten finden nur statt, um schöne Bilder und Videos über sie zu machen. Die mediale Wirklichkeit geht in ihren wahrnehmungs- und realitätserzeugenden Effekten, dem, was es gibt, voran. Sie prägt sie zugleich bis in ihre innerste Fiber, nur was nach dem Drehbuch der Medien geschrieben wird, ist real. Analog zu Jean Paul Sartre geht die Existenz der Essenz voraus: der Vorrang der Simulation oder der medial inszenierten Ereignisse vor den wirklichen.

Von seinen ersten Arbeiten über das *System der Dinge,* das frühe Hauptwerk *Der symbolische Tausch und der Tod* bis in die Gegenwart der *Transparenz des Bösen* und *Videowelt und fraktales Subjekt* finden sich, wenngleich vereinzelt, Versuche, Reflexionen und Hinweise auf ein Jenseits der Simulation.[28] Ist es im

---

[26] McLuhan, Die magischen Kanäle, S. 66.
[27] Vgl. dazu: Mersch, Medientheorien zur Einführung, S. 125.
[28] „Das Zeitalter der Simulation wird überall eröffnet durch die Austauschbarkeit von ehemals sich widersprechenden oder dialektisch einander entgegengesetzten Begriffen: […] die Austauschbarkeit des Schönen und Hässlichen in der Mode, der Linken und der Rechten in der Politik, des Wahren und des Falschen in allen Botschaften der Medien, des Nützlichen und Unnützlichen auf der Ebene der Gegenstände, der Natur und der Kultur auf allen Ebenen der Signifikation. Alle großen humanistischen Wertmaßstäbe, die sich einer ganzen Zivilisation moralischer, ästhetischer und praktischer Urteilsbildung verdanken, verschwinden aus unserem Bilder- und Zeichensystem. Alles wird unentscheidbar, das ist die charakteristische Wirkung der Herrschaft des Codes, die auf dem Prinzip der Neutralisierung und der Indifferenz beruht." Baudrillard, Der symbolische Tausch, S. 20 f.

frühen Hauptwerk einzig der Tod und der Selbstmord, die das System noch herausfordern, die Systemgrenzen offenlegen und unterwandern, so finden sich in den *Fatalen Strategien* (1985) Momente der Widerständigkeit auf Seiten des Objekts, sie erinnern an etwas, das Baudrillard in seinem ersten Buch bereits vermerkt hatte: „Die Metamorphosen, die Listen und die Strategien des Objekts übersteigen den Verstand des Subjekts. Das Objekt ist weder das Double, noch das Verdrängte des Subjekts, es ist weder sein Phantasma, noch seine Halluzination, weder sein Spiegel, noch sein Reflex, sondern es verfügt über seine eigene Strategie, es ist im Besitz einer Spielregel, die dem Subjekt unzugänglich ist, weil sie unendlich ironisch ist und nicht weil sie zutiefst mysteriös wäre."[29] Den Dingen und Apparaten ist eine Trägheit eigen, die sich der Planung, Ordnung und Kalkulation widersetzt. Sie demonstrieren eine Trägheit, die sich der symbolischen Aneignung verweigern und den menschlichen Projekten zuweilen eine Wendung ins Katastrophische gibt.

Gegenüber der Kunstwelt, vor allem der 80er Jahre, hat sich Baudrillard kritisch geäußert: „Hinter all der krampfhaften Bewegung der zeitgenössischen Kunst schlummert eine Art Trägheit, etwas, dem es nicht mehr gelingt, über sich hinaus zu gelangen, und das sich in immer schnellerer Rekurrenz um sich selber dreht." Künstler verlieren sich in leeren Wiederholungen einer bereits bestehenden Bildlichkeit. Gegenüber einer allgemeinen sozialen Leere und Verzweiflung spielt die Kunst nur eine marginale Rolle. In gewisser Weise ausgenommen ist seine Bewunderung gegenüber Cindy Sherman, die, wie Cynthia Freeland schreibt, „altvertraute Bilder mit einem Anflug oder einer Aura drohender Katastrophe recyceln".

5. Medium und Artefakt

Bei Artefakten der Kunst handelt es sich in der Regel um einzelne Dinge, um Kunstwerke wie Bilder, Skulpturen oder Installationen. In ihrer Einzelheit haben sie – auch im Zeitalter ihrer technischen Reproduzierbarkeit – noch ein ganz anderes Gewicht, eine unvergleichlich höhere Bedeutung als die Artefakte der Technik. Letztere gehen in Serie, es sind in der Regel Serienprodukte. Dass sie mehr oder weniger gleich sind, alle gleich gut funktionieren (sollen), darin besteht ihr Kapital, deshalb werden sie gekauft. Identität erlangen sie einzig über massenhafte, das ist abstrakte (numerische) Gleichheit hinsichtlich ihrer Funktion(en) oder Zwecke, für die sie vorgesehen sind. Sie sind, wie man sagt, vom gleichen Typ, ihr Urbild ist der Prototyp, der eine millionenfache Vermehrung zulässt und wenig an ihrer Identität ändert.

Bei der Kunst könnte das radikal anders sein. Hegel vergleicht einmal die Philosophie mit der Kunst darin, dass echte Kunstwerke, wie er schreibt, eine

---

[29] Baudrillard, Die fatalen Strategien, S. 220 f.

„interessante Individualität" besäßen, sie seien wie jede Philosophie „in sich vollendet", sie hätten die „Totalität in sich". Bei ihnen handle es sich darum, ein jeweils bedeutsames oder exemplarisches Einzelnes zur Darstellung zu bringen.

Nehmen wir das Portrait eines Philosophen. Es anzufertigen bedeutet, weglassen und hervorheben, aber so, dass in dem Repräsentativen oder Typischen des von dem Philosophen eröffneten Weltzugangs zugleich die besonderen Züge seines Denkens zur Geltung gebracht werden. Ein Portrait schematisiert, aber indem es das tut, erlangen Werk und Leben ihre unverwechselbare Prägnanz; im Schema werden die Anteile des Anschaulichen und des Begrifflichen zu einem Bild vermittelt. Auf diese Weise hat jeder Philosoph seine Perspektive, in ihr entsteht gleichsam ein neuer Kosmos von Fragen und Antworten, Problemen und Programmen. Die Philosophie (er)findet in höchst eigener Sicht eine gleichwohl allgemeine Ansicht der Welt. Das lässt sich auf die Kunst übertragen. Den Platz, den das Schema in der Philosophie innehat, besitzt im Kunstwerk der Stil des Künstlers (oder auch das Kunstwerk selbst). Hier ist der Stil das, was typisch ist; das Typische ist aber in diesem Fall der Kunst *toto genere* von dem verschieden, was den Prototyp eines technischen Artefakts bestimmt. Mit dem Typischen verhält es sich in diesem Zusammenhang wie wenn man über einen Menschen sagt: ‚das ist typisch für ihn', ‚das sieht ihm ähnlich', ‚das ist mir ein Typ'. Das Typische wird in diesem Sinn zu einem ausgezeichneten Individuationsmodus, jemanden durch seine höchst charakteristischen Eigenschaften zu bezeichnen, es enthält repräsentativ das, was seine Art und Weise am deutlichsten oder am besten von anderen unterscheidet, was sie hervortreten lässt oder ihn individuiert. Dieses Gothic-Outfit ist typisch für ihn, Picassos blaue Periode, Monet, der nicht aufhört, flüchtige Impressionen von Mohnblumenfeldern und Pappelreihen am Ufer zu malen. Das Typische ist so ein Allgemeines, das das (außerordentliche) Kunststück fertig bringt, zu individuieren.[30]

Von einem anderen Blickwinkel aus betrachtet Theodor W. Adorno den Anspruch des Kunstwerks auf seine Individualität, er schreibt in seinen *Minima Moralia* unter der Überschrift *De gustibus est disputandum*:

„Auch wer von der Unvergleichbarkeit der Kunstwerke sich überzeugt hält, wird stets wieder in Debatten sich verwickelt finden, in denen Kunstwerke, und gerade solche des obersten und darum unvergleichlichen Ranges, miteinander verglichen werden und gegeneinander gewertet. [...] Der Zwang zu jenen Überlegungen ist aber in den Kunstwerken selbst gelegen. Soviel ist wahr, vergleichen lassen sie sich nicht. Aber sie wollen einander vernichten. Nicht umsonst haben die Alten das

---

[30] Um der „interessanten Individualität" eine genauere kunstspezifische Wendung zu geben, müsste auch das Spiel der Reflexion infolge der Spannung (einer „gegenstrebigen Harmonie") von Gesamtkonfiguration und Detail im Kunstwerk näher untersucht werden. Einzelnes Element und Kunstwerkganzes stehen nicht im Verhältnis einfacher oder mechanischer Subsumtion.

Pantheon des Vereinbaren den Göttern oder Ideen vorbehalten, die Kunstwerke aber zum Agon genötigt, eines Todfeind dem anderen. […] Denn wenn die Idee des Schönen bloß aufgeteilt in den vielen Werken sich darstellt, so meint doch jedes einzelne unabdingbar die ganze, beansprucht Schönheit für sich in seiner Einzigkeit und kann deren Aufteilung nie zugeben, ohne sich selber zu annullieren. Als eine, wahre und scheinlose, befreit von solcher Individuation, stellt Schönheit nicht in der Synthesis aller Werke, der Einheit der Künste und der Kunst sich dar, sondern bloß leibhaft und wirklich: im Untergang von Kunst selber. Auf solchen Untergang zielt jedes Kunstwerk ab, indem es allen anderen den Tod bringen möchte. Daß mit aller Kunst deren eigenes Ende gemeint sei, ist ein anderes Wort für den gleichen Sachverhalt."[31]

Verweist man angesichts des Seriellen technischer Artefakte auf die serielle Kunst und auf deren Ikone, Andy Warhols Marilyn Monroe oder andere Exponate dieser Richtung, so bringt sich ein anderer interessanter Unterschied in Erinnerung. Serialisierung wird als künstlerische Technik benutzt, dieselbe als sozialen Mechanismus bewusst zu machen. Die Typisierung eines (bekannten) Gesichts, einer Endlosigkeit und eines Gleichbleibens, bei dem nur die gepixelten Farben wechseln – auf der Höhe der Technisierung und Instrumentalisierung des Lebens können auch Gesichter in Serie gehen (oder das Innerste der Menschen eine glatte, nichtssagende Oberfläche gewinnen). Was natürlich nicht ausschließt, dass Pop-Art auch eine spöttisch-ironische Gegenreaktion auf metaphysische Überhöhungstendenzen des abstrakten Expressionismus in den 50er Jahren gewesen ist.

Kunst ist Weltanschauungsweise, sie stellt, wie angedeutet, Selbst- und Weltsichten dar, sie ist eine auf zweiter Stufe reflektierte Darstellungs- und Kommunikationsweise von Selbst- und Weltansichten, sie partizipiert damit, wie Hegel gesagt hatte, am absoluten Geist, indem sie mit den kognitiven und technisch-praktischen Medien der Selbst- und Weltdarstellung verbunden ist, am absoluten Geist oder am Geist der Zeit. Darin gewinnt sie ihre soziale Bedeutung; mit Foucault kann man auch sagen, dass sie durch die Modi ihrer Darstellung zu der (reflektierten) Teilhabe an den *epistemen* anhält, dass sie uns Erfahrungen machen lässt, die sich nicht einfach in der Form von propositionalen Sätzen oder Behauptungen spiegeln lassen. Auch die Technik stellt Dispositive bereit, die Welt zu erklären und zu verstehen. Die Kunst freilich leistet sich an dieser Stelle einen provozierenden Luxus: den, zu fragen, wie es denn wäre, einmal keine Rücksicht auf (die) Natur-, Moral- und Sozialordnung nehmen zu müssen und gleichwohl nicht ohne jede Plausibilität, Attraktivität und Bedeutung zu bleiben.

Ausgeschöpft ist dieser Gesichtspunkt damit aber noch nicht. Die technischen Artefakte, die millionenfach in Serie gehen, z. B. Skier, erlangen eine wenngleich bescheidene Individualität; sie erhalten sie im Verlaufe des Gebrauchs, welcher Spuren an ihnen hinterlässt, Gebrauchsspuren, über die sie sich von ihren Art- oder Typgenossen zu unterscheiden beginnen. Sie erhalten sie in der

---

[31] Adorno, Minima Moralia, S. 92 f.

Interaktion mit Wesen, die sie über den Gebrauch ihrer teils ruhigen, teils bewegten Artefaktgeschichte individuieren.[32] Es ist die Geschichte, in der man ihre Stärken und Schwächen, ihre Drehfreude und Beweglichkeit, ihre Temperatur- und Schneeabhängigkeit sowie ihre sozialen Distinktionsgewinne kennen lernt, es ist auch die Geschichte der mehr oder weniger gelungenen kognitiven, ästhetischen und moralischen Aneignung, über die sie einen Teil ihrer angestammten objektiven Fremdheit verlieren, die sich jäh in Erinnerung bringt, wenn sie ihren Dienst versagen, wenn Technik als Medium aus dem Modus ihres Entzogenseins qua Störung, Verschleiß usf. auftaucht und sich in seinem Anderssein qua Artefaktibilität in Erinnerung bringt. Darin hat die systemtheoretische Definition der Technik als das, was kaputtgehen kann, ihr gutes Recht. Tritt Technik als Medium am und durch das Artefakt in Erscheinung, dann meistens, weil mit ihr etwas nicht stimmt.

Die Orientierung allein am Artefakt bietet keine ausreichende theoretische Basis zum Verständnis von Kunst und Technik; darüber hinaus legt sie leicht eine intentionalistische Deutung künstlerischer Praktiken nahe, die angesichts der Produktion und Rezeption moderner Kunst mehr als problematisch erscheint. Ihre Artefakte sind weder intentional hervorgebracht noch auf Funktionserfüllung angelegt. Die Architektur ist ein interessanter Sonderfall, partizipiert sie doch an beiden, an *techne* und *ars*, aber so, weder bloße Technik noch bloße Kunst zu sein. – Spricht man, wie Hans Poser, von einer „Teleologie der Technik" und meint damit, dass (die) Technik das Spannungsverhältnis von „vorgängigen Ideen" auf der einen und „deren Realisierung und Umsetzung in Materielles und Prozessuales" auf der anderen Seite in intentionaler und zielgerichteter Weise überbrückt[33], dann tritt ein weiterer Unterschied zur Kunst aufs Deutlichste hervor. Der Maler Gerhard Richter glaubt den Schaffensprozess seiner Werke als Resultat einer „sehr geplanten Spontaneität" beschreiben zu können. Dem Zufall vor allem kommt dabei eine immense Bedeutung, es ist, schreibt Richter: „vor allem nie ein blinder [Zufall], immer ein geplanter, aber immer ein überraschender […]. Und oft bin ich verblüfft, wie viel besser der Zufall ist als ich". Und weiter: „Akzeptieren, dass ich nichts planen kann. Jede Überlegung, die ich zum Bau eines Bildes anstelle, ist falsch, und wenn die Ausführung gelingt, dann nur deshalb, weil ich sie teilweise zerstöre oder weil sie trotzdem funktioniert. […] Dass ich derart machtlos bin, lässt mich an meiner Kompetenz und an jeglicher konstruktiver Fähigkeit zweifeln. Der

---

[32] Die Kategorie des Gebrauchs, die in der Sprachphilosophie und Epistemologie nicht weniger als in der Technikphilosophie und -soziologie (Techniknutzer, Technikbediener usf.) eine große Karriere gemacht hat (teils ganz zu Recht), bleibt aber in dem Maße hinter der Wirklichkeit zurück, in dem sie nicht auf ihre Herkunft aus der übersichtlichen Welt gediegenen Handwerks reflektiert und sich in ihrer Ersten-Person-Perspektive nicht durch die mehr oder weniger dominierende Dritte-Person-Perspektive der Hochtechnologien beunruhigen lässt.

[33] Poser, Teleologie der Technik, S. 217.

einzige Trost ist, dass ich mir sagen kann, dass ich die Bilder trotzdem gemacht habe, auch wenn sie in Eigengesetzlichkeiten gegen meinen Willen mit mir machen, was sie wollen, und irgendwie entstehen [...]."[34] Gefragt nach seiner literarischen Produktion antwortet der Schriftsteller, Romancier, Übersetzer und Essayist Georges-Arthur Goldschmidt: „Ich habe eine Idee, ein Bild kommt mir, das ich in mir tagelang behalte, und wenn ich das niederschreibe, kommt etwas völlig anderes. Nie habe ich eine Zeile geschrieben, die ich schreiben wollte." Auch habe er nie gewusst, ob es Lüge ist oder Wahrheit. „Man weiß eigentlich niemals, ob man lügt oder die Wahrheit sagt. Sobald sie zu einem gewissen Satz, zu einem gewissen Bild ansetzen, was sie im Kopf haben, kommt was anderes. Es ist selten passiert, dass ich genau das schreibe, was mir vorschwebt."[35]

Kunst und Technik lassen sich beide verstehen oder sogar darüber definieren, *Medium* und *Artefakt* zu sein. Interessant aber ist dann der Unterschied, der gerade an ihrem je unterschiedlichen Verhältnis von Medium und Artefakt in Erscheinung tritt. Das soll zum Schluss in wenigen Strichen angedeutet werden. Überspitzt ließe sich sagen, während Technik ihre Medialität dann in Erinnerung bringt, sobald sie nicht funktioniert, ist das Medium der Kunst die Verstörung, die, wenn sie ausbleibt, am Wert der Kunst zweifeln lässt. Kunst, mindestens die, die uns noch etwas zeigen kann, nimmt ein überragendes Interesse an den Brüchen und Dysfunktionen, Zwischenräumen und Leerstellen, den Mitteln der Blickumlenkung und den „Rissen" im sozialen Sinn, die seine Gewalt und Dogmatik zu sehen erlauben usf. Ihre Medialität erschließt sich von diesen künstlerischen Strategien der Differenz her als ebenso offener wie ungesicherter Prozess, für den, wie Ilja Kabakow und Boris Groys in ihrem Buch *Die Kunst der Installation* schreiben, es eine ständige Herausforderung ist,

„etwas zu produzieren, das jenseits jeder möglichen Nutzung liegt. Der zeitgenössische Künstler ist bemüht, Objekte zu machen, die sich einfach nicht benutzen lassen, selbst wenn es jemand wollte [...]. Ja, das Absurde des zeitgenössischen Bildes besteht darin, dass man mit ihm nichts anfangen kann – nicht einmal anschauen kann man es [...]. Wenn viele sagen, dass sie die zeitgenössische Kunst nicht verstehen, dann verstehen sie schon den Typ des Funktionierens dieser Kunst nicht – jenen Ort, den sie im gesamten System der Nachfrage einnimmt. Sie wollen etwas mit ihr anfangen und wissen nicht wie. Aber in Wirklichkeit ist sie ja gerade dafür gemacht, dass man nichts mit ihr anfangen kann. Wenn die Leute das verstünden, verstünden sie sofort alles [...], der Ort der Kunst heute [ist] komplexer als die Kunst selbst."[36]

Nichts mit ihr anfangen können und dennoch *nicht nichts* zu sagen und zu bedeuten, ist wohl die aporetische Ausgangslage zeitgenössischer Kunst, die sie

---

[34] Richter, Texte, Schriften und Interviews, S. 149, 169, 209.
[35] Goldschmidt/Heinrichs, Sprachgeheimnisse. Schreiben, ohne zu wissen, was auf einen zukommt, S. 104.
[36] Kabakow/Groys, Die Kunst der Installation, S. 63 f.

ja unvermittelt dazu verurteilt, nach Art paradoxer Intervention zu reagieren und in der Darstellung oder Reflexion ihrer medialen Bedingungen und Strukturen auch das zum Vorschein zu bringen, was gegen sie zeugt: durch Simulation das Simulative an ihr sichtbar zu machen. Vielleicht ist es ein entscheidender Vorzug der neueren Kunst, dass sie sich immer auch gegen sich selbst wendet, gegen den Schein und das Fiktionale, gegen das Virtuelle und das Artifizielle an ihr – aber darüber nachzudenken, steht nicht mehr auf diesem, sondern auf einem anderen Blatt.

Literatur

Adorno, Theodor W.: Minima Moralia. Reflexionen aus dem beschädigten Leben. Frankfurt a.M: Suhrkamp 1970.
Adorno, Theodor W.: Ästhetische Theorie. In: Gesammelte Schriften, Bd. 7. Frankfurt a.M: Suhrkamp 1970.
Bacon, Francis: Neues Organon der Wissenschaften (1620). Hamburg: Meiner 1990.
Baudrillard, Jean: Der symbolische Tausch und der Tod. München: Matthes & Seitz 1982.
Baudrillard, Jean: Die fatalen Strategien. München: Fink 1985.
Baudrillard, Jean: Die Transparenz des Bösen. Berlin: Merve 1992.
von Beyme, Klaus: Das Zeitalter der Avantgarden. Kunst und Gesellschaft 1905-1955. München: C. H. Beck 2005.
Blumenberg, Hans: Sprachsituationen und immanente Poetik. In: *Ders.*, Wirklichkeiten in denen wir leben. Stuttgart: Reclam 1981.
De Certeau, Michel: Kunst des Handelns. Berlin: Merve 1988.
Freeland, Cynthia: Auch das ist Kunst. Eine Einführung in die Kunsttheorie. Berlin: diaphanes 2003.
Freud, Sigmund: Unbehagen in der Kultur. In: Gesammelte Schriften, Bd. 14. London: Fischer 1948.
Gadamer, Hans-Georg: Kurze Geschichte der Kunst. In: *Dietmar Guderian* (Hrsg.), Technik und Kunst, Bd. 7. Düsseldorf: VDI-Verlag 1994.
Gamm, Gerhard: Flucht aus der Kategorie. Die Positivierung des Unbestimmten als Ausgang der Moderne. Frankfurt a.M.: Suhrkamp 1994.
Gamm, Gerhard: Technik als Medium. In: *Ders.*, Nicht nichts. Studien zu einer Semantik des Unbestimmten. Frankfurt a.M: Suhrkamp 2000.
Gamm, Gerhard: Unbestimmtheitssignaturen der Technik. In: Unbestimmtheitssignaturen der Technik. Eine neue Deutung der technisierten Welt. Bielefeld: transcript 2005.
Gamm, Gerhard: Kunst und Subjektivität. In: *Michael Lüthy, Christoph Menke* (Hrsg.), Subjekt und Medium in der Kunst der Moderne. Zürich u.a.: diaphanes 2006.
Gamm, Gerhard: Das rätselvoll Unbestimmte. Zur Struktur ästhetischer Erfahrung im Spiegel der Kunst. In: *Gerhard Gamm, Eva Schürmann* (Hrsg.), Das unendliche Kunstwerk. Hamburg: Philo 2007.
Gamm, Gerhard: Vom Wandel der Wissenschaften und der Kunst. In: *Dieter Mersch* (Hrsg.), Kunst und Wissenschaft. München: Fink 2007.
Groys, Boris, Ilya Kabakow: Die Kunst der Installation. München: Hanser 1996.
Hegel, Georg Wilhelm Friedrich: Vorlesungen über die Ästhetik II, Werke, Bd. 14, Theorie Werkausgabe. Frankfurt a.M: Suhrkamp 1970.

Heidegger, Martin: Der Satz vom Grund. Pfullingen: Neske 1957.
Heidegger, Martin: Die Technik und die Kehre. Pfullingen: Neske 1962.
Hofmann, Werner: Die Moderne im Rückspiegel. Hauptwege der Kunstgeschichte. München: C. H. Beck 1998.
Kant, Immanuel: Kritik der reinen Vernunft, nach der 1. und 2. Originalausg. neu hrsg. v. Raymund Schmidt. Hamburg: Meiner 1976.
Kuhn, Thomas S.: Die Struktur wissenschaftlicher Revolutionen. Frankfurt a.M: Suhrkamp 1967.
McLuhan, Marshall: Die magischen Kanäle. Frankfurt a.M: Econ Verlag 1970.
Mersch, Dieter: Medientheorien zur Einführung. Hamburg: Junius 2006.
Mildenberger, Georg: Wissen und Können im Spiegel gegenwärtiger Technikforschung. Berlin: Lit Verlag 2006.
Poser, Hans: Teleologie der Technik. In: *Günter Abel*, u. a. (Hrsg.), Lebenswelten und Technologien. Berlin: Parerga 2007.
Reichle, Ingeborg: Kunst aus dem Labor – Im Zeitalter der Technowissenschaften. In: *Gerhard Gamm, Andreas Hetzel* (Hrsg.), Unbestimmtheitssignaturen der Technik. Bielefeld: transcript 2005.
Richter, Gerhard: Texte, Schriften, Interviews, hrsg. v. H. U. Obrist. Frankfurt a.M: 1993.
Valéry, Paul: Rede über die Ästhetik. In: Werke, Bd. 6: Zur Ästhetik und Philosophie der Künste, hrsg. v. Jürgen Schmidt-Radefeldt. Frankfurt a.M: Insel 1995.

Günter Abel

Technik und Lebenswelt. Wechselseitige Herausforderung?

1. Biotop als Technotop

Man versuche einmal, in seinem aktiven Tagesablauf auch nur fünf gänzlich technikfreie Minuten zu benennen – es gelingt nicht: ich sitze am Schreibtisch, auf einem Stuhl, mache Notizen, mit einem Kugelschreiber, nehme ein Telefonat entgegen, gehe in die Küche, über den Parkettboden, setze die Kaffeemaschine in Gang, schalte die Heizung ein, das Licht an, fahre ins Einkaufszentrum, höre die Nachrichten...[1]

Offenkundig üben Wissenschaft, Technik und Technologien nicht erst seit heute einen starken und folgenreichen Einfluss auf unsere Lebenswelt, unsere Lebenspraktiken und über diese auf unsere Lebensform und unser Weltbild aus. Wir leben in einer technisch-wissenschaftlichen Welt. Die modernen Wissenschaften und Technologien haben mit ihren Verfahren und Artefakten sowie mit ihrer Bereitstellung von Mitteln für vorgegebene Zwecke tief gehende und weit reichende Konsequenzen für unser individuelles ebenso wie für das soziale Leben. Man denke heute etwa an die Informations- und Kommunikationstechnologien, die Verkehrs-, die Medizin-, die Computertechnologie, die Mikrosystem-, die Bio-, die Nanotechnologie oder auch an Visionen wie DNS-Computer, intelligente Kleidung und Designermoleküle.

Nun sind Lebenspraxis und Lebensformen keine überzeitlichen und kontextunabhängigen rigiden Muster oder gar Matrizen. Sie sind vielmehr plastische Formen, die auf Einflüsse mit dynamischen Um- und Neuformungen reagieren und sich an veränderte Rahmenbedingungen anpassen. Diese Prozesse sind offenkundig auch im Wechselverhältnis mit Wissenschaft und Technik möglich und gegeben. Sie sind möglich, da sich Wissens-, Wissenschafts- und Technikformen aus Lebensformen heraus, aber zugleich auch auf diese hin entwickelt haben. Dies gilt für handwerkliche Artefakte (z.B. Werkzeuge) ebenso wie für technische Maschinen (z.B. Verkehrs- und Transportmaschinen) und für ganze Technologiesysteme (z.B. Systeme der elektronischen Datenverarbeitung).

So verwundert es auch nicht, den Ausdruck „Technik" im Sinne einer Kunstfertigkeit (die in sich eine eigenständige Form von Wissen verkörpert) nicht nur im Zusammenhang von technischen Geräten, Maschinen und Systemen im *engen* Sinne, d.h. nicht nur im Sinne der Produkte ingenieurmäßiger Konstruktion anzutreffen. Der Ausdruck bezieht sich darüber hinaus und in einem *weiten*

---

[1] Überarbeitete Fassung des Beitrags „Technik als Lebensform?" in Abel u.a. (Hrsg.), Lebenswelten und Technologien, S. 81-105.

Sinne auch auf das ganze Feld der Alltagspraktiken und -fertigkeiten, der Beherrschung von Handlungs- und Kognitionsschemata, der Alltags- und der Kultur*techniken* (wie z.B. der Körpertechniken, Lesetechniken, Mnemotechniken, Techniken des Klavierspiels, Gesprächstechniken, Verhaltenstechniken). Offenkundig ist die Trias ‚Wissenschaft – Technik – Lebenswelt' heute von besonderer theoretischer, vor allem aber von eminent praktischer Relevanz für unser Leben.

2. Das Verhältnis von Wissenschaft, Technik und Lebenswelt. Ein Vier-Stufen-Modell

Um zu sehen, wie tief und wirksam Lebenswelten und Technologien ineinander verstrickt sind, ist es hilfreich, in heuristischer Einstellung Ebenen der Wechselwirkung zu unterscheiden. Die folgenden vier scheinen wichtig. Top down gelesen erweist sich die vierte Ebene, die des Weltbildes und des In-der-Weltseins, als die basalste. Auf ihr wird der Tiefensitz von Technologien in Lebenswelten sowie deren Verhältnis besonders deutlich.

(1) Eine erste Ebene der Betrachtung bilden *Wissenschaft und Technik als kognitive und als materiale Systeme*. In modernen Gesellschaften sind institutionalisierte Wissenschaften (z.B. Universitäten oder andere Forschungseinrichtungen) ebenso zu finden wie hoch entwickelte Techniksysteme (z.B. Produktions- und Verkehrssysteme). Die kognitiven und die materialen Merkmale, Eigenarten und Strukturen dieser wissenschaftlich-technischen Systeme können beschrieben werden. Dies erfolgt im Blick auf die operativen und die instrumentellen Verfahren der Wissenschaften und Technologien, ihre Hypothesen- und Theoriebildungen sowie hinsichtlich ihrer Artefakte, Prozesse, kognitiven und technischen Leistungen.

(2) Von dieser Ebene ist eine zweite zu unterscheiden, diejenige der *Lebenswelt* und ihrer Wechselwirkungen mit Wissenschaft und Technik. Unter ‚Lebenswelt' verstehe ich dabei im Sinne Husserls die von Menschen in ihren alltäglichen Lebenszusammenhängen, in *vor*-theoretischen und *vor*-wissenschaftlichen Einstellungen und Erfahrungen gestaltete und begegnende praktische Umwelt. Sie tritt explizit in den Blick, sobald die Unterscheidung zwischen dem Bereich *vor*wissenschaftlicher und dem wissenschaftlicher (theoretisch vermittelter) Erfahrung gesetzt wird. Ingenieurmäßig konstruierte Technologien (wie heute z.B. die Informations- und Kommunikationstechnologien oder die Verkehrs- und Computertechnologien) wirken offenkundig und nachhaltig auf unsere alltägliche wie institutionelle Lebenswelt zurück und formatierend auf sie ein.[2]

---

[2] Berühmt geworden ist das Verhältnis von Lebenswelt und Wissenschaft/Technologie zunächst durch Edmund Husserls Schrift *Die Krisis der europäischen Wissenschaften und die transzendentale Phänomenologie* (1936/37). Darin wollte Husserl zeigen, dass durch den

(3) Drittens ist die Ebene der *Lebensformen* und deren Zusammenhang mit Wissenschaft und Technik hervorzuheben. Unter ‚Lebensform' verstehe ich dabei im Wittgensteinschen Sinne die interne Verflechtung von Kultur, Weltsicht, Sprache und Handlung. Des näheren können auf dieser Ebene unter anderem sowohl der Regelcharakter und die Techniken unserer Handlungen und Sprachspiele als auch deren Vernetzung mit nicht-sprachlichen Aktivitäten, Situationen und Kontexten angesiedelt werden, wie sie in menschlichen Fertigkeiten, Gepflogenheiten, Sitten, Gebräuchen, Institutionen, Traditionen, Zeremonien und Riten gegeben sind.

(4) Schließlich geht es viertens um die Ebene der *Weltbilder* und des menschlichen *In-der-Welt-seins* und ihr Verhältnis zu den modernen Wissenschaften und Technologien. Dabei verstehe ich ‚Weltbild', mit Wittgenstein, als den „überkommenen Hintergrund",[3] als das Fundament menschlichen Sprechens, Denkens und Handelns und in diesem Sinne als die Grundlage der jeweiligen menschlichen Kultur. Dieser Hintergrund umfasst propositionale Elemente (z.B. Überzeugungen und Meinungen) und nicht-propositionale Elemente (z.B. religiöse und mythische Einstellungen) ebenso wie sprachliche Komponenten (etwa Erzählungen oder Legenden) und nicht-sprachliche Komponenten (z.B. Sitten, Gebräuche und Rituale). Das menschliche *In-der-Welt-sein* ebenso wie das Selbstverhältnis des Menschen werden hier im Sinne Heideggers als Formen des menschlichen Daseins verstanden.

Auf dieses letztere der vier Szenarien bezogen und innerhalb des weit gefassten und tief liegenden Sinns der Rede von ‚Weltbild' lässt sich dann auch der *engere* Sinn solcher Rede markieren. In einem Weltbild schließt sich für die Menschen einer Kultur und Epoche das Gesamt ihrer mannigfaltigen Lebenserfahrungen zu einer gewissen einheitlichen Sicht der Welt im Bild bzw. im anschaulichen Modell zusammen.[4] In diesem Sinne spricht man z.B. von

---

Übergang von einer *qualitativen* Erfahrung zum *quantitativen* Erfahrungsbegriff der Neuzeit die lebensweltliche Grundlage der Wissenschaft (und wir setzen heute hinzu: der Technik) verdeckt wurde.
Der methodische Rekurs auf den Begriff der Lebenswelt im *Erlanger Konstruktivismus* greift das Verhältnis von Lebenswelt und Wissenschaft systematisch auf. Die Rede vom „lebensweltlichen Apriori" (vgl. Mittelstraß, Das lebensweltliche Apriori) wird zerlegt in ein „Unterscheidungsapriori" (Prädikation) und ein „Herstellungsapriori" (Protophysik), um den, so die These, genetisch wie logisch nicht mehr hintergehbaren Anfang des Aufbaus exakter Wissenschaften nach methodisch geregelten Schritten konzipieren zu können.

[3] Wittgenstein, Über Gewißheit, Nr. 94.
[4] Zu Struktur, Rolle und Wirksamkeit von ‚Weltbildern' vgl. Abel, Zeichen der Wirklichkeit, Kap. 3. Die oben verwendete Rede von ‚Weltbild' unterscheidet sich von der von ‚Weltanschauung' vor allem dadurch, dass in ‚Weltbild' das Gesamt eines Hintergrundes, ein Hintergrund-Geflecht von Bedingungen und nicht, wie in ‚Weltanschauung', die Frage nach dem Sinn der Welt, nach deren Grund, Zweck und Ziel gemeint ist. ‚Weltbild' ist auch unterschieden von dem unter Punkt 2 skizzierten Sinn von ‚Lebenswelt'. Ein Welt-

einem ‚geozentrischen' im Unterschied zu einem ‚heliozentrischen' Weltbild. Weltbilder haben nicht nur Folgen für den Bereich der Theorie. Offenkundig haben sie auch praktische Konsequenzen für das Handeln der Menschen in einer Kultur und Epoche.[5]

Neben der Rede von einem *wissenschaftlichen Weltbild* ist es sinnvoll, auch von einem *technischen/technologischen Weltbild* zu sprechen. Die Weltbilder erzeugende Macht der modernen Technologien ist nicht erst heute mit Händen zu greifen. Dass und in welchem Sinne Wissenschaft und Technik Weltbilder hervorbringen und prägen können, lässt sich eindrucksvoll mit Blick auf die Wissenschaftsgeschichte belegen. Jürgen Mittelstraß hat dies anhand der Unterschiede verdeutlicht, die in puncto Wissenschaft zwischen dem bestehen, was er die „Aristoteles-Welt", die „Hermes-Welt", die „Newton-Welt" und die „Einstein-Welt" nennt.[6]

Weltbilder und Lebensformen spielen offenkundig eine grundlegende Rolle für unser Leben, des näheren für unsere Orientierung in der Welt, uns selbst, anderen Personen sowie den Dingen und Ereignissen gegenüber. *Ohne* Lebensform und Weltbild wäre es uns zum Beispiel gar nicht möglich, die Wörter, Sätze, Zeichen und Handlungen der Menschen zu verstehen. Dies gelänge uns weder im Blick auf die *semantischen* Merkmale (Bedeutung, Referenz, Wahrheits- bzw. Erfüllungsbedingungen) noch hinsichtlich der *pragmatischen* Merkmale (d.h. in Bezug auf Situation, Kontext, Zeit und Individuen). Streng genommen wüssten wir gar nicht, was es heißt, sich situationsgemäß und regelgerecht zu verständigen, zu interagieren, zu verhalten und zu orientieren.

Hervorzuheben ist, dass die grundlegende Rolle der Lebensform und des Weltbildes für unsere Lebenswelt und symbolischen Repräsentationen und Interaktionen ihrerseits in diesen Repräsentationen und Interaktionen nicht selbst repräsentiert und nicht explizit gewusst wird. Lebensform und Weltbild sind selbst keine Gegenstände der semantischen Logik. Sie liegen dieser stets bereits im Rücken. Das macht ihren Tiefensitz aus. Zugleich beruht darauf der eigentümlich elusive und quasi transzendentale Charakter von Lebensformen und Weltbildern.

---

bild hat seine Funktionsstelle noch *vor* der praktischen Umwelt-Gestaltung und wirkt normierend auf diese ein.

[5] Vgl. ebd., S. 120 f. Diesen wichtigen Aspekt stellt Martin Heidegger heraus, wenn er in *Die Zeit des Weltbildes* (in: Heidegger, Holzwege, S. 69-104) betont, dass die Philosophie der Neuzeit durch dasjenige Weltbild und dasjenige technische Handeln gekennzeichnet sei, das sich am Leitfaden des mathematisch-naturwissenschaftlichen Modells von Wissen herausgebildet habe. In diesem Sinne einer Herstellung des *wissenschaftlichen* Weltbildes, das darin zugleich als das maßgebliche *philosophische* Weltbild angesehen werde, bestehe der epochale „Grundvorgang der Neuzeit", die „Eroberung der Welt als Bild" nämlich.

[6] Vgl. Mittelstraß, Weltbilder.

Dieser zeigt sich auch, sobald man den Zusammenhang von Lebensform und Weltbild (im weiten Sinne) betrachtet. Jede Lebensform hat ihr Weltbild, und es ist charakteristisch, dass ich für mein Weltbild keine Evidenz habe, diese auch gar nicht benötige. Auch kann ich mein Weltbild nicht im Ganzen als ‚wahr' oder ‚falsch' beurteilen, da es selbst allererst diejenige Hintergrundfolie bildet, auf der zwischen ‚wahr' und ‚falsch' unterschieden wird.[7]

Vor diesem Hintergrund möchte ich die folgenden *drei Thesen* formulieren:

(1) Der durchgreifende Einfluss von Wissenschaft, Technik und Technologie auf unser Leben ist logisch möglich und empirisch wirklich, da Wissenschaft und Technik zum einen lebenswelt-, lebensform- und weltbild-*abhängig*, zum anderen und vor allem jedoch ihrerseits lebenswelt-, lebensform- und weltbild-*generierend* sein können, – und dies heute faktisch in einem in der Geschichte bislang nicht gekannten Ausmaße auch sind. Wissenschaft und Technik sind aus Lebenswelten, Lebensformen und Weltbildern heraus groß geworden. Und die Plastizität der menschlichen Lebensformen und Sinn-Interpretationen eröffnet ihnen umgekehrt die Möglichkeit, in diese formatierend rück- bzw. einzuwirken.

(2) Dies ist vor allem auch deshalb der Fall, weil unsere Lebenswelten und Lebensformen ihrerseits bereits durch praktische und poietische, auf das technische Modifizieren, Manipulieren und Hervorbringen bezogene Aspekte und Fähigkeiten charakterisiert sind. Zu ihnen zählen elementare Fertigkeiten, Praktiken, Regeln und Techniken, wie z.B. das Beherrschen von poietischen Verfahren und Handlungsschemata. Letzteres umfasst etwa Mnemo-, Verhaltens- oder Psychotechniken, und viele andere. Diese Aktivitäten finden Fortsetzung und Ausdruck in der Ausbildung ganzer Kultursphären bzw. ‚Technologien' des menschlichen Daseins und Geistes (wie etwa der Wissenschaften, der Künste, der Moral, der Religionen und der Technologien im engeren Sinne).

Die Kontinuität zwischen lebensweltlichen Techniken in diesem weiten Sinne und der Technik im engeren Sinne manifestiert sich in Determinanten wie: einem nicht ungeregelt, sondern nach Regeln erfolgenden Vorgehen; einer nicht willkürlichen Abfolge der Schritte im Lösen eines Problems; dem Ziel eines Zustandes erneut flüssigen Funktionierens und Fortsetzenkönnens; einer Zweckmäßigkeit und einer gewissen Kalkulierbarkeit des prozeduralen Vorgehens. In dem Maße, in dem in diesem Kontinuum zunehmend neue Artefakte und technische Systeme im engeren maschinenmäßigen Sinne relevant und dominant werden, kommt es zunächst zur Differenz des Mensch-Maschine-Verhältnisses und sodann zu den vielfältigen Problemen in Mensch-Maschine-Systemen.

(3) Die in der Lebenspraxis selbst wurzelnden Techniken können propositionaler und nicht-propositionaler, sprachlicher und nicht-sprachlicher, expliziter

---

[7] Vgl. Wittgenstein, Über Gewißheit, ebenda.

und impliziter Natur sein. Entsprechend können in ihnen jeweils sehr unterschiedliche Elemente dominieren und organisierend sowie orientierend wirken: kognitive Komponenten, Handlungen, Wahrnehmungen, Begriffe, Bilder, Diagramme, Gesten, Blicke und vieles mehr.

Für alle diese Elemente und Aspekte sind zwei Merkmale kennzeichnend und im Blick auf das Verhältnis von Lebenswelten und Technologien besonders zu beachten (und in den beiden folgenden Abschnitten 3 und 4 zu erläutern). Zum einen vollziehen sich die genannten Prozesse und Techniken *in* bzw. *kraft* Zeichen und Interpretationen, die ihrerseits intern mit je spezifischen Zeichen- und Interpretations-*Techniken* verbunden sind. Zum anderen handelt es sich darin auch um Verkörperungen bzw. Manifestationen unterschiedlicher Formen des Wissens in Lebenswelten. Beide Aspekte sind zu betonen, um die Kontinuität, aber auch die Wechselwirkung und die Differenz zwischen Lebenswelten und Technologien weiter zu profilieren.[8]

3. Zeichen- und Interpretationswelten

Technik, Wissenschaft, Kunst, Moral, Religion und Politik sind Kultursphären, die aus Lebenswelten/-formen heraus und auf diese hin entstehen und wirken. Sie haben ihren je eigenen Charakter als Kulturleistungen und Kulturtechniken. Dies soll im einzelnen hier nicht beschrieben werden. Hervorgehoben sei lediglich, dass in allen diesen Kultursphären, mithin auch in Wissenschaft und Technik, und auf allen vier Stufen des skizzierten Modells je eigenständige *symbolisierende Zeichen- und Interpretationsformen* grundlegend sind.

---

[8] Beim Ausbuchstabieren dieser Zusammenhänge kann man auch Aspekte der Aristotelischen Konzeption von „téchne" einbringen. Diese bezeichnet sowohl ein *theoretisches Können* (Fertigkeit, Kunst, Kenntnis), das z.B. in der Geometrie vorliegt, als auch ein *praktisches*, eben *technisches Können* im Sinne eines Hervorbringens (poíesis), wie z.B. in der Bildhauerei. Die téchne unterscheidet sich Aristoteles zufolge (a) vom *theoretischen Wissen* (epistéme), dessen Gegenstände unveränderlich sind, (b) vom *moralisch-praktischen Wissen* (phrónesis), das nicht auf die Produktion von Gegenständen, sondern auf das Handeln (praxis) zielt und (c) von der *Natur* (physis), genauer: von dem von Natur aus Gewordenen.
Zugleich tritt hier der enge Zusammenhang von *Kunst* und *Technik* hervor. Beide sind durch ihre gestalterische, konstruktionale Kraft charakterisiert. Kunstwerke und technische Produkte unterscheiden sich darin, dass erstere nicht unter funktionalen und zweckrationalen, sondern unter symbolischen und ästhetischen Gesichtspunkten hervorgebracht, nicht im Lichte funktionaler Objektivität gesehen werden. Sie sind darin zugleich Ausdruck einer individuellen Lebensform. Ein treffliches Beispiel für das Ineinandergreifen von Kunst und Technik im Sinne der téchne ist in Antike, Renaissance und bis heute die *Architektur*. Sie ist zugleich eine Kunst und eine Technik, oder umgekehrt und vom Standpunkt der späteren Dissoziation von Kunst und Technik formuliert: sie ist weder bloße Technik noch bloße Kunst.

Die Kultursphären sowie die Prozesse auf jeder der vier Stufen manifestieren sich in unterschiedlichen und für die Sphären je charakteristischen Zeichen- und Interpretationsprozessen. Diese sind nicht einfach nur Vehikel oder Werkzeuge, die die jeweilige Kultursphäre benötigt, um sich artikulieren, verständlich und mitteilbar machen zu können. Vielmehr vollziehen jene sich *kraft* dieser. Ohne die symbolisierenden Zeichenprozesse und die in diesen bereits vorausgesetzten Interpretationsprozesse gäbe es gar keine artikulierten Kultursphären. In diesem Sinne sind Kulturwelten nicht kontingenterweise, sondern wesentlich Zeichen- und Interpretationswelten.

Zugleich ist hervorzuheben, dass auch die Verhältnisse auf den skizzierten vier Ebenen der Beziehungen von Wissenschaft, Technik und Lebenswelt als Zeichen- und Interpretationsverhältnisse angesehen und reformuliert werden können. In allen Wissenschaften, Techniken, Künsten und Handlungen spielen sprachliche und/oder nicht-sprachliche Zeichen und Interpretationen auf unterschiedliche Weise eine kardinale Rolle. Dies gibt den Blick auf die zeichen- und interpretations-bestimmten Grundlagen sowohl der einzelnen Kultursphären als auch der angeführten Ebenen des Stufenmodells frei. Daher lässt sich hier der Ansatz der *allgemeinen Zeichen- und Interpretationsphilosophie* fruchtbar machen,[9] und zwar (a) zur Beschreibung und Analyse der einzelnen Kultursphären, (b) im Blick auf deren je eigene symbolische ‚Mechanismen' und (c) hinsichtlich der reziproken Zusammenhänge von Lebenswelt, Lebensform und Kultursphären.

Im Folgenden geht es mir jedoch nicht um die spezifischen Symbolisierungen in den einzelnen Kultursphären. Es geht vielmehr um den Zeichen- und Interpretationscharakter der Kulturleistungen und Kulturtechniken, insbesondere im Blick auf Technik und Wissenschaft – und zwar auf den vier Ebenen des vorgeschlagenen Modells.

Im Rekurs auf unterschiedliche Weisen des Zeichen- und Interpretationsgebrauchs lassen sich auch die Schnittstellen, Überlappungen und Unterschiede zwischen den einzelnen Kultursphären, z.B. zwischen Wissenschaft, Technik und Kunst formulieren. Dies erfolgt auf der Basis der in diesen Sphären jeweils unterschiedlich funktionierenden Zeichen und Interpretationen. So handelt es sich im Falle z.B. der *Wissenschaften* eher (obzwar nicht nur) um buchstäblich denotierende Theorie. In der *Technik* und in der ingenieurmäßigen Konstruktion sowie in der computer-gestützten Simulation eher (wenngleich keineswegs ausschließlich) um bildhaftes Denken, um ‚*visual thinking*' (die *lingua franca* heutiger Ingenieure). Und in den *Künsten* geht es eher (jedoch keineswegs allein) um expressive Zeichen- und Interpretationsfunktionen.

Zeichen- und Interpretationsprozesse sind, egal welchen Bereich man betrachtet, intern stets mit einem Regelfolgen verknüpft und an Fertigkeiten und Techniken

---

[9] Zu deren Grundzügen vgl. Abel, Interpretationswelten, und: Zeichen der Wirklichkeit.

des Verwendens und Verstehens gebunden. Zu ihnen gehören unter anderem: das Unterscheiden der syntaktischen, der semantischen und/oder der pragmatischen Dimension der Zeichen; die Desambiguierung der Zeichen und Interpretationen; der sukzessive Abbau von Vagheiten; die Konstruktion und Applikation von Deutungsmustern; die Abkürzung von Zeichen mithilfe anderer Zeichen; die Individuation von Gehalten; die Passung in Zeit, Situation und Kontext. Im Normalfall der flüssigen und störungsfreien Kognition, Kommunikation und Kooperation unter Personen werden diese Anforderungen als erfüllt unterstellt. Die Prozesse auf jeder einzelnen der oben im Modell genannten vier Ebenen und ihres multiplen Zusammenwirkens (z.b. des wissenschaftlichen, des technischen und des künstlerischen Know-Hows) sind intern stets bereits mit Zeichen- und Interpretations-*Techniken* im Sinne regelgemäßer und situationsbezogener Praktiken und Fertigkeiten verknüpft.

So ist man beispielsweise nicht gezwungen, den Einsatz von *Begriffen* – eine der avanciertesten Techniken des menschlichen Geistes – (etwa den des Begriffs ‚Tisch') als die Anwendung vorfabriziert fertiger geistiger Entitäten (im Falle von ‚Tisch' der ‚Tischheit') aufzufassen. Er kann vielmehr als der optimierte Fall der regelgerechten und situationsgemäßen Verwendung sprachlicher Zeichen (im Beispiel: des Wortes „Tisch") angesehen werden. Begriffe sind darin propositional, sprachlich, distinkt und subsumierend. Bei *Bildern* dagegen (z.B. einem Porträt oder einer Computertomographie) haben wir es mit einem anderen Zeichencharakter und einer anderen Zeichentechnik zu tun. In ihr geht es um räumliche Konstellation sowie simultane Verwendung nicht-sprachlicher und nicht-propositionaler Zeichen.[10] Und in *Ritualen* etwa (z.B. einer Taufe) sind die Zeichenfunktionen sowie die Verwendungs- und Verstehensweisen wiederum andere als bei Begriffen oder Bildern.

In welchem Sinne aber sind Zeichen- und Interpretationsverhältnisse im Einzelnen auf den vier Ebenen des Stufenmodells involviert?

(1) Alle *Wissenschaften und Techniken* sind in ihren Theorie- und Konstruktbildungen an Zeichen, an eine Sprache gebunden. Dies ist der Fall bei Termini, Hypothesen, Theorien, Entwürfen, Konstruktionen und Deskriptionen, seien diese nun in natürlich-sprachlicher Form, in mathematischen Formalismen oder in Konstruktions-Simulationen des Ingenieurs gegeben. Alle Modellierungen in den Wissenschaften und Technologien können als Zeichen- und Interpretationskonstrukte verstanden werden.[11]

(2) Auch die Prozesse der *Lebenswelten* können als Zeichen- und Interpretationsprozesse beschrieben werden. Dies gilt zunächst für das Feld der Wahrnehmungen, sodann für den Bereich der *vor*-theoretischen praktischen Gestaltung der Umwelt und schließlich für alle Leistungen des menschlichen Denkens

---

[10] Vgl. ausführlich dazu Abel, Zeichen der Wirklichkeit, Kap. 11.
[11] Vgl. ausführlich dazu ebd., Kap. 12.

sowie der symbolischen Repräsentationen und Interaktionen zwischen Personen. Dieser Befund erstreckt sich bis in die Annahme eines „lebensweltlichen Apriori" im Sinne eines organisatorischen Interpretations-Punktes und die aus diesem heraus durchgeführte Gegenstandskonstitution selbst, einschließlich der darin wichtigen Intersubjektivität. Und der Aufbau exakter Wissenschaften vermittels (und im einstigen Programm des Konstruktivismus der Erlanger Schule gesprochen) Prädikation und Protophysik kann als eine konstruktionale und sich in symbolisierenden Zeichen und deren Interpretation vollziehende Aktivität, kann als Bildung von Zeichen- und Interpretationskonstrukten gefasst werden.

(3) Die Bereiche und Aspekte, die im Rahmen der Rede von *Lebensform* angeführt wurden (wie Gepflogenheiten, Sitten, Gebräuche, Traditionen, Riten, Zeremonien), gibt es überhaupt nur *in* und *kraft* der sie ausmachenden Zeichen und Interpretationen. Sie stehen in einem internen Zusammenhang mit Symbol-Welten und manifestieren sich vor allem in den *Formen* der Zeichen- und Interpretations-*Praktiken*.

(4) Die zentrale Rolle der *Weltbilder* besteht darin, dass sie als Orientierungs- und Gewissheitsgaranten sowie als Handlungsstabilisatoren fungieren.[12] Darin gründet ihre Macht. Sie besteht des näheren darin, dass ein Weltbild derjenige selbstverständliche, nichthintergehbare und nicht weiter begründbare Zeichen- und Interpretations-*Horizont* ist, innerhalb dessen die semantischen Merkmale unserer spezifischen Zeichen des Wahrnehmens, Sprechens, Denkens, Handelns und Erkennens festgelegt werden und situiert sind. Des näheren sind dies Prozesse des Zusammenspiels von Weltbild, Lebensform und Lebenspraxis. Da, wie betont, ein in diesem Sinne orientierendes Weltbild seinerseits nicht Gegenstand der semantischen Logik, sondern Bedingung von deren Möglichkeit ist, manifestiert sich ein Weltbild vor allem in denjenigen Zeichen und Interpretationen, die Bedeutung tragen und in ihren semantischen und pragmatischen Merkmalen nicht mehr diffus, nicht mehr beliebig sind.

Auf jeder der vier Ebenen sind die dort charakteristischen Zeichen- und Interpretationsprozesse intern mit Fertigkeiten, mit Verwendungs- und Verstehenspraktiken, kurz: mit Techniken in dem skizziert weiten Sinne korreliert und an diese gebunden. Ohne diese Techniken würden wir uns nicht im Leben halten, nicht das fragile Geflecht unserer Lebens- und Daseinsverhältnisse aufrechterhalten und im gelingenden Falle sogar intensivieren und erweitern können. In diesem Sinne sollte kein Gegensatz zwischen der Kommunikation unter Personen bzw. dem „kommunikativen Handeln" (Habermas) auf der einen und den technischen Praktiken und der Technik auf der anderen Seite konstruiert werden.

Explizit hervorheben möchte ich freilich zugleich, dass damit der Unterschied zwischen ‚lebensweltlichen Techniken' und ‚lebensweltlicher Praxis', zwischen téchne und praxis, keineswegs eingeebnet oder gar aufgehoben wird. Einheit

---

[12] Vgl. dazu ebd., Kap. 3, insbes. S. 136 ff.

und Differenz beider lassen sich an einem Beispiel leicht verdeutlichen: ‚Freundschaft' etwa ist keine téchne im Sinne des Hervorbringens nach Regeln, ist keine Technik; aber sie wird durch Techniken (z.B. durch Briefeschreiben, Telefonieren, gelegentliche Verabredungen, Gemeinsamkeit stiftende Praktiken) aufrechterhalten, belebt und intensiviert.

Übrigens droht erst durch die Entgegensetzung von Technik und Praxis die Technik und deren Einfluss zu etwas Mysteriösem zu werden. Zudem sollten Wissenschaft und Technik nicht als Fremdkörper, gar ‚Ideologie' gegenüber einem Bereich vermeintlich rein nicht-technischer Praxis miteinander kommunizierender und handelnder Personen konstruiert werden. Zwar betonen wir mit guten Gründen die diesbezüglichen Unterschiede und finden diese verständlich. Doch die andere und ihrerseits nicht zu vernachlässigende Seite der Medaille ist eben die, dass eine gänzlich téchne-freie práxis offensichtlich nicht zu haben ist. Zugespitzt formuliert: Wer diese Kluft zu stark macht übersieht, dass in ihr auch die menschliche Praxis und deren humane Daseinssorge verschwänden.

4. Formen des Wissens in Lebenswelten

Das Spektrum der unterschiedlichen lebensweltlichen Techniken bis hin zu maschinenmäßigen und systemischen Technologien ist intern korreliert mit verschiedenen Formen, Praktiken und Dynamiken von Wissen. ‚Technik und Wissenschaft' lassen sich letztlich ebenso wenig strikt gegeneinander isolieren, gar in ein Verhältnis der Entgegensetzung bringen, wie ‚Technik und Praxis'. In Lebenswelten bilden Technikformen und Wissensformen keine Gegensätze. Sie spielen vielmehr zusammen, sind, so könnte man sagen, drehtürartig miteinander verbunden, und zwar in Konsequenz des lebensweltlich so überaus relevanten inneren Zusammenhangs von ‚Handeln und Wissen'. Diese Korrelationen sollen hier nicht im Einzelnen dargelegt werden.[13] Wichtig ist für unseren Zusammenhang lediglich der Hinweis, dass die unterschiedlichen Formen des Wissens mit Fertigkeiten, praktischen Kompetenzen, mit Aspekten des Herstellens und des Könnens, kurz: mit Techniken im weiten Sinne des Wortes verknüpft sind. Und umgekehrt: dass die Generierung, Artikulation, Kommunikation und Applikation lebensweltlich relevanter Fertigkeiten und Techniken in vielen Fällen wissens-bezogen sind. Mit dem Hinweis auf diese wechselseitigen Abhängigkeiten gewinnt die Triangulation von Wissenschaft, Technik und Lebenswelt zunächst weiter an Profil, bevor wir dann in Abschnitt 5 erörtern, ob es Grenzen der Technologisierung der Lebenswelt und Lebensform gibt und wo diese verlaufen. – Die wichtigsten Formen des Wissens in Lebenswelten, das

---

[13] Vgl. dazu Abel, Sprache, Zeichen, Interpretation, Kap. 13: Vereinheitlichte Theorie von Wissen und Handeln.

intern mit kognitiven und anderen Techniken des menschlichen Geistes verbunden ist, sind die folgenden:[14]

(1) Zunächst ist ein enger und ein weiter Sinn der Rede von ‚Wissen' zu unterscheiden. Der *enge* Sinn meint Erkenntnis, die nach methodisch geordneten Verfahren gewonnen und an Begründung, Wahrheit, Beweisbarkeit, empirische Evidenz und intersubjektive Überprüfbarkeit gebunden ist. Ein Beispiel: Wissen in der Elementarteilchenphysik, das etwa auf der Basis der Technologie eines Teilchenbeschleunigers gewonnen wurde.

Der *weite* Sinn von Wissen meint zum einen die Fähigkeit, angemessen zu erfassen, wovon etwas (z.b. ein Satz oder ein technisches Bild) handelt, zum anderen den Bereich menschlichen Könnens, menschlicher Kompetenzen, Fertigkeiten, Praktiken und der darin jeweils inkorporierten Techniken. Beispiel: unser Alltagswissen im Sinne des Gewusst-*wie*, etwa das technische Wissen, wie man eine Weinflasche öffnet.

(2) Sodann sind in Lebenswelten unterschiedliche Formen des Wissens anzutreffen, unter anderem: (i) *alltägliches praktisches Wissen* (wissen, wie man zum nächsten Briefkasten kommt); (ii) *theoretisches Wissen* (wissen, welcher Regel bzw. arithmetischen Technik man folgt, so dass 2 + 2 = 4 ist); (iii) *Handlungswissen* (wissen, wie man ein Fenster öffnet); (iv) *Moral- und Orientierungswissen* (wissen, was man in Handlungszusammenhängen tun oder unterlassen soll), und (v) im engeren Sinne *technisches*, auf Machbarkeit und Poiesis gerichtetes *Wissen* (wissen, wie man ein Atomkraftwerk baut).

(3) Quer durch diese Formen von Wissen hindurch ziehen sich die folgenden Differenzierungen, die jeweils als Begriffspaare konstruiert werden können:

(a) *Explizites* und *implizites* Wissen (Beispiel 1: eine wissenschaftliche Abhandlung oder eine ingenieurmäßige Konstruktionsanleitung; Beispiel 2: wissen, dass ein bestimmtes Geräusch von einem Flugzeug über den Wolken kommt, bedeutet implizit auch zu wissen, dass Maschinen die Oberfläche der Erde verlassen und sich in der Luft bewegen können).

(b) *Sprachliches* und *nicht-sprachliches* Wissen (Beispiel 1: Wissen, das in sprachlichen Sätzen artikulierbar ist, etwa in einer sprachlich formulierten Konstruktionsregel für die Herstellung eines Artefakts; Beispiel 2: bildliches, diagrammatisches oder musikalisches Wissen, das sich einer sprachlichen Prädikation entzieht).

(c) *Propositionales* und *nicht-propositionales* Wissen (Beispiel 1: wissen, *dass* Einstein Physiker war, d.h. ein Wissen, das in einer Proposition ausgesagt werden kann; Beispiel 2: wissen, was eine bestimmte Körperbewegung ausdrückt, es aber mit Worten nicht sagen zu können).

---

[14] Zum folgenden vgl. Abel, Zeichen der Wirklichkeit, Teil III.

Offenkundig spielen alle diese Formen des Wissens sowie die mit ihnen intern korrelierten Techniken eine grundlegende Rolle im gelingenden, störungsfreien Funktionieren unserer Lebenswelten und flüssigen Vollzug unserer Lebensformen. Das schließt ein, dass es sich bei Beschreibungen und Analysen konkreter lebensweltlicher Zusammenhänge um ein Geflecht, um eine Gemengelage unterschiedlicher Formen des Wissens und der Techniken mit je eigenen Dynamiken handelt. Einerseits sind Überlappungen, Zusammenspiele, Koalitionen, Assoziationen, Dissoziationen, Wechselwirkungen, Gleich- und Ungleichtaktigkeiten festzustellen. Andererseits haben wir es in Lebenswelten, zumal in hochentwickelten technisch-wissenschaftlichen Lebenswelten, in vielen Fällen mit distribuierten Formen des Wissens und der Technik sowie mit Formen distribuierten Wissens und der Technik (und natürlich auch mit Formen distribuierten Nichtwissens) zu tun.[15]

Nehmen wir als Beispiel das Team im Operationssaal einer Herz-Klinik. Hier sind viele Formen des Wissens und der Technik in einer Handlung, z.B. der Operation am offenen Herzen, zugleich gefordert: theoretisches Wissen über das Herz und seine Funktionen; technisches Wissen hinsichtlich des Eingriffs und aller ihn ermöglichenden und begleitenden Schritte, Geräte und Systeme; explizit propositionales Wissen; nicht-sprachliches und nicht-propositionales Know-How: der erfahrene Neurochirurg weiß, wie man X macht, und er verlässt sich auf seine Hände und auf seine Augen beim Blick auf den Monitor.

5. Grenzen der Technisierung der Lebenswelt

Wie bereits in Abschnitt 3 betont, sollte unser Augenmerk nicht so sehr auf die vermeintliche Konfrontation zwischen Praxis/Lebenswelt auf der einen und Technik/Technologien auf der anderen Seite fixiert sein. Wir sollten weder den Techno-Apokalypsen noch den Techno-Messianismen auf den Leim gehen.[16] Es

---

[15] Der Ausdruck „distributed cognition" bzw. „distributed knowledge" (der in Fortschreibung der Rede von „distributed processing" gebildet wurde) stammt aus der ‚Cognitive Science'. Von dort ist er in die neuere Wissenschaftsphilosophie unter dem Slogan „scientific cognition as distributed cognition" eingedrungen (vgl. Giere, Scientific cognition as distributed cognition). Vgl. auch das berühmte Buch von Hutchins, Cognition in the Wild.

[16] Zu den *apokalyptischen Szenarien* zählen, überspitzt formuliert, jedoch leicht belegbar, z.B. Vorstellungen wie die folgenden: Versklavung des Menschen durch die Maschinen; Unterwerfung unter totalitäre Strukturen der technischen Zivilisation; Menschen, die nicht mehr als handelnde Personen, sondern bloß noch als technische Agenten fungieren; die Ersetzung unkalkulierbarer Gefühle durch eine disziplinierte Emotionalität und deren schließliche Elimination; der Verlust der Kreativität; die Substituierung eigensinniger Individuen durch austauschbare ‚Rädchen' in technologisch funktionierenden Systemen; der Verlust existenzieller Befindlichkeiten; die Gefährdung der personalen Identität der Individuen; das Ende der Individualität; die Substituierung autonomen Denkens durch Denkautomaten; die Ersetzung lebenspraktischer und leibhafter Erfahrungen durch Simulationstechnologien; Überwachungstechnologien (von der Autobahngebühr über die

kommt vielmehr darauf an, jenseits dieser inzwischen steril gewordenen Dichotomie Fuß zu fassen und sowohl die Kontinuitäten als auch die Diskontinuitäten im Verhältnis von Lebenswelten und Technologien zu betonen. Vor diesem Hintergrund scheint es mir sinnvoll, die Aufmerksamkeit auch auf Fragen der folgenden Art zu richten: Wo verlaufen die Grenzen technischer Rationalität? Von welchen Faktoren sind technische Rationalität und technisches Wissen stets bereits abhängig? In welches Setting ist technische Rationalität, ist technisches Wissen eingebettet? Besitzt technische Rationalität Orientierungskraft und Normativität für die Lebenswelt? Wo liegen Grenzen möglicher Technologisierung?

Die letztgenannte Frage möchte ich in drei Teilbereiche zerlegen:

(1) Grenzen sind zunächst in *systemischer Hinsicht*, bezogen z.B. auf den in technischen Systemen erreichbaren Grad der Komplexität zu verzeichnen. In der Flugzeugtechnik zum Beispiel (gegenwärtig etwa beim neuen *Airbus 380*) sind die Sicherheitssysteme zwar mehrfach gekoppelt. Gleichwohl sind Grenzen der Komplexität und damit der Sicherheitssysteme gegeben.

(2) Sodann sind Grenzen in *semantischer und geltungstheoretischer Hinsicht* zu beachten. Viele der menschlichen Kognitionsleistungen und der kognitiven Resultate dieser Leistungen (z.B. die Bildung von Begriffen, die Wahrnehmungs- und Verstandes-Urteile, die Setzung und die Legitimation von Zwecken) haben einen genuin geistigen und nicht-algorithmischen Charakter, der nicht auf technische Maschinen und Systeme (z.B. nicht auf Computer- und Simulationsprogramme) reduziert oder durch sie substituiert werden kann. Darüber hinaus sind die mit der Technik verbundenen semantischen und geltungstheoretischen Aspekte in ihrem Kern auf das *Mensch-(Um)Welt-Verhältnis* sowie auf das *Mensch-Mensch-Verhältnis*, auf interindividuelle Kommunikation, auf Handlungszusammenhänge und auf intersubjektive Kooperation bezogen. Und unter dem Vorzeichen von deren Plastizität, Endlichkeit, Perspektivität und Zweckabhängigkeit sind möglichen Technologisierungen der Lebenswelt auch von dieser Seite quasi ‚natürliche' Grenzen gesetzt. Hypertechnische

---

Rasterfahndung bis zur Registrierung individueller und personaler Bedürfnisstrukturen). Apokalyptischer Rettungs-Slogan: „Rette sich, wer kann!"
Zu den *Techno-Messianismen* (nicht selten gepaart mit quasi religiöser Rhetorik) zählen, gleichermaßen überspitzt formuliert, z.B. Vorstellungen wie: die ultimative Steigerung des materiellen, körperlichen und seelischen Wohlbefindens der Menschen bzw. der Menschheit als ganzer; das Ende der Sorgen in Bezug auf Umwelt, Energiequellen, kognitive ebenso wie kommunikative oder emotionale Defizite; die Beseitigung der Hemmnisse friedfertiger Kommunikation zwischen Personen ebenso wie zwischen unterschiedlichen Kulturen; die Beherrschung von bzw. der Sieg über Krankheiten jedweder Art, von der Erkältung bis zu bislang nicht behandelbaren Erbkrankheiten; die Überwindung der biologischen Grenzen des Menschen; die Stillstellung der Alterungsprozesse des menschlichen Organismus. Technomessianischer Glücks-Slogan: „Alle Macht der Technik!"

Artefakte bzw. Systeme, die in diesem Sinne lebensweltlich nicht auf- und angenommen werden, sind letztlich witzlos, bestenfalls noch als intellektuelle Spielereien von Interesse, als Demonstration dessen, was man alles machen kann. So gehört zum Beispiel und rein ökonomisch gesprochen der zukünftige Markt nicht solchen Produkten (z.B. in der Auto- oder der Systemtechnologie), die hyper- und hybrid-technologisch alles aufbieten, was technisch möglich ist. Zukunft und Markt gehören wohl eher den „smart technologies", den in die Lebenswelt integrierten oder integrierbaren Technologien.

(3) Schließlich sind Grenzen in *lebensform- und daseinsbezogener Hinsicht* hervorzuheben, z.B. in Bezug auf *Entscheidungen*, zumal in Fällen existenzieller Entscheidungen, bei denen für eine Person viel, unter Umständen Leben oder Tod, auf dem Spiele steht. In solche Entscheidungen gehen, neben vielen anderen Faktoren, auch Motive, Emotionen, Überzeugungen, Gründe, Wünsche, Erwartungen und Befürchtungen ein. Deren Technologisierung sind Grenzen gesetzt. Im Falle von Entscheidungen hinsichtlich des eigenen Lebens oder des Lebens anderer Personen („Wie entscheide ‚ich'?") ist es alles andere als rational, ein technisches Gerät oder System, einen *technischen Agenten* anstelle eines *Human-Akteurs* die Entscheidung fällen zu lassen.

Freilich entscheidet auch der rationale (oder irrationale) Akteur, die Person, nach bestimmten Präferenzierungen, Schematisierungen und deren Applikation, kurz: im Zuge von personalen, daseinsbezogenen, lebensgeschichtlichen und lebensweltlichen Praktiken und Techniken. Diese laufen zwar weder nach dem Modell der ‚Rational-Choice-Theory' (mit optimierten rationalen Agenten) noch nach dem Modell technischer Maschinen-Entscheidung (mit optimierten technisch-programmierten Pseudo-Agenten) ab, sondern unter Dominanz personaler, in der Ersten-Person-Perspektive relevanter und auf die Intersubjektivität mit anderen Personen bezogener Gesichtspunkte. Aber sie erfolgen eben im Horizont des Geflechts unserer lebensweltlichen Bedingungen, unserer Gepflogenheiten, Praktiken, Fertigkeiten, Techniken (bis hinein in das zweck- und zielorientierte Gewichten von Gründen und Motiven, bis hinein in die moralische Argumentation eines Pro und Contra zur Entscheidung und Auflösung von Konfliktsituationen).

Auch für das Verhältnis von Lebenswelten und Technologien ist der glückliche Fall der, dass die Dinge *störungsfrei* funktionieren, was zu erreichen ein besonderes Ziel natürlich auch der Maschinen- und Systemtechnik im engeren Sinne ist. Und wichtig ist dann zu sehen, was passiert, wenn ein Störfall eintritt, in einem technischen System, aber auch in einer Lebenswelt bzw. Lebensform. Dann sind Praktiken, Fertigkeiten, Techniken zu seiner Beseitigung erfordert.

In vielen Fällen gelingt dies nicht einfach durch Einsatz technologischer Routinen im Sinne der Zweck-Mittel-Relation. Gefordert sind in der überwiegenden Anzahl der Fälle Fertigkeiten und Techniken, die auf Erfahrung und Alltagspsychologie

(„folk psychology"),[17] auf in der Regel überaus erfolgreichen Erfahrungs- und Lebens-Techniken beruhen.

Beispiel 1: Die schnelle Entscheidung eines erfahrenen Arztes in der Notaufnahme eines Krankenhauses beruht auf der Fähigkeit, die Symptom-Zeichen direkt zu verstehen und dem gegebenen Störfall mit adäquaten *Folgezeichen* und *Folgehandlungen* zu begegnen, ihn bestenfalls beseitigen zu können. Dabei handelt es sich letztlich wohl um sehr einfache Heuristiken (die wir bislang kaum, eigentlich gar nicht kennen). Und dieser Vorgang, diese Art der Störfall-Beseitigung ist etwas grundsätzlich anderes als die Anwendung eines „Rational-Choice"-Verfahrens oder der bloße Einsatz einer instrumentellen Maschinen-Technologie nach dem Zweck-Mittel-Muster.

Beispiel 2: Analoges gilt auch im Blick auf psychische Konflikte bzw. seelische Störungen und die zu deren Auflösung eingesetzten Techniken. Bei solchen Störungen kann entscheidend sein, dass der Freund oder der Therapeut einen ‚guten Einfall' hat, eine ‚gute Technik' ins Spiel bringt, wie ein gegebener Konflikt oder eine Spannung der Seelenkräfte aufgelöst werden könnte (z.B. durch eine Selbstbindung, mit der man erreichen möchte, dass ein bestimmtes Problem, etwa dass der Wille doch noch oder erneut schwach werden könnte, gleichsam stillgelegt wird). In einem moderaten Sinne ist zwar auch dies noch als eine Seelen*technik* anzusprechen. Aber diese ist nicht instrumentell und nicht im Sinne der Zweck-Mittel-Relation zu verstehen. Wenn der so verstandenen Seelentechnik Erfolg beschieden ist, dann haben wir es mit weit mehr als der Applikation einer instrumentellen Technologie zu tun. Dann stellt sich eine Art Gleichklang zwischen therapeutischer Technik und dem Prozesscharakter der Seelenkräfte selbst ein, das deutlichste Zeichen gelungener Auflösung des Problems und erfolgreicher Entwicklung der Person im Ausgang von Störfällen.

6. Ko-Evolution und Ko-Operation von Lebenswelten und Technologien

Lebenswelten entwickeln sich, und das tun auch Technologien. Beide sind durch gestalterische Kraft ausgezeichnet. Beide sind dynamischen Charakters. In Bezug auf beide darf man den Blick nicht nur auf die fertigen Resultate richten (seien diese nun Werke im Sinne lebensweltlicher Schöpfungen oder Werke technologischer Art

---

[17] Die oftmals wegen vermeintlich fehlender Wissenschaftlichkeit gescholtene *Alltagspsychologie* („folk psychology") kann als eine überaus erfolgreiche Daseins- und Lebenstechnik angesehen werden. Wenn Onkel Paul, wie jeden Dienstag gegen 16 Uhr, seinen Hut vom Kleiderständer nimmt, haben wir allen Grund, ihm auch heute *alltagspsychologisch* die Absicht zuzuschreiben, dass er jetzt wohl spazieren gehen wird. Diese Prognose ist schneller, umstandsloser und mit höherer Wahrscheinlichkeit abzugeben als dies jedwedem Versuch vergönnt wäre, zunächst den neuronalen Zustand von Onkel Paul durch EEG und CRT bis ins letzte Detail zu analysieren, um von dort aus dann zu der *wissenschaftlichen* Prognose fortzuschreiten, was Onkel Paul als nächstes wohl tun wird.

wie technische Geräte, Maschinen und Systeme). Wichtig sind auch und in bestimmter Hinsicht die Prozesse eigenständiger gestalterischer Kraft, mithin der Prozesscharakter aktiven und dynamischen Entwerfens und Hervorbringens.

Technik ist schöpferisch und gehört offenkundig zu den kreativen Schöpfungen des menschlichen Geistes. Und die Kunst, etwas Neues in die Welt zu bringen, ist das, was im Kern unter ‚Kreativität' verstanden wird.[18] Das betrifft etwa sowohl den Einsatz von Mathematik und Naturwissenschaften in den modernen Technologien, ohne den diese gar nicht möglich wären (man denke allein an die heutigen Computer-Technologien) als auch die Kunst des ingenieurmäßigen Entwerfens und Konstruierens im engeren Sinne. Der schöpferische bzw. kreative Akt sowohl im technischen Denken als auch in der ausgeführten technischen Konstruktion besteht, philosophisch gesehen, vor allem darin, dass etwas aus dem Bereich des Denkbaren, des *Möglichen* im Sinne von Potentialität in den Bereich des *Wirklichen* überführt wird.[19]

In gewisser Weise ist dieser Übergang von Möglichkeiten zu Wirklichkeiten auch für ein gelingendes Leben grundcharakteristisch. Aus einer Lebenswelt heraus und auf diese hin sein Leben zu führen heißt, um eine Formulierung Kants aufzugreifen, über das Vermögen verfügen, „seinen Vorstellungen gemäß zu handeln"[20], – und man kann akzentuieren: Leben heißt, aus einer Lebenswelt und auf diese hin seinen jeweils *möglichen* Vorstellungen gemäß *wirklich* zu handeln und in diesem Sinne Mögliches Wirklichkeit werden zu lassen.

Vor diesem Hintergrund wird es nicht überraschen, erneut zu hören, dass es in puncto Modellierung des Verhältnisses von Lebenswelten und Technologien nicht um deren Konfrontation, gar um irgendwelche apokalyptischen Szenarien gehen kann. Vielmehr geht es, so der Vorschlag, um ein *Modell komplementärer Ko-Evolution und Ko-Operation.*[21] In diesem Modell wird angenommen, dass die technologischen Entwicklungen (von Geräten, Maschinen und Systemen) mit den körperlichen, daseinsmäßigen, existenziellen, sozialen und interaktiven Prozessen und Bedürfnissen von vergesellschafteten Personen (und etwa mit der Leiblichkeit, der Sozialität, der Freundschaft, dem Vertrauen, mit Wünschen und Überzeugungen) komplementär zusammen- und wechselwirken. Dies schließt ein, dass menschliches Verhalten sich im Zuge der Einwirkungen neuer Technologien ebenso verändern kann wie umgekehrt neue Technikentwicklungen lebensweltlich bestimmt sein können. Als Beispiel denke man heute etwa an das Verhältnis von Lebenswelten und modernen Kommunikationstechnologien. In diesem Sinne ist das ko-evolutive Zusammenspiel von Eigendynamik und Wechselwirkung für das Verhältnis von Lebenswelten und Technologien charakteristisch.

---

[18] Vgl. Abel, Die Kunst des Neuen.
[19] Der innere Zusammenhang von Technik und Möglichkeit wird herausgearbeitet von Poser, Entwerfen als Lebensform.
[20] Kant, Die Metaphysik der Sitten, S. 211.
[21] Vgl. dazu auch Abel, Geist – Gehirn – Computer, insbesondere Abschnitt V.4.

Übrigens knüpfen Entstehung und Entwicklung von technologischen Artefakten, von Werkzeugen, Apparaten und ganzen Systemen moderner Technologien nicht nur an die téchne der menschlichen Lebensbereiche selbst an. Offenkundig gibt es darüber hinaus ein elementares Streben, geradezu einen Instinkt des Menschen zur téchne. Diese ist eben deshalb auch Bestandteil jedweder Kultur und der in dieser entwickelten Kultur- und Daseinstechniken. Dies gilt selbst noch für die Ausbildung und Entwicklung der *Philosophie*, und zwar einschließlich der darin vehement vorgetragenen zivilisations- und technik-kritischen Positionierungen.

Zugleich hat das Modell der komplementären Ko-Evolution und Ko-Operation in *normativer* Hinsicht zur Folge, dass Technik und Technologien nicht zum Selbstzweck werden, dass sie nicht auf begründete Weise Dominanz- und Monopolstatus gegenüber den anderen Kultursphären (Wissenschaft, Kunst, Religion, Moral) anmelden können und damit auch nicht berechtigt sind, die anderen Komponenten innerhalb des Ko-Evolutions- und Ko-Operations-Modells beiseite zu schieben.

Das Modell besitzt also zugleich *kritische*, des näheren kultur- und technik-kritische Kraft. In ihm lässt sich auch die interne Widerständigkeit unserer Lebenswelt und Lebensform gegenüber bestimmten technologischen Entwicklungen verständlich machen und begründen. Das sei unter zwei Gesichtspunkten verdeutlicht:

(1) Zunächst sei das Feld der *inter-individuellen* und der *intra-personalen Verhältnisse von Personen* (wie etwa Freundschaft, Sympathie, Liebe) hervorgehoben. Unstreitig gibt es eine Tendenz (sowie eine ganze zugehörige ‚Industrie'), auch diese Verhältnisse als *technologische* Verhältnisse des Hervorbringens nach technischen Regeln, Systemeigenschaften und -erfordernissen zu konzipieren und auftretende Störfälle entsprechend technologisch beheben zu wollen. Man denke z.B. an den gegenwärtigen Boom im Bereich der Psycho-, der Seelen-*Technologien*. Von diesen sind die humanpsychologischen und therapeutischen Selbst- und Fremd-*Techniken* der Entzerrung festgefahrener Seelen- und Verhaltensmuster deutlich zu unterscheiden. Freundschaft, Sympathie, Vertrauen, Liebe, Eifersucht, Melancholie und Angst – das sind Phänomene, Zustände und Prozesse, die sich einem im engeren Sinne technologischen Zugriff, einer technologischen Erfassung und Orientierung eigentümlich entziehen.

(2) Rein technologisch gesprochen ist all das möglich, was technisch machbar ist. Aufschlussreich ist aber, dass keineswegs alles, was technisch möglich ist, auch in der Lebenswelt Akzeptanz und Einsatz findet. Technische Produkte und Systeme finden Eingang und Anerkennung in einer Lebenswelt und damit auch die Chance zu weiterer technologischer Entwicklung stets nur im Horizont ihrer möglichen Verbindungsfähigkeit mit lebensweltlichen Bedürfnissen, einschließlich des subtilen Punktes, dass solche Bedürfnisse durch die Produkte auch selbst erst erzeugt werden können. Einführung und Entwicklung von technischen Geräten und Systemen können (wofür es in der Ökonomie in puncto

Marktfähigkeit und Produktakzeptanz viele Beispiele gibt) misslingen und im Grenzfall ganz von der Agenda verschwinden. Dies ist z.B. der Fall: wenn die Verlässlichkeit eines technischen Gerätes oder Systems nicht gegeben ist; wenn das System zu stark gegen tiefsitzende Gewohnheiten der Menschen verstößt; wenn das System zu stark mit der emotionalen oder der sozialen Intelligenz der Personen in Konflikt steht; wenn durch neue Technologien tiefsitzende propositionale Einstellungen (z.B. Überzeugungen, Ängste) betroffen sind (man denke heute etwa an die Diskussionen um die Biotechnologie und die Nukleartechnologie); wenn Technologien sich nicht in bislang gültige Weltbilder einpassen (wie heute etwa einige mögliche biotechnologische Zukunftsszenarien), zumal dann, wenn die Identität der Person, das bisherige Menschenbild oder die Übereinstimmung mit bislang geltenden Normativitäts-Mustern und moralischen Standards betroffen sind.

Aufgrund der Plastizität der Lebenswelten ebenso wie unseres Gehirns sind diese Resistenzen allerdings keineswegs auch zukünftig garantiert. Sollte es in Zukunft gelingen, neurobiologische bzw. neuro-biotechnologische Veränderungen am menschlichen Gehirn dergestalt vorzunehmen, dass das Verhältnis von Personen untereinander sowie das Verhältnis von Personen zu sich selbst und zur Welt grundlegend modifiziert werden, dann ist es durchaus vorstellbar, dass diese Technologien nicht nur im Sinne eines ‚technischen Weltbildes' im Hintergrund wirksam sind, sondern dass sie sich in und als lebensweltliche Komponenten selbst einnisten, sich in die Lebenswelt mischen und dort im Grenzfall auch durchsetzen. Lebenswelten und Technologien stünden dann nicht mehr nur in dem skizzierten Verhältnis beidseitiger Wechselwirkung und Erweiterung. Es würde zu Transformationen der Körper- und Geistfunktionen selbst kommen, und deren mögliche Auswirkungen wären nicht überschaubar. Das wäre der Extrempunkt, an dem Technik und Technologien nicht nur unsere Lebenswelten über weite Strecken bestimmen, sondern die Technikwelt die Lebenswelt zu substituieren drohte.

In diesem Horizont ist es eine zur Zeit durchaus offene Frage, welche Rolle zukünftig z.B. Bio-, Gen- und Nanotechnologien spielen werden, wie tief sie den menschlichen Körper und die menschliche Lebenswelt verändern werden. Es ist eine offene Frage, wie weit die realwissenschaftlichen und realtechnologischen Entwicklungen gehen werden, ob es z.B. zu Androiden, Klonoiden, nicht nur zur Einpflanzung von Computerchips ins Gehirn, sondern zu Kopplungen von Gehirn und Computer, nicht nur zu einer Ausweitung der Organtransplantationen, sondern zu Ganzkörpertransplantationen kommen wird oder nicht. So genannte „Transhumanisten" sind heute bereits der Überzeugung, dass der Mensch dank technischer, insbesondere dank computer-, bio- und nanotechnologischer Entwicklungen seine biologischen Grenzen überschreiten wird (etwa durch den Zusammenschluss von Gehirn und Computer). Und in der Nanotechnologie haben wir es heute bereits und in Zukunft noch weit stärker mit einer Technologie zu tun, die auf der Ebene der einzelnen Moleküle und Atome

Manipulationen, mithin Modifikationen an unseren ‚kleinsten' bzw. ‚letzten' Strukturen selbst vorzunehmen vermag.

Die Grenzen stehen in all diesen Bereichen nicht ein für alle Mal fest. Sie sind fließend, sind in unseren Tagen und im Lichte neuer technischer Möglichkeiten zunehmend fließender geworden. Gegenwärtig verfügen wir nicht einmal verbindlich über eine Sicht, gar einen Begriff des Menschen, um überhaupt Grenzen zu bestimmen. Ohne Frage liegt hier eine der größten Herausforderungen unserer Zeit.

Beiseite lasse ich hier den Aspekt der *Ästhetisierung* von Technologien, die es im Prinzip zu allen Zeiten und in allen Kulturen gab und gibt. Heute reicht diese Seite der Frage des Verhältnisses von ‚Lebenswelten und Technologien' von der ästhetischen Gestaltung moderner Universitätsbibliotheken bis hinein in die digitale Ästhetik von ‚Cyborg', ‚Cyberspace' und anderen Phänomenen. An solchen Ästhetisierungen sind beide Aspekte ablesbar: einerseits die Brandmarkung im Lichte des apokalyptischen Szenarios, das bevorstehen könnte, wenn die externen Technologien unsere Lebenswelten dominieren und Menschen schlussendlich sogar Teile der Maschinen werden könnten; andererseits der Versuch, neue Technologien auf ästhetisierendem Wege in die Lebenspraxis zu integrieren. Dass letzteres nicht ganz ohne Erfolg ist, zeigt sich z.B. am so genannten ‚Cyberpunk' (bekanntlich eine Wortschöpfung, die sich zusammensetzt aus „cybernetic" und „punk"; ähnlich wie „cyborg" aus „cybernetic" und „organism"). Cyberpunk etwa verkörpert beide Elemente zugleich: den Hinweis, bewusst *neben* der Standard-Lebenswelt zu laufen, und das Signal, dass Technologien Bestandteil der Lebenswelt sind.

7. Ausblick

Eine wichtige Frage ist, ob kritisch über sich selbst aufgeklärte Wissenschaft, Technik und Technologie auch das Leben in der Gesellschaft, vor allem das Leben in modernen Wissens- und postindustriellen Technologiegesellschaften zu *orientieren* vermögen. Zur Debatte steht darin auch, ob Wissenschaft „als Idee und Lebensform" (J. Mittelstraß) – und ich füge hinzu: ob *Technik als Lebensform* – in der zunehmend technisch-wissenschaftlich bestimmten Welt einer „offenen Gesellschaft" (Popper) möglich ist und normativ ausrichtende Kraft zu entfalten vermag.

Führt die Intersubjektivität aller Wissenschaftsmethodiken und der Gesichtspunkt des konstruktionalen Herstellens aller maschinenmäßigen Technikmethodiken im engeren Sinne zu einem Verlust an Personalität und Individualität des Menschen? Oder können sie im Gegenteil als Grundlage einer offenen und die Individualität fördernden Gesellschaft dienen?

Der drehtürartige Zusammenhang von Lebenswelten und Technologien lenkt die Aufmerksamkeit auf die praktische Ausgestaltung dieser Verhältnisse, mithin auch auf die *normative* und *ethische* Orientierung in der Welt, anderen Personen und uns selbst gegenüber. Zugleich geht es um die Ausrichtung der realwissenschaftlichen und realtechnologischen Entwicklungen der Lebenswelten. Wenn Philosophie nicht Philosophie ‚nach Gottesmaß', sondern einzig ‚nach Menschenmaß' sein kann – und wer wollte das ernsthaft bestreiten?! – steht sie gegenwärtig in der Verpflichtung, das Verhältnis von Lebenswelt, Wissenschaft und Technologie zu einem ihrer dringlichen Themen zu machen. Eine Einstellung und Haltung jenseits der sterilen Dichotomie von unkritischer Technikeuphorie und apokalyptischer Technikfurcht einzunehmen und diese in handlungsorientierende Konzepte zu überführen, das ist die Aufgabe. Irgendwie müssen wir die Eule der Minerva noch vor der Dämmerung zum Fluge bringen.

Literatur

Abel, Günter: Interpretationswelten. Gegenwartsphilosophie jenseits von Essentialismus und Relativismus. Frankfurt a.M.: Suhrkamp ²1995.

Abel, Günter: Sprache, Zeichen, Interpretation. Frankfurt a.M.: Suhrkamp 1999.

Abel, Günter: Zeichen der Wirklichkeit. Frankfurt a.M.: Suhrkamp 2004.

Abel, Günter: Geist – Gehirn – Computer. Zeichen- und Interpretationsphilosophie des Geistes. In: *Renate Dürr, Gunter Gebauer, Matthias Maring, Hans-Peter Schütt* (Hrsg.), Pragmatisches Philosophieren. Festschrift für Hans Lenk. Münster: LIT 2005, S. 3-36.

Abel, Günter: Die Kunst des Neuen. Kreativität als Problem der Philosophie. In: *Günter Abel* (Hrsg.), Kreativität. Kolloquiumsvorträge des XX. Deutschen Kongresses für Philosophie, 2005, Technische Universität Berlin. Hamburg: Meiner 2006, S. 1-21.

Abel, Günter, Renato Crispin, Wolfram Hogrebe, Andrzej Przyłębski (Hrsg.): Lebenswelten und Technologien. Berlin: Parerga 2007.

Giere, Ronald: Scientific cognition as distributed cognition. In: *Peter Carruthers, Stephen Stich, Michael Siegal* (Hrsg.), The cognitive basis of science. Cambridge: Cambridge University Press 2002, S. 285-299.

Heidegger, Martin: Holzwege. Frankfurt a.M.: Vittorio Klostermann ⁷1994.

Husserl, Edmund: Die Krisis der europäischen Wissenschaften und die transzendentale Phänomenologie (1936/37). In: *Walter Biemel* (Hrsg.), Husserliana Bd. VI. Den Haag: Nijhoff ²1976.

Hutchins, Edwin: Cognition in the Wild. Cambridge, Mass.: MIT Press 1995.

Kant, Immanuel: Die Metaphysik der Sitten. In: Akademie-Ausgabe, Bd. VI.

Mittelstraß, Jürgen: Weltbilder. Die Welt der Wissenschaftsgeschichte. In: *Jürgen Mittelstraß*, Der Flug der Eule. Frankfurt a.M.: Suhrkamp 1989, S. 232-242.

Mittelstraß, Jürgen: Das lebensweltliche Apriori. In: *Carl Friedrich Gethmann* (Hrsg.), Lebenswelt und Wissenschaft. Bonn: Bouvier 1991, S. 114-142.

Poser, Hans: Entwerfen als Lebensform. Elemente technischer Modalität. In: *Klaus Kornwachs* (Hrsg.), Technik – System – Verantwortung (Technikphilosophie Bd. 10). Münster: LIT 2004, S. 561-575.

Wittgenstein, Ludwig: Über Gewißheit. In: Werkausgabe, Bd. 8, Frankfurt a.M: Suhrkamp 1984.

Thomas Gil

Technisches Wissen

Technisches Wissen ist praktisches Wissen, das unsere Handlungsmöglichkeiten erweitert und potenziert. Technisches Wissen als praktisches Wissen setzt immer theoretisches, propositionales Wissen über Weltzustände und Funktionsweisen von realen Entitäten voraus. Außerdem hat technisches Wissen Erlebnisqualitäten, die nicht zu vernachlässigen sind, d. h. ein bestimmtes Erlebniswissen begleitet immer das technische Wissen. Prägnant ausgedrückt: Technisches Wissen ist praktisches Handlungswissen, welches theoretisches Wissen voraussetzt und bestimmte Erlebnisqualitäten hat. Dies auf explikativem Wege zu zeigen, ist das Ziel meiner folgenden Überlegungen, die in zwei Teilen entwickelt werden.

In einem ersten, allgemeinen, grundsätzlichen Teil gehe ich auf den Begriff des Wissens ein und führe die Unterscheidung von propositionalem, praktischem und Erlebniswissen ein. Im zweiten Teil soll es um das technische Wissen gehen. In diesem zweiten Teil lege ich dar, dass und warum der technikanthropologische Ansatz Ernst Kapps (mit dem die technikphilosophische Reflexion beginnt)[1] nicht in der Lage ist, den verschiedenen Dimensionen des Technischen gebührend gerecht zu werden. Am Ende plädiere ich für ein Medialkonzept des Technischen, von dem ich behaupten würde, dass es ermöglicht, im von ihm zur Verfügung gestellten theoretischen Rahmen das technische Wissen adäquat zu begreifen.

1. Der Begriff des Wissens

Nach der traditionellen Konzeption des Wissens, die auf die Dialoge Platons „Menon" und „Theaitetos" zurückgeht und, wie der Name es schon sagt, lange Zeit die maßgebende Sicht gewesen ist, wird Wissen als „gerechtfertigte wahre Überzeugung" definiert.[2] Dabei wird unterstellt, dass es, immer wo Wissen vorliegt, jemanden gibt, der dieses Wissen hat. Wissen setzt somit Wissenssubjekte voraus.

Die von Platon stammende traditionelle Definition des Wissens hält notwendige und hinreichende Bedingungen fest, die die Wissenssubjekte erfüllen müssen, um berechtigterweise davon sprechen zu können, dass sie etwas wissen. Die erste notwendige Bedingung für Wissen besteht in dem Haben einer Überzeugung oder einer Meinung (wobei hier beide Worte gleichbedeutend verstanden

---

[1] Kapp, Grundlinien einer Philosophie der Technik.
[2] Platon, Theaitetos, 200d-201d sowie Platon, Menon, 98a-c.

werden sollen). Wenn irgend jemand weiß, dass es regnet, muss die betreffende Person die Überzeugung haben, dass es regnet. Mit anderen Worten: Sie muss glauben oder meinen, dass es regnet. Formal ausgedrückt:

> Wenn S (ein Wissenssubjekt) weiß, dass p (dass irgend etwas der Fall ist), dann hat S die Überzeugung, dass p.

Überzeugungen haben einen propositionalen Inhalt. Wer eine Überzeugung hat, meint, dass etwas (der Aussagegehalt seiner Überzeugung) ein Sachverhalt der Welt ist. Die wissende Person hält den Sachverhalt für wahr. Sie ist überzeugt davon, dass er der Fall ist. Überzeugungen lassen Grade zu. Man kann mehr oder weniger davon überzeugt sein, dass etwas der Fall ist.

Eine Überzeugung oder Meinung zu haben, dass p, heißt, dass man es für wahr hält, dass p. Nun muss natürlich das, was man für wahr hält, nicht wahr sein. Man kann sich irren. Überzeugungen können wahr oder falsch sein. Ob S etwas für wahr hält, ist eine Sache, ob das von S Für-Wahr-Gehaltene auch wahr ist, ist eine andere Sache. Die Wahrheit der Überzeugung, dass p, ist deswegen eine zweite notwendige Bedingung dafür, dass es sich bei dieser Überzeugung um Wissen handelt. Das Haben einer Überzeugung (die erste Bedingung) reicht also nicht aus, um Wissen zu haben. Die zweite Bedingung ist wichtig. Dass p, muss wahr sein, wenn S wissen soll, dass p. Das Vorliegen einer Überzeugung impliziert noch nichts über deren Wahrheit. Wenn jemand aber weiß, dass p, folgt doch daraus, dass es auch wahr ist, dass p. Die zweite Bedingung kann man folgendermaßen formulieren:

> Wenn S weiß, dass p, dann ist es wahr, dass p. Oder aber: Wenn S weiß, dass p, dann p.

Diese zweite Bedingung ist die unproblematischste, denn, was nicht wahr ist, kann auch nicht gewusst werden, selbst wenn einige Redewendungen von Ethnologen, zum Beispiel wenn sie von „Wissenssystemen" sprechen, nicht immer voraussetzen, dass das von den untersuchten Gruppen angeblich Gewusste auch wahr ist. Wissen, das scheint einfach nicht erklärungsbedürftig zu sein, verlangt nicht nur, dass die wissende Person etwas Bestimmtes für wahr hält, sondern auch, dass es wahr ist.

Die zwei bis jetzt festgehaltenen Bedingungen sind aber keineswegs hinreichend für Wissen. Denn Wissen besagt etwas mehr als eine wahre Meinung oder Überzeugung zu haben. Es kann nämlich sein, dass man eine wahre Überzeugung hat, aber dass man nicht mit Recht behaupten kann, dass man etwas weiß, denn man hätte auch die wahre Überzeugung auf zufällige Weise erwerben können. Wenn man aus bloßem Zufall Wahres glaubt, so weiß man es nicht. Man liegt einfach richtig, oder man trifft zufällig ins Schwarze, aber das ist ja kein Wissen. Die dritte Bedingung verlangt deshalb:

> Die Überzeugung, die wahr ist, muss gerechtfertigt sein.

Diese drei Bedingungen machen die traditionelle Konzeption des Wissens aus:
S weiß, dass p, genau dann, wenn
(1) S die Überzeugung hat, dass p;
(2) es wahr ist, dass p;
(3) und die Überzeugung gerechtfertigt ist.

In einem berühmten Artikel mit dem Titel „Is Justified True Belief Knowledge?", der in der von Peter Bieri herausgegebenen Anthologie zur „Analytischen Philosophie der Erkenntnis" auf Deutsch unter dem Titel „Ist gerechtfertigte, wahre Meinung Wissen?" veröffentlicht worden ist,[3] vermochte Edmund Gettier zu zeigen, dass und warum die drei gerade festgehaltenen Bedingungen nicht ausreichen können, um Wissen zu definieren.[4] Gettiers Text löste eine Flut von begriffsanalytischen Untersuchungen zum Thema „Wissen" aus. Die Lücke, auf die Gettier aufmerksam gemacht hatte, galt als „Gettier Problem", und es ging darum, eine immer komplexere und subtilere Dialektik von Beispielen, Gegenbeispielen und Gedankenexperimenten so lange zu verfolgen, bis Gettiers Lücke durch ein präzises Muster von zusätzlichen Bedingungen geschlossen und somit das Gettier-Problem gelöst werden konnte.

Gettiers Argumentation läuft letzten Endes darauf hinaus, mittels verschiedener Beispiele klarzumachen, dass eine bestimmte Person gerechtfertigt sein kann, etwas zu glauben, was wahr ist und was sie von etwas anderem, was falsch ist, korrekt abgeleitet hat, und dass man dennoch begründeterweise nicht sagen kann, dass sie es weiß, obwohl sie die gerechtfertigte Überzeugung hat, dass es der Fall ist und es tatsächlich der Fall ist. Ein einfaches von Keith Lehrer verwendetes Beispiel veranschaulicht sehr gut Gettiers Anliegen.[5] Eine Lehrerin meint, dass einer ihrer Schüler einen Ferrari besitzt. Sie hat jeden Grund anzunehmen, dass dieser Schüler Mr. Nogot ist. Er behauptet, dass er einen Ferrari hat, er fährt einen Ferrari und so weiter. Die Lehrerin hat keinen Grund zu vermuten, dass andere Schüler in der Klasse einen Ferrari besitzen. Es kann aber sein, dass Mr. Nogot zwar einen Ferrari fährt, aber keinen Ferrari besitzt, sondern nur damit angegeben hat, dass er der Besitzer des Wagens ist, den er fährt, während der viel bescheidenere Mr. Havit tatsächlich einen Ferrari besitzt, sich aber in der Öffentlichkeit nie mit seinem Ferrari gezeigt hat. Man kann nicht sagen, dass die Lehrerin weiß, dass einer ihrer Schüler einen Ferrari besitzt, obwohl ihre gerechtfertigte Überzeugung, dass einer ihrer Schüler einen Ferrari besitzt, wahr ist.

Mit einer vierten Bedingung meint Keith Lehrer, dem Gettier-Problem gerecht werden zu können. Lehrers vierte Bedingung lautet:

---

[3] Bieri, Analytische Philosophie der Erkenntnis, S. 91-93.
[4] Gettier, in: Bieri, S. 91-93.
[5] Lehrer, Theory of Knowledge, S. 17.

(4) wenn S gerechtfertigt ist zu glauben, dass p, und zwar in einer Weise, die nicht von einer falschen Aussage abhängig ist.

Lehrers vier Bedingungen für Wissen lauten im Original:

„S knows that p if and only if (i) it is true that p, (ii) S accepts that p, (iii) S is completely justified in accepting that p, (iv) S is completely justified in accepting p in some way that does not depend on any false statement."[6]

Der Wissensbegriff, der bis jetzt Gegenstand der Klärung gewesen ist, ist der Begriff des propositionalen Wissens. Viele (vielleicht doch die meisten) unserer Wissenssätze funktionieren auf der Basis eines solchen propositionalen Wissensbegriffs. Allerdings sind nicht alle Wissenssätze, die wir in der Lage sind, sprechend zu generieren, auf propositionale Wissenssätze reduzierbar. Dies hat unter vielen anderen Gilbert Ryle dazu geführt, in seiner mittlerweile klassischen Studie über den menschlichen Geist „The Concept of Mind" die Unterscheidung von „Wissen, dass" und „Wissen, wie" („knowing that" und „knowing how") an zentraler Stelle zu erörtern.[7] Angeleitet durch die Einsicht, dass es in bezug auf den Geist eine viel Verwirrung stiftende „intellektualistische Legende" gibt, nach der wir ihn als einen „Geist in einer Maschine" („a ghost in a machine") denken und dementsprechend mentale Tätigkeiten als innere Akte oder Vollzüge konzipieren, die unseren intelligenten Handlungen zugrunde liegen und deswegen nicht identisch mit diesen sind, bemüht sich Ryle darzulegen, dass das intelligente, geistige Ausführen von etwas nicht das Tun von zwei Sachen (einer mentalen und dann einer physischen Sache), sondern eine einzige Tätigkeit ist. In diesem Kontext führt er den Begriff des „Wissens, wie" ein, der einem intelligenten Können gleichkommt, bestimmte Handlungen oder Vollzüge auf erfolgreiche Weise durchzuführen. Falsch wäre es, entsprechend dem Dogma des „Geistes in der Maschine" solche Handlungen und Vollzüge als zweiten Schritt in einer doppelten (aus einem mentalen und aus einem körperlichen Teil bestehenden) Operation aufzufassen. Deswegen kann es prägnant bei Ryle heißen: „Overt intelligent performances are not clues to the workings of minds; they are those workings."[8] „Wissen, wie" ist für Ryle, und hierauf kommt es mir an, ein praktisches (nicht zweistufiges) Können, das sich nicht auf ein „Wissen, dass" reduzieren lässt.

Viele Wissensformen sind tatsächlich Exemplifikationen eines solchen „Wissens, wie". Im Bereich des Technischen, der Politik, des Rechts, der Kultur, aber auch der Moral heißt Wissen häufig „Wissen, wie" etwas auf effizientere Weise, auf gekonnte, gerechte, korrekte oder aber richtige Weise getan wird. Dieser praktische Sinn von Wissen, der sich auf das gekonnte Ausführen von etwas bezieht, ist grundsätzlich nicht auf propositionales Wissen zurückführbar.

---

[6] Lehrer, Theory of Knowledge, S. 18.
[7] Ryle, Concept of Mind, S. 26-60.
[8] Ebenda, S. 57.

Vielmehr stellt er eine spezifische Wissensform dar, die eine eigene Beschaffenheit und Dynamik hat.

Das praktische Wissen ist ein Wissen, wie man etwas tut, zum Beispiel, wie man Klarinette oder Gitarre spielt, Fahrrad oder Auto fährt, Tango oder Swing tanzt. Es besteht in einer Fertigkeit, in einem Können und nicht in einem theoretischen „Wissen, dass". Die Ausdrucksformen des praktischen Wissens sind sehr verschieden. Praktisches „Wissen, wie" und theoretisches „Wissen, dass" hängen häufig eng miteinander zusammen. Wer das eine hat, hat (zumindest im Regelfall) auch das andere. Aber sie sind wesentlich verschieden und nicht aufeinander reduzierbar.

Neben dem „Wissen, dass" und dem „Wissen, wie" gibt es einen besonders schwer zu analysierenden Fall von Wissen: das

„Wissen, wie etwas ist".

Wer eine Kiwi oder Vanilleeis gegessen hat, weiß im Unterschied zu demjenigen, der nie eine Kiwi oder Vanilleeis gegessen hat, wie Kiwis und wie Vanilleeis schmecken. Er weiß, „wie es ist" oder „wie es sich anfühlt" oder „was es heißt", eine Kiwi oder Vanilleeis zu schmecken. Was für eine Art Wissen ist dieses „Wissen, wie etwas ist"? Es ist kein propositionales Wissen, denn im Sinne eines „Wissens, dass" können wir Kiwis beschreiben oder gar definieren bzw. die chemische Formel für die Herstellung von Vanilleeis angeben. Dies wäre aber nicht, was wir meinen, wenn wir sagen, dass wir wissen, wie Kiwis und Vanilleeis schmecken. Beim Versuch, eine Antwort auf die Frage zu geben, wie Vanilleeis schmeckt, gehen uns die Worte aus. Wir können nur der anderen Person empfehlen, selbst einmal Vanilleeis zu essen. Dabei machen wir manchmal die problematische Annahme, dass es für die andere Person genauso ist, Vanilleeis zu essen, wie für uns selbst. Umgekehrt kann man sich vorstellen, dass jemand alles mögliche propositionale Wissen über Vanilleeis hat, aber dennoch nicht weiß, was es genau heißt, Vanilleeis zu schmecken, weil er nie Vanilleeis probiert hat. „Wissen, wie etwas ist" ist nicht auf propositionales „Wissen, dass" reduzierbar. Es ist auch nicht auf das praktische „Wissen, wie" reduzierbar. Denn „Wissen, wie etwas ist" hat einen nicht eliminierbaren subjektiven Erlebnischarakter und ist nicht primär im Sinne einer erlernbaren Fertigkeit oder Kompetenz zu verstehen.

2. Technisches Wissen

Die philosophische Reflexion über Technik und technisches Wissen fängt als anthropologische Theorie technischer Gebilde an. Ernst Kapps *Grundlinien einer Philosophie der Technik* aus dem Jahre 1877 ist der klassische Gründungstext der Technikphilosophie, auf den ich im folgenden eingehen möchte, um zu zeigen, dass der dort vertretene technikanthropologische Ansatz nicht in der Lage ist, die verschiedenen Dimensionen des Technischen angemessen in Rechnung zu stellen. Technikanthropologisch betrachtet, lässt sich Technik als ein (mittels des Einsatzes technischer Geräte) potenziertes Handeln darstellen. Die beim Technischen immer schon involvierten Dimensionen des Theoretischen und des Erlebnismäßigen können aber innerhalb der technikanthropologischen Denkweise nicht gebührend berücksichtigt werden. Dies wird deutlich werden, nachdem Ernst Kapps technikanthropologische Haupteinsichten nachgezeichnet worden sind und die reale Wirkungsweise des Technischen in den Mittelpunkt der theoretischen Aufmerksamkeit gerückt worden ist.

Ernst Kapp will in seinem von Aristoteles, Hegel und Reuleaux beeinflussten Werk eine Theorie von Artefakten, Mechanismen oder technisch-mechanischen „Machwerken" erarbeiten, die in der Lage ist, „die Entstehung und die Vervollkommnung" dieser technischen Artefakte zu klären.[9] Kapps Theorie ist eine anthropologische Theorie, weil sie als Basiserklärungssatz die These von der Organabhängigkeit aller technischen Geräte und Apparaturen hat. Diese These wird im Vorwort prägnant formuliert: „dass der Mensch unbewusst Form, Functionsbeziehung und Normalverhältniss seiner leiblichen Gliederung auf die Werke seiner Hand überträgt."[10] In den fünf ersten Kapiteln („Der anthropologische Massstab", „Die Organprojection", „Die ersten Werkzeuge", „Gliedmaassen und Maasse" und „Apparate und Instrumente") wird dann diese Basisthese expliziert.

Der menschliche Körper und seine Glieder bzw. Organe sind also für Ernst Kapp der normative Ausgangspunkt einer Theorie der mechanischen Artefakte, die sie als Produkte einer Übertragung der Form und Funktionsweisen der menschlichen Organe (insbesondere der menschlichen Hand) konsequent deutet. So schlicht ist die Grundthese der Kappschen Technikphilosophie, in der diese Grundthese in viele mögliche Richtungen entfaltet wird. Für Kapp ist die ursprüngliche Organübertragung, die den Ausgangspunkt seiner Theorie ausmacht und dieser auch argumentative Konsistenz verleiht, ein Faktum, eine Tatsache, die überhaupt nicht in Frage gestellt werden kann. Es ist für Kapp unbestreitbar, dass Menschen ihre ersten Werkzeuge so gebaut haben, dass sie die Form, die „Functionsbeziehung" und das „Normalverhältnis" ihrer leiblichen Gliederung nach außen projiziert haben und auf die von ihnen geschaffenen gegenständlichen Mittel übertragen haben. Sie haben dieses allerdings unbewusst getan. Die Aufgabe der technikphilosophischen Reflexion besteht deshalb nach Kapp darin, das von Menschen unbewusst Getane bewusst zu machen, d. h. „dieses Zustandekommen von Mechanismen nach organischem Vorbilde" rekonstruktiv in Erscheinung treten zu lassen.

---

[9] Kapp, Grundlinien einer Philosophie der Technik, S. V.
[10] Ebenda, S.Vf.

Im zweiten Kapitel „Die Organprojection" expliziert Kapp die These der Übertragung der Form, Funktionsbeziehungen und Normalverhältnisse der körperlichen Gliederung auf die von Menschen geschaffenen Instrumente und Artefakte als Organprojektionsprinzip. Nachdem er alle möglichen Bedeutungen des Ausdrucks „Projektion" in den verschiedenen Feldern seines Gebrauchs (im Bereich der Militärtechnik, der Architektur, des technischen Zeichnens, im Geschäftsleben, in der Kartographie, Physiologie und Psychologie) hat Revue passieren lassen, resümiert Kapp: „In allen diesen Fällen ist Projiciren mehr oder weniger das Vor- und Hervorwerfen, Hervorstellen, Hinausversetzen und Verlegen eines Innerlichen in das Auessere."[11] Das technikphilosophische Prinzip der Organprojektion besagt demnach, dass alle Geräte und Werkzeuge, d. h. alle technischen Artefakte, Resultat einer Projektion von Körperorganen und Organfunktionen sind, durch welche diese Körperorgane und Organfunktionen aus dem Inneren des menschlichen Körpers in das Äußere der Umwelt verlegt werden. Folge dieser Organprojektion ist, dass alles Technisch-Mechanische auf den menschlichen lebendigen Organismus zurückgeführt wird. Alle technischen Geräte sind demnach dem menschlichen lebendigen Organismus nachgebildet. Als Projektionen sind diese technischen Geräte dementsprechend auch zu deuten, Projektionen, durch welche Körperliches nach außen verlängert, erweitert, „hervorgeworfen" und „hinausversetzt" wird.

Der einzelne Mensch als leibliches Wesen ist für Ernst Kapp der Ausgangspunkt, Mittelpunkt und letzten Endes der normative Maßstab der mechanischen Technik. Jener von Protagoras geprägte Satz, nach dem der Mensch das Maß aller Dinge ist, wird von Ernst Kapp sehr ernst genommen, allerdings so, dass Kapp den „homo-mensura-Satz" Protagoras' in dem Sinne neu deutet, dass er nicht mehr den denkenden und reflektierenden Menschen wie Protagoras meint, sondern den leiblichen Menschen, der Vorbild und Kriterium für alle technischen Apparaturen wird. Die Anthropozentrik resp. die „Egoistik", die mit diesem modifizierten „homo-mensura-Satz" gekoppelt ist, bejaht Kapp explizit. In seinen „Grundlinien" heißt es: „Bei so universal wissenschaftlicher Bedeutung des anthopologischen Massstabes erscheint der sogenannte anthropocentrische Standpunkt, demgemäss sich die Menschheit im Mittelpunkt der Welt sieht, nicht so geradezu unberechtigt und sinnlos. Zu seinen Gunsten spricht, dass im eigenen Gedankenkreise des Menschen, sowohl des Einzelnen wie des ganzen Geschlechtes, ausschliesslich nur der Mensch die Mitte einnimmt und absolut nur einnehmen kann. Sein Gedankenkreis ist seine Gedankenwelt, ist und bleibt seine Welt. Es giebt für ihn keine andere als die, welche in seiner Vorstellung von Welt überhaupt vorhanden ist. In dieser kosmisch erweiterten Egoistik hält der Mensch die Einzigkeit seiner Gattung und den Glauben an sich aufrecht."[12]

---

[11] Ebenda, S. 30.
[12] Ebenda. S. 13.

Die Organprojektionsthese bzw. das Organprojektionsprinzip ist das Basistheorem der Kappschen philosophischen Techniktheorie. Resümierend heißt es am Ende des ersten Kapitels: „Das sogenannte „Zeug" des Handwerkers, die Instrumente der Kunst, die Apparate der Wissenschaft zum Messen und Wägen kleinster Theile und Geschwindigkeiten, selbst die durch menschliche Töne und Rede in Bewegung gesetzten und formirten Luftwellen gehören folgerichtig in die Kategorie der in Materie geformten Projektion, die ich ohne Rücksicht darauf, ob die Physis oder die Psyche oder beide in monistischer Auffassung vorwiegend betont werden, richtig als Organprojection bezeichnet zu haben glaube."[13]

Der anthropologische Erklärungsansatz E. Kapps ist ganz legitim. Er macht Sinn. Er lässt viele Zusammenhänge erkennen, die ohne ihn verborgen blieben. Außerdem ist Kapp in der Lage, einige prominente autoritative Zeugen anzuführen, die im Sinne seiner anthropologischen Projektionsthese argumentieren. Dennoch ist der von Kapp bemühte anthropologische Ansatz, zumal in der Exklusivität, mit der Kapp ihn selbst zur Anwendung bringt, nicht ganz zufriedenstellend. Die Haupteinsicht, die ihm zugrunde liegt, nämlich dass die organischen Gebilde, Tätigkeiten und Verhältnisse auf der einen und die verschiedenen mechanischen Vorrichtungen auf der anderen Seite sich wie Vorbild und Nachbild verhalten, so dass das Nachbild, d. h. der Mechanismus, als Mittel zur Aufdeckung und zum Verständnis des Organismus verwendet werden kann, ist grundsätzlich richtig und für die Forschung anregend und fruchtbar. Allerdings merkt man, wie einseitig und eng dieser Ansatz ist, wenn man alternative Erklärungsmodelle kennen lernt, welche andere Sichtweisen und Deutungen ermöglichen. Erst dann sieht man, dass der anthropologische Ansatz für viele Aspekte und Dimensionen des Technischen blind machen kann.

Der anthropologische Ansatz Kapps reduziert nämlich das Technische in einer nicht zulässigen Weise. Indem Technik mittels eines solchen Ansatzes als Erweiterung sensorischer und motorischer Organe menschlicher Lebewesen exklusiv begriffen wird, kommt eine vereinfachende Konzentration auf technische Werkzeuge, Apparaturen und Gebilde zustande, die für viele Dimensionen technischen Handelns blind bleiben muss. Technik ist immer mehr als die Gesamtheit der Werkzeuge, die von Menschen hergestellt worden sind, um bestimmte organische Funktionen besser, d. h. in einer potenzierten Weise, erfüllen zu können. Geräte, Apparate und Werkzeuge sind ein wichtiges Moment des Technischen. Sie sind aber nicht das einzige Moment des Technischen. Zum Technischen gehören ebenso die vielfältigen kulturellen, sozialen und politischen Faktoren, die einen Rahmen entstehen lassen, innerhalb dessen es allein Technik geben kann, und zwar als technisches Handeln in einem technisierten Milieu, das in einer je spezifischen Weise technisiert worden ist. Ignoriert man all diese Faktoren, dann ist man nicht in der Lage, das Technische

---

[13] Ebenda, S. 27.

konkret, so wie es faktisch funktioniert, zu erfassen. Kapps Ansatz konzentriert sich exklusiv auf die materiellen Sachsysteme, d. h. auf die technischen Apparaturen, die außerdem als einzelne Werkzeuge beschrieben und begriffen werden. Dass Technik Technisierung von menschlichen Handlungsbereichen ist, lässt sich innerhalb der von Kapp dargebotenen technikphilosophischen Forschungsmatrix gar nicht denken. Technik als Technisierungsstrategie oder Technisierungsform muss dem Kappschen Ansatz unzugänglich bleiben.

Verschiedene objektive Entwicklungen in den modernen Gesellschaften, zum Beispiel die beschleunigte Technisierung vieler Handlungs- und Lebensbereiche, aber auch die weltweite Ausbreitung dieser akzelerierten Technisierung, haben eine neue Erfahrungsbasis zustande kommen lassen, die von der von Kapp selbst vorausgesetzten Erfahrungsbasis sehr divergiert und den Kappschen anthropologischen Ansatz als zu allgemein und zu einfach erscheinen lässt. Kapps Gedanken zur Technik, ebenso wie die Überlegungen der anderen klassischen Technikanthropologen, müssen nun als zu undifferenziert wirken, so richtig sie auch in ihrer trivialen Allgemeinheit sein mögen. Anhand der im Alltag einer modernen, entwickelten Gesellschaft verbreitetsten Techniken ließe sich das gerade Gesagte gut veranschaulichen. Das Radio, das Fernsehen, das Telefon, das Flugzeug, der Computer und das Auto sind nicht nur technische Apparate, die menschliche Organe verlängern bzw. deren Leistungskraft erheblich potenzieren, sondern materielle Elemente einer komplexen Technisierungsstrategie, die die konkrete Art, wie die Menschen ihr Leben gestalten, enorm verändert haben. Deswegen ist der technikanthropologische Satz, der zu der Behauptung führt, dass die aufgeführten technischen Gebilde Erweiterungsgestalten menschlicher Organe sind, genauso richtig wie wenig sagend. Radio, Fernsehen, Telefon, Flugzeug, Computer und Auto sind tatsächlich technische Sachsysteme oder Apparaturen, aber sie sind es als Elemente von Technisierungsstrategien, die den menschlichen Handlungs- und Lebensraum radikal transformieren. Dies in Rechnung zu stellen, ist nicht nur für die philosophische Techniktheorie wichtig, sondern auch für eine Theorie der Technikbewertung und der argumentativen Evaluation von Technischem.

Es wäre beispielsweise unangemessen, das Auto ausschließlich als ein technisches Mittel darzustellen, das die Fortbewegungsfunktion menschlicher Organe immens steigert. Das bewirkt das Auto ohne jeden Zweifel. Aber das Auto ist viel mehr als das. Das Auto ist für die Menschen, die es als Fortbewegungsmittel gebrauchen, eine neue Weise des „Da-Seins": eine neue Weise, im Raum zu sein und sich im Raum zu bewegen. Dies mag emphatisch klingen, aber die Formulierung gibt die Erfahrungen wieder, die jeder Autofahrer machen kann. Der Raum, in dem der Autofahrer anders „da-ist", ist aber nicht ein autounabhängiger neutraler physikalischer Raum, sondern der Raum, der vom Auto als Zirkulationsbereich geschaffen wird. In diesem Raum bewegen sich Einzelne und Gruppen nun anders, so dass das Auto als „Automobilisierung" einer Transformation der

Daseinsweise von Individuen und kollektiven Handlungseinheiten wie einzelnen Gesellschaften bzw. einzelnen Ländern gleichkommt.

Das Auto ermöglicht nicht nur eine neue Raumerfahrung, sondern verändert ebenfalls die Zeitwahrnehmung und die konkrete Zeitpolitik von Individuen und Gruppen. Das Auto ist deswegen nicht nur das Auto, sondern auch eine neue räumlich und zeitlich vermittelte Daseinsweise. Gesamtgesellschaftlich betrachtet, ist das Auto ein mehrschichtiges oder mehrdimensionales soziales Projekt. Das Auto ist die Autoindustrie, eine wichtige dominierende Industriebranche, die oft eine Schrittmacherfunktion für die Wirtschaftsentwicklung eines bestimmten Landes oder einer bestimmten Region übernimmt. Das Auto ist demnach vieles: Transportmittel, ästhetischer Gegenstand, Lustobjekt, Spielzeug, Statussymbol, komplexes Techniksystem, Wirtschaftsbranche und Gesellschaftspolitik.

Jede Technik ist immer mehr als eine bloße Technik. Jede Technik ist ebenfalls das Produkt einer Idee oder verschiedener Ideen, und jede neue Technik lässt auch eine Reihe von neuen Ideen und Vorstellungen entstehen, die es vorher gar nicht gegeben hat. Jede Technik ist demnach ideologisch dimensioniert. Sie legt nahe bzw. privilegiert eine bestimmte Weise, die Welt zu sehen und die einzelnen Weltelemente zu bewerten. Deswegen offenbart jede Technik auch, wie die Menschen die Wirklichkeit betrachten und wie sie sie auch handlungsrelevant jeweils konstruieren. „To a man with a hammer, everything looks like a nail", heißt es bei Neil Postman in *Technopoly*, bzw. "To a man with a pencil everything looks like a list. To a man with a camera, everything looks like an image. To a man with a computer, everything looks like data. And to a man with a grade sheet, everything looks like a number."[14] In so prägnanter Weise resümiert Neil Postman die Tatsache, dass in jeder Technik immer eine ideologische oder geistige Dimension involviert ist. In der Tat: Für denjenigen Menschen, der über eine bestimmte Technik verfügt, erscheint die Welt so, als ob sie dazu da wäre, mittels einer solchen Technik behandelt bzw. bearbeitet zu werden. Für denjenigen, der einen Hammer hat, sieht alles wie ein Nagel aus. Er muss alles entsprechend seiner Technik, die viel mehr als ein bloßes Gerät ist, sehen oder mental konstruieren. Und dies hängt damit zusammen, dass Techniken nicht nur Techniken sind. Techniken sind nicht etwas, das man zu dem hinzufügen kann, was man schon hat, ohne dass dieses substantiell verändert wird. Techniken kann man nicht einfach zu etwas bereits Vorhandenem addieren, ohne dass dieses sich verändert. Techniken sind Formen des Tuns und Machens, aber auch des Wahrnehmens und Sehens, die sich ihre eigenen Milieus schaffen.

Deswegen ist der technische Wandel nicht einfach „additiv" oder „subtraktiv", sondern „ökologisch" (Postman), d. h. konkret: Man hat nicht eine bestimmte Kultur und irgendwann kommt dazu eine neue Technik, die alles

---

[14] Postman, Technopoly, S. 14.

einfach beim Alten lässt, ohne irgend etwas zu verändern (das „additive" Modell) oder man hat nicht eine bestimmte Kultur, die über eine bestimmte Technik verfügt, und behält die gleiche Kultur, nachdem diese Technik verschwunden ist und man nicht mehr über sie verfügt (das „subtraktive" Modell), sondern die jeweilige Technik ist immer ein wesentliches Moment der jeweiligen Kultur bzw. der jeweiligen kulturellen Lage, so dass das eine (die Kultur) ohne das andere (die Technik) nicht zu haben ist. Techniken lassen sich also nicht einfach addieren oder subtrahieren. Als „ökologische" Momente einer Kultur kommt ihnen für das Leben dieser Kultur eine wichtigere Funktion als die Funktion zu, die ihnen im „additiven" und im „subtraktiven" Modell zugesprochen wird. Die Beispiele, die Neil Postman aufführt, um diese „ökologische" Funktion zu veranschaulichen, sprechen für sich: die Drucktechnik, der Telegraph und die Apparatemedizin.

Technik ist also mehr als eine Gesamtheit von technischen Artefakten und Gebilden. Technik schafft immer technisierte Handlungsfelder und lässt sich am adäquatesten als eine Reihe von Technisierungsstrategien auffassen, durch welche funktionale Wirkungs- und Handlungsräume entstehen, in denen die Wirkungsmöglichkeiten handelnder Subjekte in erstaunlicher Weise gesteigert werden. Deswegen ist es für die technikphilosophische Reflexion unentbehrlich, dass sie die von den technikanthropologischen Ansätzen geförderte Fixierung auf einen ausschließlich materiellen Technikbegriff, der am Werkzeug oder an der mechanischen Maschine normativ orientiert bleibt, überwindet und von dieser substantialistischen Engführung auf Sachtechnik zu einer Konzentration auf die verschiedenen Technisierungsphänomene kommt, die die Realität moderner Technik konkret ausmachen. Das Technische lässt sich nicht auf die bloße Materialität oder Gegenständlichkeit der einzelnen mechanischen Artefakte reduzieren, sondern muss in der konstruktiven Artifizialität oder Künstlichkeit der Verbindung von sachlichen mit nicht-sachlichen Elementen in konkreten funktionalen Wirkzusammenhängen gesucht werden.

Moderne Techniken im Sinne von *Technisierungsprojekten* lassen sich nur unzureichend als Anhäufung einzelner Artefakte konzeptualisieren, wie zum Beispiel Automobile, Züge, Telefonapparate, Computer, Stromgeneratoren oder Lampen, sondern eher und vielmehr als eine Reihe verschiedener Systeme miteinander verzahnter und aufeinander funktional bezogener Ketten und Hierarchien von Artefakten. Der Fokus der Betrachtung in der technikphilosophischen Reflexion muss dementsprechend von der Maschinen- und Apparatetechnik zu den umfassenden Komplexen technischer Systeme verschoben werden. Denn, um beim Beispiel der Automobiltechnik zu bleiben, die Automobiltechnik ist mehr als die Addition von Autos zu den sonst vorhandenen Fortbewegungsmöglichkeiten in einer bestimmten Kultur. Sie ist vielmehr ein hochdifferenzierter Komplex technischer Systeme, der verschiedene Untertechniken wie zum Beispiel die Techniken der Benzinherstellung und der Stromversorgung, die

Technik der Massenfertigung, der Reparaturwerkstätten und der Straßennetze usw. umfasst.

Einzelne Techniken als Technisierungsprojekte sind immer auch soziokulturelle und politisch-ökonomische Projekte. Sie eliminieren keineswegs das Handeln von Subjekten, wie ein extremer technologischer Determinismus behaupten würde. Vielmehr ermöglichen sie ein neues Handeln, ein technisches Handeln, in den technisierten Räumen, die sie schaffen. Techniken als Technisierungsprojekte lassen sich als Vergegenständlichungen bestimmter kultureller Handlungsmuster deuten. Sie lassen aber auch neue kulturelle Vorstellungen entstehen, welche Individuen und Gruppen verwenden können, um sich und die Welt neu oder anders als bisher zu deuten. Techniken als Technisierungsprojekte verbinden immer Materielles, d. h. technische Artefakte, mit Immateriellem, d. h. technisierten Schemata, Operationsregeln und Handlungspatterns.

Einzelne Techniken als Technisierungsprojekte wirken medial, indem sie Handlungsfelder und Aktionsmilieus eröffnen und in einer bestimmten eigensinnigen Weise auch prägen. Sie schaffen deswegen die Handlungssubjekte nicht ab, aber sie leiten diese in ihrem Handeln in einer je spezifischen Weise an. Technisch handelnde Subjekte sind daher nie absolut souverän. Sie können wählen, welche der ihnen von der jeweiligen Technik angebotenen Handlungsalternativen sie im konkreten Fall realisieren wollen. Technisches Handeln ereignet sich deswegen immer in diesem Zwischenraum von totaler Bestimmung und absoluter Handlungsfreiheit, der der technisierte Handlungsraum tatsächlich ist. Die einzelnen Techniken bieten diverse Handlungspfade an, die die Subjekte einschlagen können. Dabei sind die Subjekte grundsätzlich in der Lage, regulierend und organisierend auf die einzelnen technisierten Handlungspfade einzuwirken, selbstverständlich bei bestimmten Techniken mehr als bei anderen, die den Handlungsraum in einem größeren Ausmaß einschränken.

Für den Begriff des technischen Wissens heißt das bis jetzt Ausgeführte folgendes. Technisches Wissen ist praktisches Handlungswissen: ein Wissen, wie man in bestimmten technisierten Milieus mittels technischer Artefakte und entsprechend bestimmten technischen Prozeduren handelt. Das Handeln in solchen technisierten Milieus ermöglicht u. a., dass die Handelnden Tätigkeiten entfalten können, die ohne die Milieus nicht möglich wären. Außerdem ist technisches Handeln im Regelfall ein höchst wirksames Handeln. Technisches Handeln hat theoretische Voraussetzungen, ohne welche die Technisierungsprojekte, die es ermöglichen, gar nicht zustande gekommen wären. Und technisches Handeln führt zu Erlebnisqualitäten, die die Handelnden nur durch den Gebrauch der einzelnen Techniken haben können. Wer sich beispielsweise mit einem Auto fortbewegt, weiß, was es heißt, mit den Größen Raum und Zeit auf eine spezifische Weise und zwar anders als derjenige, der über kein Auto verfügt, umgehen zu können. Technisches Handeln ist praktisches Wissen: „Wissen, wie" etwas im jeweiligen technisierten Milieu getan wird. Ein solches praktisches Wissen setzt theoretisches Wissen voraus und führt immer zu spezifischen Erlebnisweisen.

Literatur

Bieri, Peter (Hrsg.): Analytische Philosophie der Erkenntnis, Frankfurt a.M.: Athenäum 1987.
Gettier, Edmund L.: Ist gerechtfertigte, wahre Meinung Wissen? In: *Peter Bieri* (Hrsg.), Analytische Philosophie der Erkenntnis. Frankfurt a.M.: Athenäum 1987.
Gil, Thomas: Die Praxis des Wissens (Aufklärung und Moderne, Bd. 13). Hannover: Wehrhahn 2006.
Kapp, Ernst: Grundlinien einer Philosophie der Technik [1877]. Düsseldorf: Stern-Verlag Janssen & Co. 1978.
Lehrer, Keith: Theory of Knowledge, London: Routledge 1990.
Postman, Neil: Technopoly. The Surrender of Culture to Technology, New York: Vintage Books 1993.
Ryle, Gilbert: The Concept of Mind. London: Penguin Books 1988.

Christoph Hubig

Steuern und Regeln. Von der Zufallstechnik zur Systemtechnik[*]

Dass Technik als Herausforderung begriffen wird, ist keineswegs selbstverständlich. Eher könnte man doch der Ansicht sein, die Herausforderung läge in der mangelhaften natürlichen Ausstattung des Menschen, die ihm nicht erlaube, seine elementare Bedürfnisbefriedigung sowie die Sicherung seiner Existenz ohne den Einsatz von Technik zu bewerkstelligen. Technik wäre dann die Antwort auf die Herausforderung, die von einer feindlichen Umwelt an den Menschen ergeht. Entsprechend wurde in der Problemgeschichte durchweg Technik verstanden als Inbegriff der Mittel, die dazu dienen, dieses Problem zu lösen. Allenfalls wurde eine gewissermaßen sekundäre Herausforderung konzediert, die darin liege, dass der Mitteleinsatz Nebenfolgen zeitige und das nachgeordnete Problem aufwirft, diese Nebenfolgen zu kompensieren. So betrachtet wird Technik mittelbar zum technischen Problem und erfordert zu dessen Lösung ihre beständige Weiterentwicklung.

Gleichwohl sprechen wir in der Moderne von der „Herausforderung Technik" in einem emphatischeren Sinne. Kulturpessimisten verweisen auf die „Eigendynamik" der Technikentwicklung, die „Sachzwänge", in die wir uns irreversibel begeben hätten, die „Verselbstständigung" der Mittel. Als Zauberlehrlinge seien wir herausgefordert durch die Geister, die wir selbst gerufen haben. Angesichts dieser Herausforderung erscheint eine ursprüngliche Natur wenn auch nicht mehr als ein alternatives Zufluchtsreservat, so doch als alternative Orientierungsinstanz jenseits einer Selbstfortschreibung und Potenzierung unserer artifiziellen Weltverhältnisse. „Weniger Technik" oder eine „andere Technik", z. B. als Allianztechnik mit der Natur im Blochschen Sinne, mag uns dazu verhelfen, wenn wir sie schon nicht (mehr) bewältigen können.

Beide Auffassungen kranken daran, dass bereits die Problemstellung unbemerkt unter einer Vorstellung vom Problemlösen modelliert wurde, die innerhalb der Technik ihren Platz hat: dem zweckrationalen Einsatz von eigens zu diesem Zweck erstellten Mitteln. Dieses Modell wird hoch projiziert auf die Technik insgesamt, die in dieser Weise „technomorph" begriffen wird, und es wird schließlich hoch projiziert auf eine Welt für den Menschen, in der er selbst als Techniker erscheint, welcher sich – als alter deus – diese Welt gemäß macht. (Über seine Eignung hierzu streiten die Evolutionisten, da das Gelingen oder Misslingen der Realisierung dieses Zwecks bloß unterstellt werden kann. Mal erscheint der Mensch als das stärkste der Tiere, welches mittels Technik eine

---

[*] Hans Poser zum 70. Geburtstag

überschüssige Selbstentfaltung realisiert,[1] mal als das schwächste, welches der Technik bedarf, um seine Defizite zu kompensieren.[2]) Das Leben erscheint als technische Herausforderung, Technik als Mittel, ein technisches Problem zu lösen. „Herausforderung Technik" signalisiert einen defizienten Charakter der Mittel, entweder – optimistisch – verbunden mit dem Appell, sich der Herausforderung zu stellen und die Mittel zu perfektionieren, oder – pessimistisch – verbunden mit der Aufforderung, sich der Herausforderung zu entziehen, der technischen Mittel zu entsagen oder sie zumindest weit möglichst ihres artifiziellen Charakters zu entkleiden und „natürliche" Optionen wahrzunehmen.

In den nachfolgenden Überlegungen soll ein anderer Weg beschritten werden. Jenseits eines technomorphen Technikkonzepts, welches Technik auf den Umgang mit Mitteln reduziert, soll gefragt werden, ob die Herausforderung Technik ihren Grund nicht in einer Verfasstheit spezifisch menschlicher Technik hat, die den Einsatz artifizieller Mittel, wie er auch bei höheren tierischen Spezies zu beobachten ist, übersteigt. Er liegt – so die These – im spezifischen Charakter von Technik als System, welches nicht als höherstufiges Mittel bloß zur Optimierung von Mitteln zu denken wäre. Die Bildung technischer Systeme, die nicht erst ein Charakteristikum neuzeitlicher Technik ist, verdankt sich der Fähigkeit des menschlichen Intellekts, Repräsentationen seinerseits zu repräsentieren, hier: Repräsentationen des Mitteleinsatzes in unterschiedliche Repräsentationen von dessen zukünftigem Kontext als potentiell störendem oder beförderndem einzubetten. Technische Systembildung zielte dann darauf, den potentiellen technischen Mitteleinsatz gelingend werden zu lassen, wobei ihre Kriterien nicht die der technischen Mittelhaftigkeit sind, sondern diejenigen einer möglichen Mittel-Zweck-Verbindung, also der Ermöglichung spezifisch menschlichen Handelns. Eine Dialektik technischer Systembildung liegt nun darin, dass – angesichts unserer Endlichkeit – mit jeder Ermöglichungsleistung eine Verunmöglichung einhergeht (wie es in der Sprache der Ökonomen z. B. als „Opportunitätskosten" oder „Amortisationslasten" ausgedrückt wird). Im Lichte dieser Dialektik lässt sich m. E. die Rede von einer „Herausforderung Technik" genauer erhellen.

1. Systemkonzepte in der Technikphilosophie

Ein systemisches Verständnis von Technik findet sich in den unterschiedlichsten Modellierungen, die aus einer grundlegenden Weichenstellung resultieren: Entweder wird im Ausgang von einem technischen Handlungsmodell philosophisch-anthropologischer Provenienz nach den Bedingungen der Invention, Entwicklung, Diffusion (Innovation), Nutzung, Instandhaltung, Recycling oder Entsorgung von technischen Artefakten gefragt. Technik als Herstellen von

---

[1] u.a. Kapp, Grundlinien, S. 35.
[2] u.a. Gehlen, Seele im technischen Zeitalter, S. 8.

kausalen Verknüpfungen zwischen ausgewählten Ursachen und Wirkungen nach Maßgabe praktischer Interessen muss eingebettet sein in Systeme, denen kollektive Interessen zugrunde liegen als Interessen der Menschen an Vergesellschaftung zwecks Arterhaltung.[3] Die Rationalitätsstruktur sozio-technischer Systeme insgesamt entspricht derjenigen des individuellen technischen Bewirkens. Und die „höheren Interessen", denen die Prozesse auf Meso- und Makroebene folgen, dienen eben der Gewährleistung der Prozesse technischen Handelns auf der Mikroebene, soweit diese den allgemeinen Bedürfnissen nach „Hintergrunderfüllung"[4] nicht zuwiderlaufen. Konflikte und Scheitern beim instrumentellen Einsatz von Artefakten lassen sich dann auf Interessenkonflikte als Herrschaftskonflikte zurückführen, auf Disharmonien zwischen den Zielsetzungssystemen unterschiedlicher Ebene, und durch „technologische Aufklärung" bereinigen.[5] Wenn aus kulturpessimistischer Perspektive von einer „Eigendynamik" der Systeme die Rede ist, von einer „Verselbständigung" oder einer „Herrschaft" der Technik, so erscheint dies mithin als eine uneigentliche Redeweise, in der aus subjektiver Perspektive Effekte beschrieben werden, die keineswegs auf ein neues Subjekt „Technik" zurückzuführen wären, sondern auf eine nicht mehr legitimierte „Sachdominanz"[6] der Technik, die in anderen Handlungszusammenhängen durchaus willkommen sein kann. Die als fremd oder abweichend empfundene Systemrationalität ist nicht eine solche des Systems selbst, sondern diejenige fremden Wollens, Wissens und Könnens, welche die Subjekte in ihre Handlungskonzepte und Handlungsbeschreibungen nicht aufnehmen.

Die alternative Systemmodellierung hebt darauf ab, dass die Rationalitätsstruktur von Systemen nicht der Rationalitätsstruktur individuellen Handelns entspricht, auch nicht derjenigen eines weiter gedachten individuellen Handelns, das auf die Bedingungen seiner Gewährleistung aus ist. Ausgangspunkt ist vielmehr die Interaktion von Subjekten. Diese Interaktion, im weitesten Sinne der Austausch von Leistungen, steht vor dem Problem der „doppelten Kontingenz".[7] Auf der einen Seite ist die Gratifikation des Handelnden A insofern kontingent, als sie auf einer Selektion zwischen möglichen Alternativen basiert und der Erfolg der Wahl unsicher ist. Auf der anderen Seite ist die Reaktion von B kontingent bezüglich der Selektion von A dahingehend, dass sie auch anders hätte ausfallen können, da sie ihrerseits auf einer Selektion zwischen Alternativen seitens B beruht. Stabilität könne sich nur herausbilden, wenn – in Grenzen – die Richtigkeit der Selektionen zwischen einschlägigen Operationsalternativen gewährleistet wird. Ob eine Interaktion, ein Austausch, eine Kommunikation tatsächlich stattfindet, kann nicht von den Interaktionspartnern selbst bewerkstelligt

---

[3] Gehlen, Anthropologische Forschung, S. 101 f.
[4] Gehlen, Urmensch und Spätkultur, S. 49 ff.
[5] Ropohl, Allgemeine Technologie, S. 229.
[6] Linde, Sachdominanz in Sozialstrukturen.
[7] Parsons/Shils, General Theory of Action, S. 16.

werden. Sie werde vielmehr durch diejenigen evolutionären Errungenschaften sozialer Systeme gewährleistet, die Parsons als „Interaktionsmedien" bezeichnet.[8] Die höherstufige Funktion ihrer Erhaltung erfüllen sie qua Selektion gelingender Interaktion und gelingender Kommunikation. Mit Blick auf den kommunikativen Erfolg spricht Luhmann daher davon, dass nicht die Interaktionspartner kommunizieren, sondern „das System". Allerdings ist die Begrifflichkeit, der sich diese Systemtheorie zweiter Art bedient, nicht hinreichend klar entwickelt und bleibt im Wesentlichen im Metaphorischen.

Technik wird zunächst als Form, als Entität, die eine „feste Kopplung" aufweist, begriffen, die im entsprechenden „lose gekoppelten" Interaktionsmedium gebildet ist und aufgrund ihrer strikten kausalen Kopplung den Handlungserfolg determiniert. Zum anderen erscheint Technik aber ihrerseits als zu aktualisierendes Medium, das die jeweils unterschiedlichen Interaktionsmedien mit ihren Codes und Programmen sicherer macht und eine zusätzliche „sekundäre" Codierung vollzieht als weitere Bedingung einer Erwartbarkeit, mit der ein Surplus an Sicherheit einhergeht: Insofern erscheint Technik als „Steigerungsform" der evolutionären Errungenschaften des Systems, seiner Binnenmedialität, unter der Kommunikation bzw. Interaktion gelingend wird.[9] Indem eine Abkopplung der Interaktion von kontingenten Bedingungen gewährleistet wird, würden alle Zusammenhänge ausschließbar, die zur Erreichung des Ergebnisses ignorierbar sind, so dass Technik letztlich eine „funktionierende Simplifikation" ist[10]. Als „sekundäre Kodifizierung" würde sie in unterschiedlicher Weise in allen Systemen wirksam werden können, d. h. Technik ist nicht ein eigenes System. Sie ist „Kontingenzmanagement" in den Systemen, als Option. Wenn also Technik nicht immer und nur als Form, sondern ihrerseits auch als Medium zu erachten ist, als (sekundäre) Kodierung, die sich in bestimmten Formen aktualisiert, erscheint es inkonsequent, Technik einerseits einzig auf der Seite der „Form" zu verbuchen, und andererseits aber für das Verhältnis Medium-Form insgesamt – zu Recht – herauszuarbeiten, dass diese Unterscheidung relativ ist.[11]

Es wundert daher nicht, dass Techniksoziologen im Ausgang von Luhmann von technologisch generalisierten Operationsmedien als Reservoir technischer Problemlösungen sprechen. Damit führen sie die Position des Akteurs wieder in stärkerer Weise in diese Systemtheorie ein, als sie Luhmann vorsehen konnte: Denn diese Operationsmedien werden ja entwickelt und distribuiert unter den unterschiedlichsten konkurrierenden binären Codes anderer Systeme (nicht nur des Wirtschaftssystems, sondern auch des Rechtssystems und des Wissenschaftssystems). Und die Akteure selbst sind rollenmäßig nicht jeweils ein-eindeutig dem System zuordenbar, in dem sie Aktualisierungen vornehmen. Sie stehen

---

[8] Parsons, Social Systems, S. 471.
[9] Luhmann, Gesellschaft der Gesellschaft, S. 517.
[10] Luhmann, Kunst der Gesellschaft, S. 524.
[11] Luhmann, Gesellschaft der Gesellschaft. S. 195.

immer im Schnittpunkt verschiedenster Systeme mit ihren funktionalen Erfordernissen, gewichten diese Erfordernisse und irritieren damit die jeweiligen Systeme von innen.[12]

2. Martin Heideggers Alternative

Heideggers Lehrer Edmund Husserl hatte den wissenschaftlichen Weltzugang als „Praxis, die Theorie heißt" begriffen. Im Rahmen dieser Praxis seien „Methoden als nützliche Maschinen" entwickelt auf der Basis von Idealisierungen (Geometrisierung, Arithmetisierung, Algebraisierung), die diesen Zugriff sichern, indem sie die Selbstverständlichkeit ursprünglicher Lebenswelt in Verständlichkeit transformieren. In dieser Hinsicht sind sie eine „ursprungsverdeckende Leistung", Gewährleistung von Erwartbarkeit, Wiederholbarkeit, Planbarkeit, Antizipierbarkeit. An die Stelle des Eingebundenseins in eine ursprüngliche Lebenswelt mit all ihren Irritationen tritt – so Heidegger – die „Vergegenständlichung".[13] Die „Seiendheit des Seienden" wird als Anwesenheit für das „sicherstellende Vorstellen gedacht". Nicht bloßes, sondern „sicherstellendes" Vorstellen macht unsere Weltbezüge aus, und „die Frage nach der Gegenständlichkeit [...] des Entgegenstehens (nämlich dem sichernden, rechnenden Vorstellen)" wird mit der „Frage nach der Erkennbarkeit" gleichgesetzt.[14] Wie bei Niklas Luhmann, der die Simplifizierung funktional der Erwartbarkeit und dem Kontingenzabbau zuordnet, wird hier die Idealisierung als eine herausgestellt, die der „Sicherstellung" geschuldet ist. Das Korrelat zum „System" ist für Heidegger in deutschtümelnder Formulierung das „Gestell": „Wo das Gestell waltet, prägen Steuerung und Sicherung des Bestandes alles Entbergen!" Und: „Die Steuerung selbst wird ihrerseits überall gesichert. Steuerung und Sicherung werden sogar die Hauptzüge des herausfordernden Entbergens".[15] Das Erkennen („Entbergen") steht unter dem Leistungsanspruch der Steuerung als Bewirken eines gewünschten Effekts mittels eines geeigneten Inputs. Sie bedarf eines „Bestandes", mit dem steuernd umgegangen werden kann und der seinerseits „gesichert" werden muss. Der sekundäre Leistungsanspruch ist mithin die „Sicherung" als Ermöglichung der „Steuerung", die eine selbstzweckhafte Theoria ablöst durch ein „herausforderndes" Entbergen. Wohl unter dem Einfluss seiner Gespräche mit Werner Heisenberg entwickelt hier Heidegger ein durchaus adäquates Verständnis von Technik, indem er sie eben nicht als Inbegriff der Mittel (zur Steuerung) begreift, sondern als etwas, was auf Sicherung aus ist und aus diesem Grunde Gestellcharakter annimmt. Wer aber wird herausgefordert, wie es Heidegger formuliert: „Das Entbergen, das die moderne Technik durchherrscht, hat den Charakter des Stellens im Sinne der

---

[12] Ropohl, Allgemeine Technologie, S. 93:
[13] Husserl, Krisis der europäischen Wissenschaften, S. 184, 334, 449.
[14] Heidegger, Überwindung der Metaphysik, S. 71.
[15] Heidegger, Die Technik und die Kehre, S. 16, 27.

Herausforderung"?[16] Zunächst einmal wird die Natur herausgefordert, sie wird „gestellt", indem Rohstoffe als Energielieferanten zum „Bestand" werden unter den Operationen des „Erschließens", „Umformens", „Speicherns". Gleichzeitig werde aber auch der Mensch „gestellt", da auch er zum „Bestand" wird, über den das „Gestell" waltet. Denn er hat sich den Mechanismen der Steuerung und Sicherung auch selbst zu fügen, wenn er den Bestand nicht verlieren will. Solcherlei darf keinesfalls kulturpessimistisch gelesen werden; vielmehr sieht Heidegger in dieser Entwicklung „das Geschick" des Menschen, seine Verwiesenheit auf das Gestell, der man nur im Modus der „Gelassenheit" begegnen könne. Neben einer intentionalistischen Auffassung von technischen Systemen, die für den Menschen als disponibel erscheinen (Gehlen, Ropohl) und einer Systemauffassung, der das Subjekt verloren gegangen ist (Luhmann), zeichnet sich hier ein dritter Weg ab, unter dem das Subjekt als Subjekt der Sicherung erscheint, welches dahingehend die Natur herausfordert, selbst aber sich zum Objekt dieser Herausforderung machen muss, wenn jene Herausforderung gelingen soll.

Freilich ist m. E. Heidegger bei der Nachzeichnung dieses Weges ein Fehler unterlaufen: Dem Gedanken einer „ursprünglichen" (Husserl) Ausgangsbasis nachhängend, glorifiziert er die antik-mittelalterliche Technik als Handwerkstechnik, die den Bedingungen der Natur folge, ohne jene herauszufordern, und erst in der Neuzeit durch eine moderne Technik als Gestell abgelöst worden sei.[17] Hier wird ein Technikkonzept, das in der Tat das Nachdenken über Technik leitete, konfrontiert mit einer realontologischen Aussage über das Wesen moderner Technik. Demgegenüber ist zu zeigen, dass spezifisch menschliche Technik immer schon System („Gestell"-)Charakter hatte (der sich durchaus gewandelt hat, s. u.), von einem Denken unter dem Konzept der Handwerkstechnik aber nicht erreicht wurde. Und eine vergleichbare Verwechslung der Ebenen liegt vor, wenn Heidegger der antik-mittelalterlichen (Handwerks-) Technik unterstellt, reale Natur „entborgen" zu haben im Gegensatz zur neuzeitlichen technikinduzierten Naturerkenntnis (die Francis Bacon zutreffend als „vexatio naturae artis", Verhexung/Verzerrung der Natur mittels Technik im experimentellen System bezeichnet).[18] Hier wird eine realontologische Aussage über die Rolle der Natur in einer antik-mittelalterlichen Technik konfrontiert mit einem Naturkonzept, unter dem die Herausforderung der Natur stattfindet. Dass es sich um ein Konzept der Herausforderung und nicht um die Feststellung einer ontologischen Transformation des Charakters der Natur handeln kann, wird daran ersichtlich, dass wir keineswegs zum „Meister" und „Herr" dieser Natur wurden, wie es Francis Bacon (und René Descartes) in Aussicht gestellt haben. Wir beherrschen zwar bestimmte Ausschnitte einer Welt, die unter dem Konzept

---

[16] Ebenda, S. 16.
[17] Heidegger, Vom Ereignis, S. 163.
[18] Bacon, Distributio Operis (Instauratio magna), Ausg. Spelding, S. 29.

der Herausforderung simplifiziert und idealisiert ist, werden aber (in Folge dessen, wie zu zeigen sein wird) mit „Störgrößen" bzw. einer „Rache der Natur" neuer Art konfrontiert, die sich in den elementaren antik-mittelalterlichen Systembildungen in dieser Form noch nicht zeigten. Wie lässt sich eine solche Dialektik der Systembildung rekonstruieren?

3. Von der Zufallstechnik zur klassischen Systemtechnik – Klischees oder Idealtypen?

Der spanische Sozial- und Technikphilosoph José Ortega y Gasset prägte den Begriff einer „Technik des Zufalls", die im Zuge des Prozesses der Technikentwicklung als „Anstrengung, Anstrengung zu ersparen" zur Technik des Handwerkers und schließlich zur Technik des Technikers entwickelt worden sei.[19] Die Zufallstechnik, noch ausgeliefert an Widerfahrnisse und Geschenke der Natur (daher Technik des „Zufalls" des Gelingens), basiert auf einer magisch-mimetischen Repräsentation des Werkzeugeinsatzes. Der Erfahrung eines als technisch unterstellten Wirkens der Natur verhaftet werden zwar Werkzeuge zurichtet, nicht aber technisch komplexere Gebilde entwickelt, und deshalb auch – außer einer naturwüchsig bestimmten familiären Rollenverteilung – keine Arbeitsteilung. Eine solche Technik des Zufalls lässt sich auch bei höheren tierischen Spezies beobachten (z. B. Schimpansen oder Ameisenbären). Freilich belehren uns die Neurophysiologen, dass bei äußerlicher Gleichheit hier durchaus Unterschiede zu konstatieren sind: Während bei selbst vollzogenen elementaren Greifhandlungen oder der Beobachtung solcher Greifhandlungen von Menschen durch Tiere deren Spiegelneuronen aktiv sind, über die eine Repräsentation dieser Akte erzeugt wird, bleiben diese neuronalen Bereiche stumm, wenn z. B. ein Schimpanse eine menschliche Greifhandlung beobachtet, die mittels eines Werkzeugs, z. B. einer Pinzette, vollzogen wird.[20] Es fehlt also offensichtlich an der Fähigkeit, diejenige Abstraktion vorzunehmen, die die funktionale Zuordnung eines technischen Artefakts zu einem Effekt erlaubt, der der gleiche ist wie derjenige einer natürlich-organischen Realisierung. Diese abstraktere Repräsentation ist offensichtlich die Voraussetzung dafür, dass Repräsentationen von Fertigkeiten entstehen können, unter denen in der nachfolgenden Technik des Handwerkers der Arbeiter als Techniker arbeitet („Einheit von Techniker und Arbeiter"), und schließlich in einem weiteren Abstraktionsschritt die Technik des Technikers dahingehend entstehen kann, dass die Entwicklung technischer Funktionen von der realen Arbeit abgekoppelt wird, Technik nach Mitteln zur Wahrnehmung dieser Funktionen sucht (als wissenschaftliche Technik) und diese abstrakten Funktionen in einer Maschinentechnik und Fabrikationstechnik realisiert. Trifft aber diese Rekonstruktion den Kern menschlicher Technik?

---

[19] Ortega y Gasset, Betrachtungen über die Technik, S. 90-105.
[20] Neuweiler, Ursprung unseres Verstandes, S. 30 (nach: Rizzolatti et.al., Action Recognition, S. 593 ff.).

Sieht man von einigen Vorläufertendenzen ab (z. B. der periodischen Behausung von Jägern und Sammlern und ihrer Vorratshaltung auch an Werkzeugen), so tritt in der neolithischen Revolution zutage, dass eine elementare Systemtechnik als gestaltende Einwirkung auf die Bedingungen von technischen Steuerungsvollzügen auf Sicherung aus ist: Anlage von Äckern und deren Bewässerung, umhegte Viehzucht, elementare Infrastrukturen des Verkehrs, der Kommunikation, fester Siedlungen machen die Menschen partiell von Fährnissen der äußeren Natur unabhängig. Dies setzt eine elaborierte Repräsentation von intendierten technischen Vollzügen voraus in Relation zu Repräsentationen möglicher Störungen dieser Vollzüge durch die äußere Natur. Ausgehend von diesem Befund eröffnet sich die Perspektive auf eine alternative Rekonstruktionslinie der Entwicklung von Technik als stufenweise Komplexierung und Ausweitung der Systeme, die der immer weiter vorangetriebenen Sicherung erwarteter Leistungen dienen sollen.

Wenn wir nun nicht im Namen von Einsichten der jeweiligen Rekonstruktionsstrategie die Befunde der anderen als Klischee verwerfen wollen, sondern für beide eine gewisse Trefflichkeit konzedieren, stellt sich die Frage nach dem Zustandekommen der Alternative. Mit Max Weber kann man anführen, dass die Diagnose und Deutung sozialhistorischer Phänomene notwendigerweise unter Idealtypen als Wertideen stattfinden muss, die die Auswahl der Befunde in ihrer Relevanz und die Deutung ihrer Sinnhaftigkeit leiten. Ersichtlich wird, dass zwei unterschiedliche Wertideen die beiden Rekonstruktionen orientieren. Ortega y Gasset hebt darauf ab, dass die Absicht der Technikgestaltung darauf zielt, Anstrengung zu ersparen, also die Effizienz zu erhöhen, d. h. das Verhältnis von Aufwand und Ertrag zu optimieren. Der alternativen Wertidee, die den Systemcharakter bereits antiker Technik hervorheben lässt, liegt die Unterstellung einer höherstufigen Intention auf Sicherung des intendierten Erfolgs der Anstrengung zugrunde, also der Erhöhung möglicher Effektivität ineins mit Erwartbarkeit und Planbarkeit des Gelingens.

Handelt es sich hierbei um eine Komplementarität oder gegenläufige Entwicklungen, die mit Blick auf manch plausible Beispiele Anlass zur Behauptung einer „Schere" von Effizienz und Effektivität zu geben vermögen? Zur Beantwortung dieser Frage ist die Struktur von technischen Systemen genauer zu betrachten.

4. Systeme als Träger einer „ausgearbeiteten Gegenaktion" Das allgemeine Konzept der Regelung

Im Rahmen seiner allgemeinen Theorie der Kybernetik hat W. Ross Ashby das Wesen von Systemen als „ausgearbeitete Gegenaktion", als „Blockierung des Flusses der Vielheit" (von Störungen) zu den wesentlichen Variablen „des Systems" charakterisiert.[21] Der Wahrnehmung dieser Funktion dient die Regelung im weitesten Sinne – ein Begriff der Regelung, der sich von dem engeren Begriff der DIN-

---

[21] Ashby, Kybernetik, S. 290.

Norm unterscheidet. Im Rahmen dieses weiten Konzepts differenziert Ashby zwischen drei Strategien: 1. dem einfachen Konzept einer „statischen Verteidigung", dem Containment als Abschottung von Störgrößen, 2. dem Konzept einer in den Systemen implementierten „Reaktion auf Bedrohung" und 3. der „Regelung durch Abweichung". Die zweite Strategie besteht darin, dass eine Störgröße, die auf das System wirkt, zugleich auf einen Regler geleitet wird, der das System dahingehend steuert, dass die Störung kompensiert, das System gegenüber der Störung immunisiert wird, so dass sich das gewünschte Ergebnis einstellt. In der DIN 19226 wird diese von einem Regler vollzogene höherstufige Steuerung der Steuerungsprozesse im System als „Störgrößenaufschaltung" bezeichnet.[22] Der Architektur des Reglers liegt zugrunde, dass ein Modell potentieller Störungen gegeben ist, die durch eine entsprechende Sensorik erfasst und je nach „Intelligenz" des Reglers mehr oder weniger vorauseilend zu einer Einwirkung auf das System führt, die dieses gegenüber der auf es einwirkenden Störung immunisiert. Die dritte Strategie der Regelung als „Regelung durch Abweichung" besteht darin, dass die Störung zunächst auf das System wirkt und das in Folge der Störung abweichende Ergebnis diese Abweichung dem Regler meldet, der eine entsprechende kompensatorische Steuerung auf das System ausübt. Von „vollkommener Steuerung" spricht Ashby, wenn der Steuerungsvorgang als Einwirkung auf ein seinerseits unter diesen drei Strategien geregeltes System vollzogen wird, sei es, dass das System durch Störgrößenaufschaltung oder durch „Regelung durch Abweichung geregelt" wird. Hierbei sind vielerlei Varianten möglich, u. a. auch diejenige, dass die Steuerung sich auf den Regler richtet, dem gleichzeitig das System den Eingang einer Störung meldet und der zugleich mit dem System in Kompensationsfunktion das Ergebnis so bestimmt, dass sich die Störung dort nicht fortschreibt. Insgesamt gilt: „Die perfekte Regelung des Ergebnisses E durch den Regler R macht eine perfekte Steuerung (Bestimmung des Ergebnisses E durch den Steuerungsakt C) möglich".[23] Wir sehen hier trefflich die Ermöglichungsfunktion der Regelung für eine perfekte Steuerung ausgedrückt.

Von dieser allgemeinen Terminologie unterscheidet sich freilich diejenige der DIN 19226 deutlich. Steuern wird gefasst als „Beeinflussung von Ausgangsgrößen durch eine oder mehrere Eingangsgrößen gemäß den Gesetzmäßigkeiten des Systems".[24] Eine Führungsgröße W wirkt auf eine Steuereinrichtung, auf welche zugleich über eine Störgrößenerfassung die Störung D wirkt. Unter dieser Störgrößenaufschaltung wirkt die Steuereinrichtung nun auf die eigentliche Strecke, die der Störung unterliegt, so, dass der gewünschte Ausgang erzielt wird. Im Unterschied hierzu wird Regeln im engeren Sinne als „ein Vorgang [begriffen], bei dem fortlaufend [...] die Regelgröße erfasst, mit [...] der Führungsgröße verglichen und im Sinne der Angleichung an die Führungsgröße

---

[22] DIN 19226, T. 4, S. 5.
[23] Ashby, Kybernetik, S. 290 [Hervorh. Chr. H.].
[24] DIN 19226, T. 1, S. 3.

beeinflusst wird".[25] Die Führungsgröße W wirkt also auf einen Regler, der die Stellgröße für die der Störung ausgesetzte Strecke bestimmt, die ihren Ausgang mit der Führungsgröße vergleicht und über die Differenz ihrerseits den Regler steuert. Es handelt sich also um die „Kopplung zwischen zwei Steuerungsprozessen zu einem geschlossenen Wirkungsablauf".[26]

Abgesehen von terminologischen Unterschieden wird über das Konzept der Regelung dasjenige rekonstruiert und präzisiert, was Heidegger als „Sicherung" bezeichnet hat: Die Abschottung gegenüber externen Störgrößen durch Isolation oder adaptives Verhalten bis hin zur Gewährleistung des Funktionserhalts der Steuerung in komplexen Systemen auch gegenüber internen Störungen durch Redundanz und Äquifunktionalität von Systemelementen, die im Zuge entsprechender Regelungsprozesse sich untereinander vertreten können. Auch diese elaborierteren Systemarchitekturen, die u. a. im Zuge eines Reverse Engineering natürlicher Regelungsprozesse z. B. in Zellen erstellt werden, kann hier nicht weiter eingegangen werden. Generell wird aber ersichtlich, dass im Zuge der Optimierung der Systeme die elementaren Infrastrukturen der antiken technischen Systeme immer komplexer werden, und zwar dadurch, dass eine zunehmende Integration störender Bedingungen in den Dispositionsbereich der Systeme vorgenommen und deren inneres und äußeres „Kontingenzmanagement" (Luhmann) perfektioniert wird. Aus der Komplexitätserhöhung der Systeme resultiert aber zweierlei: Zum einen werden die Systeme zunehmend indisponibel, da unsere Ressourcen zum Systemumbau endlich sind, was nicht nur die materiellen Ressourcen, sondern auch und gerade die kognitiven Ressourcen betrifft. Zum anderen werden durch die Komplexitätserhöhung die Systeme auch in neuer Weise verletzlich, weil mit der Ausweitung und Ausdifferenzierung ihrer Grenzen auf einmal Störgrößen relevant wurden, die bei simplen Systemen keinen „Andockpunkt" hatten: Die Wetterverhältnisse oder sonstige Störungen unterschiedlichster Art auf der Route eines Tankers spielen für denjenigen, der seine Wärme oder sein Licht aus der Verbrennung von Holz oder Wachs bezieht, keine Rolle.

Angesichts der Komplexitätserhöhung von Systemen, die auf die Optimierung der Sicherung von Steuerungsprozessen aus sind, dürfte ersichtlich werden, dass die Frage nach dem Verhältnis von Effizienz und Effektivität nicht einfach oder durchgängig im Sinne einer Behauptung von Komplementarität oder der Behauptung einer Schere beantwortet werden kann. Erhöhung von Effektivität oder Effizienz erfordert in gleichem Maße eine Komplexitätserhöhung des Systems, die dieses neuen Störgrößen aussetzen kann. Ein hoher Aufwand zu deren Bewältigung kann die Effizienz in summa mindern bei Erhöhung der Effektivität. Umgekehrt kann der Verzicht auf einen solchen Aufwand die Effektivität dahingehend mindern, dass bei starken oder neuartigen Störungen das System kollabiert und sich insgesamt als ungeeignetes Steuerungsmedium erweist. Eine Epochalisierung der

---

[25] Ebenda, T. 4, S. 5.
[26] Ebenda, T. 1, S. 7; T. 4, S. 5.

Technik qua Epochalisierung des Wandels von Systemen kann sich daher weder an der Wertidee der Effizienzerhöhung, noch an der Wertidee der Effektivitätserhöhung, noch am Modell, welches fortschrittsoptimistisch die Erhöhung einer stabilen Beziehung zwischen beiden unterstellt, orientieren.

5. Epochalisierungsschritte innerhalb der Systemtechnik

Sucht man Bestimmungsgrößen des Wandels des Gestellcharakters der Technik, so dürften unabhängig von den beiden bisher unterstellten Wertideen bzw. den diesen entsprechenden Idealtypen zwei wesentliche Ausweitungen technischer Systeme epochenprägend erscheinen: Zum einen die Ausweitung technischer Systeme auf die Sicherung der Erkenntnis naturgesetzlicher Zusammenhänge in der experimentellen Methode, zum anderen die Ausweitung technischer Systeme auf die Erschließung von Energiequellen und Rohstoffen, unabhängig von deren Regeneration (Holz), zufälligem Vorhandensein (Wind, Wasser) oder unmittelbar gegebener Erschließbarkeit (natürliche Materialien).

Wenn das Testen von Input-Output-Beziehungen innerhalb experimenteller technischer Systeme stattfindet, die diese Beziehungen von Störgrößen abschotten, lässt sich die Erkenntnisgewinnung systemtheoretisch rekonstruieren als Abgleich der Outputs mit einer hypothetischen Sollgröße als Prognose, auf dessen Ergebnis je nach Systemarchitektur des Experiments unterschiedlich reagiert werden kann. Eine Abduktion auf nicht berücksichtigte Störparameter (Exhaustion) kann die Outputs trotz Abweichung positiv bewerten und ggf. einen Umbau des experimentellen Systems veranlassen, um diese Erkenntnis zu stabilisieren – ein Vorgang, der im Rahmen entsprechender Messtechniken inzwischen auch in bestimmten Fällen automatisch erfolgen kann. Entscheidet man sich hingegen „für das System", führt dies zum Verwerfen der Prognose mit den gleichen Risiken für die Erkenntnisgewinnung. Technische Inventionen nun finden in denselben Systemen statt (so dass man mit gleichem Recht von Technik als angewandter Naturwissenschaft wie von Naturwissenschaft als angewandter Technik, freilich zu jeweils anderen Zwecken, sprechen kann): Unter Festlegung eines Outputs als Sollgröße werden geeignete Inputs eruiert (z. B. durch Variation), die bei Akzeptanz ihrer Wirkung das System positiv validieren, bei Nichtakzeptanz den Systemumbau veranlassen. Den Verfahren der Induktion bei einer unterstellten Sicherheit des experimentellen Systems im Bereich der Erkenntnisgewinnung entspricht bei der technischen Invention das Testen des Inputs auf Stabilität, die ebenfalls induktiv eruiert wird. Die Strukturanalogie zwischen experimenteller Erkenntnisgewinnung und technischer Invention liegt in der gemeinsamen Strategie, im Zuge eines solchen „Re-Engineering" im weiteren Sinne vorzugehen. Es wird unterstellt, dass die Natur nur beherrscht werden kann, wenn man ihr gehorcht (Francis Bacon), wobei sie implizit als ein (technisches) systemisches Subjekt gedacht wird, dessen Wirken auszunutzen ist, sofern es sich durch den Zugriff des Re-Engineering erschließt.[27] Die in diesem Zuge vorgenommene – bereits erwähnte – „vexatio artis", Herausforderung durch Technik, zielt auf eine Technik der Natur, die als technischer Kampfpartner erscheint. Entsprechend charakterisiert Immanuel Kant die Bedingung wissenschaftlicher Naturerschließung unter den Standards der „Sicherung" als eine, nach der wir die Natur betrachten, als ob sie ein technisches bzw. ökonomisches Subjekt wäre.[28]

Im Zuge dieser Ausweitung des technischen Zugriffs auf die Natur in der Absicht, ihre Erkenntnis für technische Inventionen fruchtbar zu machen, war eine Ausweitung der technischen Systeme auf eine weitere Dimension des „Bestandes" (Heidegger) möglich, die die materialen Bedingungen der Sicherung betrifft – dies insbesondere durch die Fortschritte im Felde der Mechanik. Diese wurde zur Pilotdisziplin eines verwissenschaftlichten Maschinenbaus, der Antriebs-, Transmissions- und Werkzeugmaschinen in komplexen Anlagen integrierte. Die hierdurch ermöglichte Überwindung der Engpässe für die Energiebereitstellung und die Materialerschließung mit technischen Mitteln führte zu einer Erweiterbarkeit des Bestandes auf „überschüssige" oder vorrätige Mittel, der über die Sicherung des Bestehenden hinaus neue Wachstumserwartungen möglich machte, also die Setzung neuer Zwecke. Insgesamt kann ein Wandel der epistemischen und realen Bedingungen, unter denen auf die Gestaltung dieser Bedingungen qua technischer Systeme eingewirkt werden konnte, konstatiert werden. Die Herausforderung der Natur zum Zwecke der Sicherung des Bestandes wird abgelöst von einer Herausforderung der Natur zum Zwecke der Erweiterung des Bestandes als Potential neuer Steuerungsprozesse. Es ist zunächst – so lässt sich in präzisierender Absicht Heidegger kommentieren – insofern von einer Herausforderung des Menschen zu sprechen, als dieser sich nun vor die Entscheidung gestellt sieht, neue Zwecke zu realisieren oder nicht, wobei er im ersten Falle sich der Notwendigkeit der Sicherung dieses Bestandes unterwirft, vorausgesetzt, er will sich dieser Gratifikation des Systems nicht begeben. Freilich ist Heidegger zu widersprechen, wenn er den Modus der Gelassenheit angesichts dieser Entwicklung anmahnt: Denn einem Entscheidungsbedarf ist in diesem Modus nicht zu entsprechen. Dass diese Entscheidungssituation keineswegs undramatisch ist, kann daran abgelesen werden, dass die auf die beiden Grundfunktionen des Steuerns und Regelns rückführbare spezifisch menschliche Technik in ihrer Weiterentwicklung einen neuen Systemcharakter anzunehmen beginnt, den ich als „transklassischen" Systemcharakter bezeichnen will.

6. Transklassische technische Systeme

Unter dem öffentlichkeitswirksamen Schlagwort von der „Hybridisierung des Menschen", seiner Überformung durch Technik, werden Entwicklungslinien der

---
[27] Bacon, Novum Organum I, Aph. 3, 4, 117.
[28] Kant, Erste Einleitung zur Kritik der Urteilskraft, S. 178.

modernen Hochtechnologien bedacht, die darauf hinauszulaufen scheinen, dass die Realentwicklung der Technik möglicherweise doch die Luhmannsche These einer Autopoiesis von Systemen als technisch überformten Systemen verifiziert. Negative Utopien von einer sich selbst reproduzierenden Technik, in der Entwicklungslinien der Informations-, Bio- und Nanotechnologien zusammen fließen, warnen vor einer bevorstehenden Verdrängung des Menschen als Subjekt der Technik in einem neuen „posthumanen" Zeitalter als weiterer Entwicklungsstufe der Evolution der Systeme. Eine sorgfältigere Betrachtung dieser Entwicklung kann zwar verdeutlichen, dass sich in der Tat eine Veränderung der Mensch-Technik-Beziehungen anbahnt, diese aber nicht in einer Veränderung eines wie immer gearteten „Wesens" der Technik begründet ist, sondern in einer Veränderung der Schnittstellen zwischen menschlichen Akteuren und technischen Systemen. Zur Kennzeichnung dieses Phänomens taugt der Begriff „Hybridisierung" aber gerade nicht. Denn unter hybrider Konstruktion verstehen wir doch eine solche, in der das komplementäre Zusammenwirken zweier Subsysteme angelegt ist, wobei diese Subsysteme unterscheidbar sind und ihr „Zusammen" genau definiert ist. Diese Subsysteme können im Bereich technischer Sachsysteme liegen, z. B. beim Zusammenwirken zweier Antriebsaggregate („Hybrid-Motor") oder im Zusammenwirken zwischen menschlich-organischen Vollzügen und technischen Abläufen. In beiden Fällen geht mit der Unterscheidung der beiden Systeme die Definition ihrer „Schnittstellen" einher, was insbesondere relevant wird für die Markierung der Punkte, an denen Inputs gleich welcher Art des einen Systems vom anderen aufgenommen und verarbeitet werden. Dies betrifft für Mensch-Technik-Systeme insbesondere die Wahrnehmung von Indikatoren, über die im einen System Repräsentationen über das andere gebildet werden. Verändern sich nun die Schnittstellen qualitativ oder werden sie unklar oder – subjektiv – als verschwindend bzw. nicht identifizierbar erachtet, so geht die Möglichkeit der Rekonstruktion technischer Medialität (Luhmann) verloren, mithin die Fähigkeit, sich zu diesen medialen Voraussetzung in ein Verhältnis zu setzen. Dieser Verlust, so werden wir sehen, ist ein eigentümlicher Effekt, den moderne Hochtechnologien zeitigen und der sich als die Wurzel mancher negativer Utopien erweisen lässt.

Vergegenwärtigen wir uns nochmals die klassische Vorstellung von Technik, um sie dann mit der „transklassischen" oder „posthumanen" zu vergleichen. Nach dieser Vorstellung dient der Einsatz von Technik – in Wahrnehmung der beiden formalen Grundfunktionen des Steuerns und des Regelns als Sicherung möglichen Steuerns – der Verstärkung, der Entlastung und der Substitution des natürlichen Mitteleinsatzes in lose gekoppelten technischen Systemen als Operationsmedien, die auf Veranlassung fest gekoppelt werden und den Handlungserfolg erwartbar werden lassen. Unsere Welterfahrung baut sich auf der Wahrnehmung der Differenz zwischen dem vorgestellten (prognostizierten) und dem realisierten Zweck auf: als Abduktion auf hinreichende Bedingungen des So-Seins des realisierten Zwecks im Zuge von Forschung und Entwicklung; deren Ergebnisse werden fruchtbar gemacht für diejenige zweite Abduktion, die der weiteren technischen

Handlungsplanung zugrunde liegt, nämlich den „Rückschluss" von einem erstrebten Zweck auf die hinreichenden Mittel, die zu seiner Realisierung eingesetzt werden müssen. Die Herausbildung der technischen Seite unserer Handlungskompetenz findet auf der Basis des Abarbeitens an jener Widerständigkeit statt (wie bei allen Kompetenzbildungen), in der sich qua Differenzerfahrung die Ermöglichungsfunktion bzw. Verunmöglichungsfunktion der Medialität unserer Handlungsumgebungen kundtut. Handlungskompetenz als Fähigkeit der Zweckrealisierung entwickelt sich als Optimierung der Geschicklichkeit der Nutzung gegebener medialer Voraussetzungen, darüber hinaus auch und gerade als Fähigkeit, zwischen solchen Voraussetzungen die adäquate auszuwählen oder die Voraussetzung höherstufig selbst zu gestalten und weiterzuentwickeln.

Diese Vorstellung „klassischer Technik", die sich ihrerseits als „klassische Vorstellung" von Technik etabliert hat, wird nun durch Entwicklungen „transklassischer Technik" entscheidend relativiert und herausgefordert. Maßgeblich hierfür erscheinen diejenigen Hochtechnologien, die unsere innere und äußere Natur „technisieren", „technisch überformen", sowie diejenigen, die unsere medialen Handlungsumgebungen „intelligent machen", „intellektualisieren", d. h. mit „autonomer" Problemlösekompetenz versehen: Indem Wachstums- und Reproduktionsprozesse der äußeren und inneren Natur technisch induziert werden, entstehen „Biofakte", von denen befürchtet wird, dass durch die entsprechende biotechnologische Realtechnik letzlich unsere Intellektual- und Sozialtechnik dominiert werden könnten. Durch die im Zuge des Ubiquitous Computing vollzogene Intellektualisierung der Handlungsumgebungen wiederum werde der Zustand herbeigeführt, dass die Strategien der Identifizierung der Elemente der Handlungsumwelt sowie der Aktionen der Menschen in den IT-Systemen selbst implementiert sind, mithin unsere Real- und Sozialtechnik letztlich durch eine in die Systeme verlegte Intellektualtechnik als bereits formierter Umgang mit Repräsentationen dominiert würde. Was also vorher Medium war („Natur" und kulturalisierte Handlungsumgebung) würde zur Form, mit der der Mensch gekoppelt sei. Der solchermaßen bio- und informationstechnisch „aufgerüstete" Mensch werde zu einem „Hybridwesen".

Ein Hybridwesen war der Mensch aber immer schon. Die Frage des Orakels nach dem Tier, das am Morgen auf vier, am Mittag auf zwei und am Abend auf drei Beinen laufe, zielt auf den Stock; die Werkzeuge, Maschinen und technischen Systeme, derer sich der Mensch bediente, machen ihn zum Hybrid. Auch Biofakte hat er über Züchtung und Düngung geschaffen, und was ist ein Trampelpfad, auf den wir in der Wildnis stoßen, anderes als ein Stück informatisierter Handlungsumgebung, die eine Problemlösung bereit hält? Gleichwohl besteht ein qualitativer Unterschied zu den heutigen Biofakten und Cyberfakten: Über klare Schnittstellen konnte das Verhältnis zur Technik gestaltet werden; Gewohnheiten und Routinen bleiben wenigstens im Prinzip reversibel. Im Zuge der neuen Entwicklungen nun scheinen die Schnittstellen, wenngleich sie objektiv nicht verschwinden, so doch in gewisser Hinsicht indisponibel zu werden, sei es, dass sie denjenigen, die mit den Techniken umgehen, nicht (mehr) transparent sind, sei es, dass sie sich grundsätzlich einer weiteren Gestaltbarkeit entziehen, weil die Schnittstelle indisponibel wird.

Betrachten wir zunächst die Herstellung und Nutzung von „Biofakten"[29] im Zuge „transklassischer Technik". Biofakte beruhen darauf, dass Wachstum und Reproduktion technisch induziert sind. Freilich war und ist „Natur" in unterschiedlicher Weise immer schon in Techniken implementiert: Von der Bekleidung bis hin zur Architektur, von der Medizin über das Bio-Engineering bis hin zur Bionik finden wir den Einsatz stofflicher Strukturen, deren Eigenschaften samt ihrer Dynamik zu technischen Zwecken genutzt werden. Ferner stoßen wir von den elementaren Automaten bis hin zur Robotik auf die Nutzung „natürlicher" Bewegungsgesetze, die bei veränderter stofflicher Realisierung in den Artefakten wirksam werden. Darüber hinaus finden wir die Implementation von „natürlichen" Strategien, unabhängig von Stoffen und Gesetzen in den Simulationen von Entwicklungs- und Reproduktionsprozessen, wie sie die Wachstums- und Evolutionsforschung vornimmt. Gemeinsam ist diesen (hier nur grob unterschiedenen) Implementationsformen, dass – wenn auch im Ergebnis nicht mehr disponibel oder revidierbar – die technische Induzierung rekonstruierbar bleibt. Die „eigentlichen" Biofakte beruhen hingegen auf einer Fusion von Technik und „Natur". Eine echte Fusion liegt vor, wenn Wachstums- und Reproduktionsprozesse technisch provoziert oder stimuliert werden, wobei im Ergebnis der technische oder natürliche Anteil nicht mehr zu sondern sind. Ferner sind Fusionen gegeben, wenn biotische Entitäten aufgrund von Extraktion und Transplantation in neuer, technisch gestalteter Umgebung ihre weitere Entwicklung vollziehen, und schließlich findet die Fusion ihre radikalste Gestalt, wenn über entsprechende Manipulationen Organismen, Organe oder Organteile neu konstituiert oder zu alternativen Entwicklungsprozessen hin transformiert oder modifiziert werden. In ihrer Entwicklung führen die Biofakte nicht mehr prägnante Schnittstellen mit sich, über die ihre weitere Entwicklung beeinflussbar wäre. Der Umgang mit ihnen beschränkt sich auf die Gestaltung der Bedingungen ihres Wirkens, nicht mehr auf das Wirken selbst. Mit den Schnittstellen gehen aber auch die Repräsentationen verloren, über die eine Vergewisserung über diejenigen Bedingungen erfolgen konnte, die im Handlungsplan nicht vorgesehen waren, und – sofern diagnostiziert – für weitere Handlungskonzeptualisierungen fruchtbar gemacht werden könnten. Das Verhältnis zur Technik wird reaktiv; die neue Technik – so die kulturpessimistische Deutung – hat ihr Subjekt überflügelt. Das ehemalige Medium wird selbst zur sich entwickelnden Form, und eine Reflexion des Technischen als Reflexion der Medialität verlöre ihren Gegenstand, sofern man auf dieser Stufe der Betrachtung bleibt.

Analoges gilt für die m. E. zweite repräsentative Linie transklassischer Technik: die Informatisierung der Handlungsumwelt, die mit ihrer Virtualisierung

---

[29] Karafyllis, Biofakte.

einhergeht. Zunächst haben wir zu unterscheiden zwischen virtuellen Realitäten und virtuellen Wirklichkeiten. Virtuelle Realitäten (virtuell induzierte Sachlagen), zu denen wir in einen kognitiven Bezug treten, finden sich im Bereich der Simulationen und bildgebenden Verfahren, die je nach verarbeiteter Datenmenge und -qualität, berücksichtigten Parametern und unterstellten Kausalmodellen uns Sachlagen präsentieren, angesichts deren Variabilität und Konkurrenz („Expertendilemma") sich die Frage stellt: Welche virtuellen Realitäten sind (werden) wirklich? Interaktionen mit virtuellen Wirklichkeiten (virtuell induzierten Effekten) finden wir im Umgang mit Cyberspaces, Robotern, androiden Agenten. Hier unterliegen wir Anmutungen, Interventionen und Direktiven der Systeme ohne authentifizierbare Urheberschaft; es werden Effekte gezeitigt (wie etwa beim Träumen), und es stellt sich die Frage: Welche virtuellen Wirklichkeiten haben eine reale Grundlage, beruhen auf existierenden Sachlagen und nicht bloß auf Fiktionen? Deshalb werden mögliche Abduktionen, auf deren Basis unsere technische Handlungskompetenz sich entwickeln könnte, zunehmend fragil oder unmöglich.

Radikalisiert wird dieses Problem, wenn eine Interaktion mit sogenannten „augmented realities" stattfindet, mit virtuellen Realitäten und virtuellen Wirklichkeiten angereicherten Realitäten, die man im vierstufigen „Virtualitätsspektrum"[30] in unterschiedliche Typen einer „mixed reality" gliedern kann: (1) Als einfache augmented reality steht sie uns gegenüber, wenn unsere Realität mit virtueller Realität angereichert ist, wie wir es in der Nutzung z. B. von Navigationssystemen antreffen; eine mit virtueller Wirklichkeit angereicherte Realität (2) ist gegeben, wenn virtuelle Agenten qua Datenbrille in der realen Welt „gesehen" werden können und als Führer, Begleiter, Lehrer uns mit Informationen für unsere weiteren Handlungspläne versorgen.[31] Eine augmented virtuality (3) entsteht dann, wenn die virtuelle Wirklichkeit eines Cyberspace angereichert wird durch virtuelle Realität, z. B. Video-Aufnahmen der Realität in diesem Cyberspace, beispielsweise von demjenigen, der sich in diesem Cyberspace bewegt und auf diese Weise beliebig von der Teilnehmer- zur Beobachterperspektive wechseln kann, um die Wirkung seines eigenen Verhaltens in diesem Umfeld zu erfahren.[32] Ein weiteres Beispiel findet sich in den zur Verkaufsförderung installierten Cyberspace-Situationen, in denen ein virtuelles Bekleidungsstück in verschiedenen Kontexten getragen und seine Wirkung in diesen Kontexten ausprobiert werden kann, Kontexten, die in ihrer Auswahl und qualitativen Ausprägung auf Systemdirektiven beruhen, für die bestimmte anonym erhobene Informationen über den potentiellen Käufer maßgeblich waren. Es ist entsprechend damit zu rechnen, dass mögliche Befriedigungs- oder Enttäuschungserfahrungen des Nutzers (hier des potentiellen Käufers) bereits

---

[30] Milgram/Kishino, Taxonomy of Mixed Reality.
[31] André/Rist, Controlling the Behavior.
[32] Cavazza, Multimedia Acting.

systemfunktional sind, also nicht „seine" Erfahrungen sind.[33] Beim so genannten virtual environment (4) findet eine „Immersion" virtueller Wirklichkeit in die präsentierte virtuelle Wirklichkeit statt: Das System selbst hat keinen Realitätszugang, und seine Tutoragenten registrieren nur, was sich in ihrer virtuellen Welt abspielt.[34]

7. Chancen und Risiken transklassischer Systeme

Die Interaktion mit Biofakten und mixed realities birgt Chancen und Risiken. Es findet eine Erweiterung unserer Vorstellungsräume statt, Entlastung bei der Sachverhaltsdiagnose und Unterstützung bei der Entscheidung über zutreffende Maßnahmen, es werden Rationalisierungseffekte gezeigt bezüglich des Einsatzes bestimmter Mittel, die über ihre Verfasstheit Auskunft zu geben vermögen; es findet eine Erweiterung von Möglichkeiten des (risikofreien) Probehandelns statt, durch das Lerneffekte realisiert werden können (Teilnehmerperspektive), und es wird die Möglichkeit zur Selbstkontrolle verbessert (Beobachterperspektive), so dass insgesamt gesehen eine Entwicklung von Kompetenzen stattfinden kann, die in dieser Form vormals nicht gegeben war. Andererseits ist in Rechnung zu stellen, dass durch die Konfrontation mit bereits formierten Handlungsumgebungen Einschränkungen bezüglich der Kompetenz, sich zu frei gewählten Aspekten dieser Umgebungen in einer Verhältnis zu setzen, stattfinden. Ferner können aufgrund des Verlustes der Widerständigkeit der Handlungsumgebung auch Kompetenzverluste eintreten. Eine Routinisierung und Vereinseitigung des Handelns ist zu erwarten, weil die „Kontexte", in denen das Handeln sich vorfindet, bereits unter bestimmten Aspekten dekontextualisierte ursprüngliche Kontexte ausmachen: Denn die mixed realities sind aufgebaut auf einer Modellierung derjenigen Merkmale, die im Rahmen der Systemarchitektur für relevant erachtet wurden im Blick auf eine bestimmte Situationstypik und entsprechende Nutzerstereotype. Es entsteht eine nicht mehr hinterfragbare Abhängigkeit von den Feedbacks der virtuellen Wirklichkeiten, da sie nicht mehr erlauben, authentifiziert zu werden im Blick auf reale oder fiktive Informationsbasen. Und es fehlt die Möglichkeit, Adäquatheitsgarantien für die Interaktion mit den entsprechenden Cyber-Fakten herzustellen, weil eine den Subjekten gemeinsame und zur Herausbildung von Bewährtheitstraditionen notwendige Erfahrungsbasis fehlt, vielmehr die Interaktionen in solipsistischen Kontexten stattfinden, die oftmals in Adaption an das singuläre Nutzerverhalten sich herausgebildet haben, sozusagen „maßgeschneidert" sind. Die Effekte der Cyber-Facts in den Cyberspaces stehen unter der Devise der „context awareness": Tue das Offensichtliche. Was aber ist das Offensichtliche? Es rekrutiert sich auf der Basis unterstellter Nutzerstereotype als demjenigen Informationskorpus, der typisch ist für diejenigen Nutzer, auf die das Stereotyp zutrifft (so die klassische zirkuläre Definition von Rich,[35] in deren Lichte

---

[33] Fleisch/Dierkes, Betriebswirtschaftliche Anwendungen, S. 145-157.
[34] Rickel/Johnson, Animated Agents, S. 343-382.
[35] Rich, Stereotypes, S. 32-49.

die realen Kontexte so weit dekontextualisiert werden, dass eine Typisierung von Situationen möglich wird, die nach Maßgabe selektierter relevanter Merkmale gestaltet und in entsprechenden „Ontologien" vorrätig gehalten werden. Die ehemals funktionsorientierte Technik wird, so die Forderung, zu einer zielorientierten Technik, die auf einer adaptiv gewonnenen Informationsbasis antizipatorisch die Problemlösungen vornimmt und dabei koordinierend/vernetzend die Problemlösungen Dritter in Rechnung stellt („peer to peer"). Die Mensch-Technik-Schnittstellen und ihre Gestaltung durch entsprechende Mensch-Technik-Interfaces sind verschwunden. Ein gewünschter „intuitiver Umgang" mit einer Technik – so die Rechtfertigung – würde eingeschränkt, wenn diese Technik transparent wäre. Die Sensitivität der entsprechenden Systeme für den jeweiligen solipsistischen Kontext freilich ist überlagert durch die von den Systemen vorgenommene Koordinierungsleistung, die Effekte anonymer Vergemeinschaftung zeitigt: Bei der Interaktion mit systemischen Effekten kann sich der Nutzer nicht darüber vergewissern, welcher systemische Effekt eine Antwort auf sein eigenes Verhalten oder dasjenige Dritter ist, die das System parallel nutzen und in Abhängigkeit von deren Nutzung das System so und so reagiert unter seinen eigenen internen strategischen Vorgaben. Bei „Störungen" und fehlendem Handlungserfolg ist es nicht mehr möglich, eine Zuordnung zu inkorrekter Nutzung, systemischen Zweckbindungen, dem Agieren anderer oder Veränderungen der Systemumwelt vorzunehmen, für die das System nicht ausgelegt ist. Der Verlust der Realitäts-Wirklichkeitsunterscheidung erschwert direkte Interventionen und explizite Rollenwahrnehmung sowie eine Identitätsbildung qua positiver oder negativer Bezugnahme zu den Handlungsschemata, die das System unterstellt. Die Systeme sind nicht mehr solche, die Handeln ermöglichen, sondern solche, die Aktionen formieren.

Es bedarf daher spezifischer Maßnahmen, den Verlust der Repräsentationen zu kompensieren, die die Medialität der Handlungsumgebungen wieder zugänglich machen.

Für die I&K-Technologien mit ihrer Intellektualisierung unserer Handlungsumgebungen, mit ihrer Herstellung „smarter Dinge" und „intelligenter Netze" wäre dies dann gegeben, wenn zusätzlich zu der Mensch-Technik-Interaktion bzw. -Kommunikation drei weitere Kommunikationsebenen eingerichtet werden:

1. Über einen Abgleich der Leitbilder und der Vorstellungen über Nutzerstereotypen zwischen Entwicklern und Nutzern im Vorfeld der Implementierung der Systeme könnte eine Verständigung über gemeinsam zu unterstellende Handlungsschemata erfolgen und im Lichte dieser Handlungsschemata abweichendes Systemverhalten überhaupt als solches identifizierbar werden. Die Reihe der Kandidaten, die für eine Störung maßgeblich sein könnten, wird, wenn die Systemstrategien transparent sind, zumindest eingeschränkt. Dadurch werden neben den expliziten Nutzerpräferenzen die impliziten Präferenzen bzw. Optionswerte gewahrt, die die Nutzer bei ihrer Interaktion mit den Systemen in Gestalt von Erwartungen an die Folgen einer regelmäßigen und längerfristigen Nutzung mit sich

führen und die auf den Aspekt der „Sicherung" zielen, der mit jedem Technikeinsatz von den Anfängen her verbunden ist. Ferner können Vermächtniswerte wie Datenschutz, Privatheit, informationelle Selbstbestimmung gewahrt bleiben.

2. Auf einer weiteren Ebene könnte eine Parallelkommunikation mit den Systemen über die Interaktion während der Nutzung vorgesehen werden dergestalt, dass von Fall zu Fall eine Systemtransparenz on demand (über Systemstrategien und Grenzen der Systemleistungen) hergestellt wird – in der Regel wünschen wir nicht, dass die technischen Systeme, die wir nutzen, transparent sind – und diese Parallelkommunikation kann sich ferner auf die Verlautbarung und Wahrung von Ausstiegspunkten aus der Nutzung beziehen, an die seitens der Systeme erinnert oder deren Wahrnehmung von den Systemen vorgeschlagen wird, wenn diese über Nutzerreaktionen Anzeichen für ein nicht vorgesehenes Nutzerverhalten erkennen; umgekehrt könnten Nutzer auf der Basis von Irritationen solche Ausstiegspunkte abfragen bzw. ihre Erinnerung an solche Punkte über Parallelkommunikation katalysieren. Erste Ansätze zu einer solchen systemimplementierten Parallelkommunikation finden sich im Bereich der Fahrerassistenzsysteme.

3. Schließlich könnte auf einer dritten Ebene auf expliziten Parallelforen der Reflexion eine gesellschaftliche Metakommunikation über die Systemkommunikation stattfinden, auf der eine Bilanzierung der Bewährtheit, Optionen der Traditionsbildung oder Traditionsabsage zur Diskussion gestellt werden. Auf diese Weise würde die implizite Herausbildung von Traditionen und Routinen in der Nutzung klassischer Technik hier ein Äquivalent finden.

Schwieriger dürfte sich die Bemühung gestalten, angesichts der Interaktion mit Biofakten den Verlust der Indikatoren zu kompensieren. Denn die technische Induzierung bzw. die Interventionen der Entwickler verlieren sich im Zuge von Wachstums- und Reproduktionsprozessen. Eine parallel zu führende Grundlagenforschung auf der Suche nach Indikatoren für Effekte, die diese Systeme zeitigen, könnte zumindest teilweise den Verlust einer spontanen und individuellen Abduktionsbasis kompensieren. Ein langfristig realisiertes Monitoring im Bereich grüner Gentechnik etwa und eine lückenlose Überwachung und Begleituntersuchung des Einsatzes von Biofakten beim Menschen könnte in überschaubaren Bereichen die Möglichkeit eines Risikomanagements gewährleisten angesichts nicht konkret abschätzbarer Risiken, die nur in Gestalt von Risikopotentialen vorstellbar sind. Dieses Risikomanagement wäre zu wahren für den Fall des Auftretens von Risiken, die nicht klar modellierbar sind. Solange solche Strategien nicht greifen, also nicht einmal klar ist, über welche Indikatoren mögliche Auswirkungen erfassbar wären, wäre ein Moratorium angebracht.

Literatur

André, Elisabeth, Thomas Rist: Controlling the Behavior of Animated Presentation Agents in the Interface: Scripting versus Instructing. In: AI-Magazine 22, Nr. 4 (2001).

Ashby, W. Ross: Einführung in die Kybernetik. Frankfurt a.M.: Suhrkamp 1974.

Bacon, Francis: Instrauratio magna, Distributio Operis (= The Works of Francis Bacon, hg. von James Spelding, IV). Nachdr. Stuttgart: Frommann-Holzboog 1963.

Bacon, Francis: Novum Organum/Neues Organ der Wissenschaften, übers. von Anton Theobald Buck. Darmstadt: Wiss. Buchgesellschaft 1974.

Cavazza, Marc et al.: Multimedial Acting in Mixed Reality Interactive Storytelling. In: IEEE Multimedia 11 (2004).

Fleisch, Elgar, Markus Dierkes: Betriebswirtschaftliche Anwendungen des Ubiquitous Computing. In: Friedemann Mattern (Hrsg.), Total vernetzt, Heidelberg-New York: Springer 2003, S. 145-157.

Gehlen, Arnold: Urmensch und Spätkultur: Philosophische Ergebnisse und Aussagen. Frankfurt a.M.: Athenaion 1977.

Gehlen, Arnold: Anthropologische Forschung. Hamburg: Rowohlt 1961.

Gehlen, Arnold: Die Seele im technischen Zeitalter. Sozialpsychologische Probleme der industriellen Gesellschaft. Reinbek: Rowohlt 1957.

Heidegger, Martin: Vom Ereignis (= Ges.-Ausg., Bd. 65). Frankfurt a.M.: Klostermann 1989.

Heidegger, Martin: Die Technik und die Kehre. Pfullingen: Neske 1962.

Heidegger, Martin: Überwindung der Metaphysik. In: Martin Heidegger, Vorträge und Aufsätze. Pfullingen: Neske 1954. S. 67-96

Husserl Edmund: Die Krisis der europäischen Wissenschaften und die transzendentale Phänomenologie, Ges. Werke VI, hg. von Walter Biemel. Den Haag: Nijhoff 1960.

Kant, Immanuel: Erste Fassung der Einleitung zur Kritik der Urteilskraft. In: Werke in sechs Bänden, hg. v. Wilhelm Weischedel. Darmstadt: Wiss. Buchgesellschaft 1964, S. 173-232.

Kapp, Ernst: Grundlinien einer Philosophie der Technik. Zur Entstehungsgeschichte der Cultur aus neuen Gesichtspunkten [1877]. Düsseldorf: Stern-Verlag 1978.

Karafyllis, Nicole: Biofakte. Versuche über den Menschen zwischen Artefakt und Lebewesen. Paderborn: Mentis 2003.

Linde, Hans: Sachdominanz in Sozialstrukturen. Tübingen: Mohr Siebeck 1972.

Luhmann, Niklas: Die Kunst der Gesellschaft, Frankfurt a.M.: Suhrkamp 1995.

Luhmann, Niklas: Die Gesellschaft der Gesellschaft, Frankfurt a.M.: Suhrkamp 1998.

Milgram, Paul, Fumio Kishino: A Taxonomy of Mixed Reality Visual Displays. In: IEIC Trans. on Information System. Vol. E77-D, No. 12, Dec. 1994.

Neuweiler, Gerhard: Der Ursprung unseres Verstandes. In: Spektrum 1 (2005), S. 24-31; unter Bezug auf: V. Gallese, L. Fadiga, L. Fogassi, G. Rizolatti, Action Recognition in the Premotor Cortex. In: Brain 119 (1996), S. 593 ff.

Ortega y Gasset, José: Betrachtungen über die Technik. Stuttgart: Dt. Verlagsanstalt 1949.

Parsons, Talcott, Edward Shils (Hrsg): Toward a General Theory of Action. Cambridge/Mass.: Cambridge University Press (1951).

Parsons, Talcott: Social Systems. In: D. Sills (Hrsg.), International Encycl. of the Social Sciences, 15. New York (1968), S. 458-473.

Rich, Elaine: Stereotypes and User Modelling. In: Alfred Kobsa et al. (Hrsg.), User Models in Dialog Systems. Heidelberg-Berlin-New York: Springer 1989, S. 32–49.

Rickel, Jeff, W. Lewis Johnson: Animated Agents for Procedural Training in Virtual Reality: Perception, Cognition and Motor Control. In: Applied Artificial Intelligence 13 (1999), S. 343-382.

Ropohl, Günter: Allgemeine Technologie. Eine Systemtheorie der Technik. München-Wien: Hanser 1999.

Klaus Kornwachs

Zur Logik technischer Entscheidungen

1. Von Aussagen und von Durchführungen – die Rolle der Logik in der Technik

Wenn in einem Atemzug Logik und Technik genannt werden, dann tun dies Technikwissenschaftler[1] meist in metaphorischer, nicht formallogischer Absicht: Es ist „logisch", dass man zuerst das Netzkabel einstecken muss, bevor man erfolgreich das Gerät in Gang setzen kann, es ist „logisch", dass man kein *perpetuum mobile* erster oder zweiter Art bauen kann, es ist „logisch", dass man die bessere von zwei Alternativen wählt, wenn man zu wählen hat. Die Anführungszeichen sollen signalisieren, dass der Gebrauch des Wortes „logisch" hier im Sinne einer sogenannten Sachlogik verwendet wird, die mit der formalen Logik nur wenig zu tun hat.

1.1 Sachlogik und formale Logik

Wenn wir einerseits die formale Logik als Untersuchungsinstrument – in wissenschaftstheoretischer Absicht an die Technikwissenschaften herangetragen – und als Apparat zur Erzeugung von Konsequenzmengen bei gegebenen Prämissen benutzen, andererseits unser technisches Argumentieren auf „Sachlogik" gründen wollen, dann geht es auch um Verbindungsmöglichkeiten zwischen beiden Gebrauchsweisen des Wortes Logik. Wäre es denn möglich, dass man mit formallogischen Mitteln auch zeigen kann, dass es sachlogisch auch so hergehen müsse, wie man es vom logischen gesunden Menschenverstand gewohnt ist? Dies erweist sich als ein Desiderat für alle, die darauf aus sind, das Wissen unserer Welt in Maschinen zu stecken, um mit diesem Wissen weiteres Wissen produzieren zu können. Es erweist sich aber auch als Desiderat derer, die, ausgehend von dem Wissen um die Welt und über die Natur, Maschinen bauen wollen. Hier geht es um das Anwenden von Wissen über Natur und Welt, und es hat sich gezeigt, dass es nicht ausreicht, dieses Wissen lediglich formallogisch umzuformen, um daraus dann rein deduktiv eine „Maschinerie" bauen zu können. Damit ist nicht nur naturwissenschaftliches Wissen gemeint, wie dies vielfältig im Rahmen eines erweiterten Technikbegriffs gezeigt wurde, sondern es ist auch organisatorisches, psychologisches, soziologisches und politisches Wissen erforderlich. Trotzdem – dieses Wissen ist nicht formallogisch einfach in Anwendungswissen konvertierbar. Mit andern Worten: Man kann die Technik

---

[1] Zur Vermeidung sprachlicher Ungetüme gelte: *Pueri appellatione etiam puella significatur* (mit dem Begriff „Jungen" werden auch Mädchen bezeichnet). Vgl. Corpus Iuris Civilis, Digestae 50. 16, 163, 1. Zit. nach: Bury, In medias res, Zitat Nr. 8755, S. 8815.

nicht aus der Physik und Organisationstheorie ausrechnen. Es gibt kein – theoretisch ideal gesprochen – „System aller möglichen Erfindungen", das man aus einer abgeschlossenen Physik würde ableiten können.[2]

Logik ist jedoch wirkmächtig nicht nur als metaphorischer Ausdruck, sondern überwiegend als Kalkül, der sich formaler Hilfsmittel bedient. Die Logik erfindet nichts, sie plaudert nur die Konsequenzmenge dessen aus, was man als für wahr angenommene Prämissen hineinsteckt, und sie tut dies mit Hilfe von Formregeln, wie man Ausdrücke hinschreiben darf, mit Umformregeln, mit denen man unter Bewahrung des Wahrheitsgehalts einen Ausdruck in einen anderen umformen kann, und einige Definitionen und mit Axiomen, die als formal wahr gelten sollen und mit denen man den Kalkül aufbaut.

Wenn wir also nach einer Logik von Entscheidungen gerade in der Technik suchen, haben wir nicht die „Sachlogik" der Entscheidungskriterien im Auge, sondern den Versuch, die innere Struktur der für die Technik typischen Entscheidungssituationen mit Hilfe von formallogischen Mitteln darzustellen und die Logik als Analyseinstrument zu benutzen.

Diese typischen Entscheidungssituationen, mit denen es man in der Praxis, d.h. im Handeln und dessen Handlungskontext, zu tun hat, sind unter anderem das Setzen von Zwecken, das Finden und Realisieren von Mitteln (Gestaltung) bei vorgegebenen Klassen von freigehaltenen Zwecken (wie z.B. beim Computer), die Wahl der Durchführungsmöglichkeiten (Implementation) sowie die Suche nach der Ermöglichung neuer Zwecke.[3]

1.2 Formale Logik als Instrument

Die Logik sagt nichts über den Gegenstand im Gegenstandbereich aus, d.h. sie ist keine Ontologie, aber sie ist nützlich, um Konsequenzmengen aus Aussagen im Gegenstandbereich zu gewinnen und die typische Struktur der Aussagenverknüpfungen in einem Gegenstandbereich zu erforschen.

Zwei Abbildung mögen dies vergleichend illustrieren. In Abb. 1 ist der „normale" *modus operandi* der Logik dargestellt.

---

[2] Angesprochen wird dies dichterisch im Drama von F. Dürrenmatt: „Die Physiker" (vgl. Dürrenmatt 1980, 2. Akt), indem der geniale Physiker Möbius mit Hilfe der von ihm gefundenen Einheitlichen Feldtheorie auch als praktisches Korrelat ein solches System ableiten kann. Möbius zieht sich, von Gewissensbissen geplagt, in eine Irrenanstalt zurück und seine Arbeiten fallen der skrupellosen Irrenärztin in die Hände, die daraus genau die Erfindungen produziert, die Möbius vermeiden wollte. – Neben dieser Dürrenmattschen Zuspitzung bleibt die Frage, ob eine „Theorie über alles" (vgl. Barrow, Theorien über alles) zwangsläufig, d.h. hier deduktiv zu einer *ars inveniendi* im Sinne von Raimundus Lullus (1232-1316) in seiner „Ars compediosa inveniendi veritatem" und G. W. Leibniz in seiner „Ars combinatoria" führen würde. Denn eine Theorie möglicher Objekte müsste auch Angaben über eine Theorie herstellbarer Objekte liefern.

[3] Vgl. die Tabelle 1 in Kap. 2.1 dieses Beitrags.

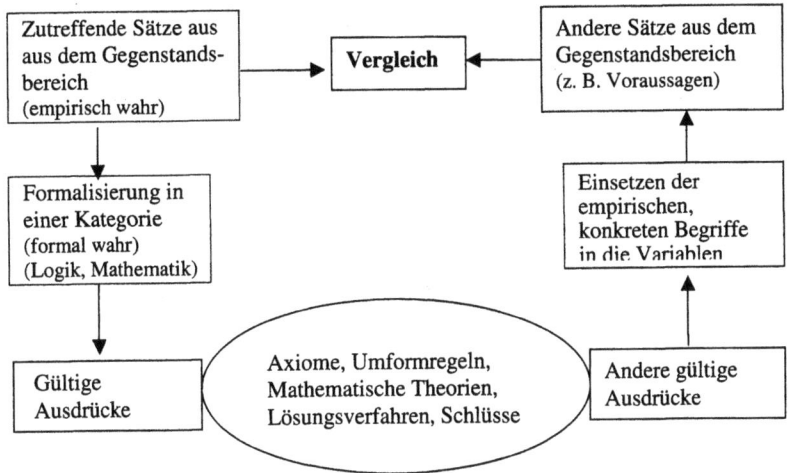

Abb. 1: *Modus operandi* der Logik im „Normalbetrieb"[4]

Benutzt man hingegen die Logik als Analyseinstrument wie in Abb. 2, so liegt der Unterschied zum Gebrauch der Logik in Abb. 1 darin, dass man nicht Konsequenzmengen wie oben zu erzeugen versucht, sondern dass man Verknüpfungsmöglichkeiten zwischen Ausdrücken untersucht, d.h. man „testet" neue Definitionen aus dem Gegenstandsbereich in formaler Sprache und sucht einen Kalkül, in dem die Aussagen abgeleitet werden können, die sich im Gegenstandsbereich als adäquat erweisen.

Ein Beispiel aus der Ethik sei hier angeführt: Benutzt man den Modalkalkül mit den Operatoren „notwendig" und „möglich", liegt es nahe, auch die Begriffe „geboten" und „erlaubt" als Modaloperatoren zu formalisieren. Es zeigt sich aber dann, dass der modallogisch wahre Satz, dass alles, was notwendigerweise der Fall ist, auch der Fall ist, und dass was der Fall ist, auch immer möglicherweise der Fall ist, nicht mehr moralisch interpretiert werden kann: Alles was geboten ist, ist deshalb noch nicht einfach der Fall, und was der Fall ist, ist deswegen noch lange nicht erlaubt. Man muss deshalb einen anderen Kalkül suchen, indem ein solcher Schluss nicht vorkommt.[5]

---

[4] Vgl. Kornwachs, Logik der Zeit, Abb. 3, S. 63 modifiziert.
[5] Dies ist das deontische Standardsystem Δ, vgl. Kutschera, Logik der Werte, Normen und Entscheidungen. Es gibt aber auch andere Modalkalküle (meist mit S° bezeichnet), die dies leisten; vgl. Hughes, Cresswell, Modal Logic.

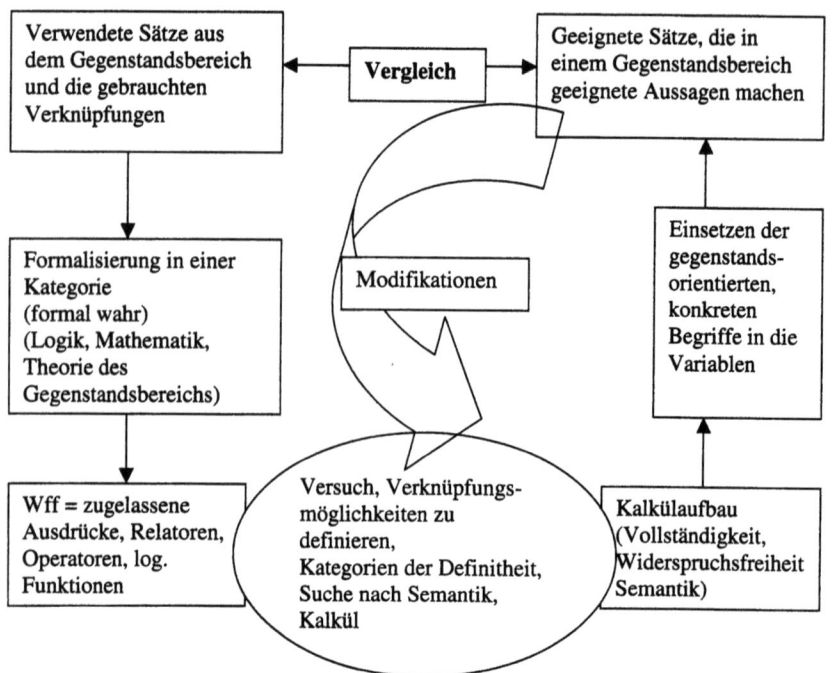

Abb. 2: *Modus operandi* der Logik als Analyseinstrument, z.B. in der Wissenschaftstheorie

1.3 Wissenschaft, Technikwissenschaft, Technik

Um die besondere Rolle zu beleuchten, die die Logik in den Technikwissenschaften spielen könnte (neben dem „Normalbetrieb" der Grundlage für Prognosen, Simulationen, Steuerungen etc.), muss man kurz das Verhältnis von (Natur)wissenschaft, Technikwissenschaft und Technik selbst klären.

Man unterscheidet gern die Grundlagenwissenschaften (*pure science*) von den Angewandten Wissenschaften (*applied sciences*), zu denen man auch die Technikwissenschaften zählt. Dagegen könnte man das Diktum von Francis Bacon ins Feld führen, der jegliche Wissenschaft letztlich als Lieferant von Regeln, wie die Natur zu beherrschen sei, ansah.[6] Nun ist die Technik älter als die Wissenschaft, kognitiv wie praktisch: Die Aussagen in der Technik sind andere, der Erkenntnis- und Denkstil ist ein anderer und auch praktisch kommt, neben der beiden

---

[6] „Menschliches Wissen und menschliche Macht treffen in einem zusammen; denn bei Unkenntnis der Ursache versagt sich die Wirkung. Die Natur kann nur beherrscht werden, wenn man ihr gehorcht; und was in der Kontemplation als Ursache auftritt, ist in der Operation die Regel." Vgl. F. Bacon: Novum Organum Scientarium I, Aph. 3, S. 81.

gemeinsamen Beobachtung in der Technik, eher der Test als das Experiment vor.[7] Nach dem Aufblühen der Wissenschaft im 17. Jhd. haben sich beide Bereiche gegenseitig unterstützt und ungemein verstärkt: Die Technologie braucht wissenschaftliches Wissen, um Neues zu (er)finden, wobei es keine einfache logische Ableitung aus dem naturwissenschaftlichen Wissen in technisches Know how gibt, umgekehrt braucht Wissenschaft die Technik, um ihre immer komplexer werdenden Experimente durchführen zu können. Man denke nur an die größten Maschinen, die es in der Welt gibt – dies sind die Beschleuniger zur Untersuchung von elementaren Teilchen und Bausteinen der Materie bei hohen Energien.

Der entscheidende Unterschied liegt aber im Verhältnis zur Logik. Bevor wir darauf zu sprechen kommen, sei noch einmal die Rolle der Logik in den Technikwissenschaften als Analyseinstrument skizziert. Man versucht, Ausdrücke im Gegenstandsbereich der Technik zu finden, die technisches Wissen explizieren (Aussagen, Regeln, Imperative). Weiterhin ist man daran interessiert, Bedingungen für Zulassungen für Ausdrücke, Definitionen sowie Beziehungen zwischen technischen Ausdrücken zu finden. Darauf versucht man einen Kalkül des technischen Schließens aufzubauen und seine Semantik festzulegen. Schließlich will man den so gefundenen Kalkül zur Untersuchung technologischen Wissens benutzen.

Freilich muss man sich der Begrenztheit des logischen Analyseinstrumentariums bewusst sein – viele Bereiche erweisen sich als schwierig formalisierbar und sind so einer Analyse auf diesem Wege nicht zugänglich, wohl aber einer Begriffskritik.

Wir kommen nun zum entscheidenden Unterschied zwischen Wissenschaft, den angewandten oder speziell davon der technischen Wissenschaften und der Technik als Praxis selbst. Die Tabelle in Abb. 3 spricht in gewisser Weise für sich.

Man kann durchaus anhand der Faustregel des technisch-instrumentellen Handelns (Pragmatischer Syllogismus)[8]

Wenn A → B, dann versuche $\mathcal{B}$ per $\mathcal{A}$,

unterschiedliche Wissensarten festmachen. Die meist kausale, als Implikation geschriebene „Wenn A, dann B" Relation enthält das theoretische Wissen, die Regel „Versuche $\mathcal{B}$ per $\mathcal{A}$" das praktische Wissen, das auch den Kern des technischen Wissens ausmacht. Dass man überhaupt von Kausalrelationen zu praktischem Wissen gelangen kann, also das, was man die „Anwendbarkeit von Wissen" nennen könnte, ist selbst ein Wissen, das wir an dieser Stelle „pragmatisches Wissen" nennen wollen. Die kategoriale Unterscheidung zwischen wissenschaftlichem Wissen, Wissen der Anwendung und dem praktischen Wissen zeigt die Tabelle in Abb. 3.

---

[7] Dies kann an dieser Stelle nicht ausführlich begründet werden, siehe Kornwachs, Die Struktur technologischen Wissens, insbes. Kap. E 3.3. Vgl. Auch Poser, On structural differences between sciences and engineering.

[8] Bunge, Scientific Research II, Kap. 11. A und B bezeichnen (propositionale) Aussagen, $\mathcal{A}$ und $\mathcal{B}$ hingegen Durchführungen oder Handlungen. Eine ausführliche Analyse findet sich in Kornwachs, Struktur technologischen Wissens, insbes. Kap. B1 und D2.

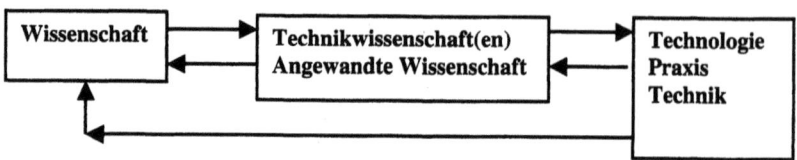

Logische Form	A → B	B per A (←)	A
Kriterien	Wahrheit	Effektivität	Effizienz
Form	(Natur-)Gesetze	Regeln	Durchführung (Handlung)
Gewinnen neuer Erkenntnisse	Beobachtung, Experiment, Berechnen (Theorie)	... Test Simulation	Beobachten Bau Modellbau
Prognosen	deduktiv	abduktiv Funktionsvermutung	Fähigkeit
Typen von Aussagen	deskriptiv	normativ	normativ
Struktur des Wissens	Explizite Erklärung Ursache – Wirkungs-Relation	Explizit Zweck – Mittel Relation	Explizit / Implizit Richtlinien, Normen, Leistungsheft, Protokoll

Abb. 3: Struktur technischen Wissens

Die Pfeile oberhalb der Tabelle verweisen darauf, dass Technikwissenschaften und Technologie selbst als Praxis (in Sinne von Können) nicht allein und ausschließlich von der Wissenschaft und ihren Erkenntnissen abhängen – die Pfeile deuten an, dass eben auch Fragestellungen der Technikwissenschaften und der Technologie selbst als Anregungen und Motor wissenschaftlicher Tätigkeit sein können – schließlich ist Technik bekanntlich älter als die Wissenschaft, die ihren methodischen Aufstieg erst im 17. Jahrhundert hatte. Gleichwohl hilft Wissenschaft nicht nur neue technische Erkenntnisse vorzubereiten, sondern auch bereits vorhandene, auch erfolgreich angewandte, technische Kenntnisse nachträglich zu erklären und zu begründen. Dies trägt zur Erhöhung der Gewissheit solchen Wissens bei. Dennoch muss man unterscheiden zwischen den Wissensarten, wie sie in den drei Rubriken angedeutet sind.

In der Wissenschaft ist die logische Form der Aussagen, mit denen wir es zu tun haben, die Implikation, der „Wenn-dann-Satz". Das Kriterium hierfür ist die Wahrheit, die Theorie besteht aus miteinander verknüpfbaren (Natur-)Gesetzen. Die Gewinnung neuer Erkenntnisse geschieht durch Beobachtung, durch das Experiment und durch die Prognose von Eigenschaften, die meist aufgrund der Theorie berechnet werden kann. Sie ist die Grundlage auch für die Erkenntnisse durch Simulation und Visualisierung, die in den Naturwissenschaften zum Teil das Experiment unterstützt und aus Gründen der Sicherheit und der Kosten zunehmend ersetzt. Die Gewinnung dieser Erkenntnisse geschieht letztlich deduktiv, also aus der Ableitung und damit Erklärung eines einzelnen Phänomens aus einem allgemeinen Natur-(Gesetz). Die Aussagen in der Wissenschaft sind im Kern ihrer Theorie deskriptiv, beschreiben also lediglich, was ist, und nicht, was unter bestimmten Bedingungen sein soll. Dies hat zur Vermutung geführt, das Wissenschaft wertfrei sei, was aber in der Diskussion des 20. Jahrhunderts längst bestritten und widerlegt worden ist. Die Struktur des wissenschaftlichen Wissens ist charakterisiert durch explizierte Erklärungen (deduktiv-nomologisch) und der hypostasierten Ursache-Wirkungsrelation.

In der angewandten Wissenschaft, wie sich die Technikwissenschaften verstehen, ist die vorherrschende Aussagenform die technologische Regel „$\mathcal{B}$ per $\mathcal{A}$". Sie ist keine Implikation, sondern fordert auf, $\mathcal{A}$ zu tun, wenn $\mathcal{B}$ erreicht werden soll. Ihr erfolgreiche Anwendung ist bekanntlich auch ohne die dazu gehörige naturwissenschaftliche Kenntnisse möglich. Eine technologische Regel wird nach dem Kriterium der Effektivität, nicht nach der Wahrheit bemessen. Eine technologische Theorie besteht demnach aus miteinander verknüpfbaren Regeln. Das Gewinnen neuer Erkenntnisse in der Technik geschieht durch das Beobachten von schon bestehenden Artefakten und dem Versuch, neue zu bauen und ihre Funktionen zu bestimmen. Dies geschieht durch Test und Simulation (als Test im Virtuellen). Voraussagen, welche technische Funktionen ein Gerät zu welchem Grad im Zusammenhang mit seiner Verwendungsweise und der situativen Einbettung erfüllen wird, sind deduktiv nicht möglich, sondern geschehen meist durch die Abduktion.[9] Sie stellen Funktionsvermutungen dar, die getestet werden müssen. Der Typus von Aussagen ist normativ, da angestrebte Zwecke und Ziel enthalten sind. Die Struktur des Wissens ist nicht mehr nach Kausalrelationen, sondern nach der Zweck-Mittel-Relation aufgebaut, sie ist aber in ihrer Regelhaftigkeit immer noch explizit.

Die Praxis der Technik wird durch Handlungen beschrieben. Diese können zeitlich und räumlich als Elemente miteinander verknüpft werden und stellen dann Handlungsstränge oder -ketten, letztlich wieder Handlungen dar. Handlungen werden an ihrer Effizienz gemessen, also dem Nutzen im Verhältnis zum zeitlichen und/oder energetischen Aufwand. Dieses Verhältnis ist das entscheidende Kriterium,

---

[9] Diese hat im Gegensatz zur Deduktion als *modus ponens* (wenn [$\forall x\ A(x) \to B(x) \wedge A(a)$], dann $B(a)$) die Form (wenn [$\forall x\ A(x) \to B(x) \wedge B(a)$], dann $A(a)$) und ist kein zugelassenes Theorem in Kalkülen, die auf der zweiwertigen Aussagenlogik aufbauen. Gleichwohl spielt diese Schlussfigur in der technologischen Praxis wie in der Künstlichen Intelligenz eine große Rolle; vgl. Gallee, Grundzüge einer abduktiven Wissenschafts- und Technikphilosophie. Der Schluss ist logisch nur zulässig, wenn man ihn in der Fuzzy Logik interpretiert: (wenn [$\forall x\ A(x) \to_\mu B(x) \wedge B_\nu(a)$], dann $A_\lambda(a)$), d.h. wenn aus A zu einem gewissen Grade µ die Eigenschaft B folgt und der Gegenstand hat zu einem gewissen Grade ν die Eigenschaft B, kann man auf das graduelle Zutreffen vom Maß λ der Eigenschaft A für den Gegenstand a schließen. Dieses Maß λ kann aus den Fuzzy Maßen µ und ν berechnet werden; vgl. Gottwald, Fuzzy Sets and Fuzzy Logic.

das aber alles andere als objektiv ist. Die Elemente des Wissens sind hier die Beschreibungen der Durchführungen von Handlungen. Das Gewinnen neuer Erkenntnisse hingegen geschieht nicht nur durch Beobachten von Handlungen in Durchführung, sondern ebenfalls durch den Bau und das Benutzen von Modellen, mit und in denen probegehandelt werden kann. Prognosen können nur über die möglichen Folgen von Handlungen angestellt werden oder darüber, ob überhaupt ein Subjekt in der Lage ist, eine gewisse technische Handlung durchführen zu können. Daher sind diese Prognosen weder deduktiv noch abduktiv, sondern fakultativ.[10] Der Typus der Aussagen ist normativ-possibilistisch, d.h. er verknüpft Forderungen mit Möglichkeiten, die Struktur des Wissens ist gemischt: Explizit ist das Wissen, wenn es sich in Form von Richtlinien, Normen, Leistungsheften und Protokollen ausdrücken lässt, implizit hingegen, wenn es um Können und Fähigkeiten geht, die das dazu fähige Subjekt selbst nicht explizit beschreiben kann.

Im Idealfall handelt ein Subjekt technisch nach dem pragmatischen Syllogismus „Wenn A → B, dann versuche $\mathcal{B}$ per $\mathcal{A}$". Im Idealfall hat die Handlung $\mathcal{A}$ die Wirkung $\mathcal{B}$. Im Normalfall, sprich im richtigen Leben, hat eine Handlung $\mathcal{A}$ jedoch die Wirkung $\mathcal{B}$ nur zu einem gewissen Grad und zusätzlich einige Nebenwirkungen. Kurz: $\mathcal{A}$ ruft x%($\mathcal{B}$) + Nebenwirkung $\mathcal{B}'$ hervor. Der pragmatische Syllogismus „Wenn A →B, versuche $\mathcal{B}$ per $\mathcal{A}$" ist also nicht mehr ohne weiteres anwendbar, sondern müsste erweitert werden.[11] Wir lassen dieses Problem an dieser Stelle jedoch zur Vereinfachung beiseite.

1.4 Repräsentation technischen Wissens und seine Beschränkungen

In welcher Form wird nun technisches Wissen repräsentiert?

Bunge unterscheidet bei einer technologischen Theorie,[12] die hier als Synonym für „Technologie", oder für „regelbasiertes technisches Wissen" gelten mag, die substantielle Theorie, die auf Wissen z. B. aus der Physik oder anderen Gegenstandsbereichen aufbaut – wie man beispielsweise ein Mikroskop unter Verwendung optischer Gesetze, einschließlich der Mechanik (die Linsen müssen ja stabil auf Position gehalten werden) und der Produktionstechnik, baut – und die operative Theorie, wie man, um im Beispiel zu bleiben, ein Mikroskop im Anwendungsbereich benutzen kann oder soll. Man sieht sofort, dass man diese Bungesche Unterscheidung iterieren kann: Die operative Theorie hat die substantielle Theorie zur Voraussetzung, jedoch nicht als deduktive Ausgangsbasis. Die darauf aufbauende operative Theorie der 2. Art hat als Voraussetzung die

---

[10] Diese Schlussform, die ich hier fakultativ nennen möchte, lautet: Wenn ein Subjekt P alle Bedingungen erfüllt, A tun zu können, um B zu erreichen, und B wird von diesem Subjekt P gewünscht, dann ist P auch fähig, A zu tun. Kurz: Wille + Können = Fähigkeit.
[11] Wir können hier nicht näher darauf eingehen, Details siehe Kornwachs, Strukturen technischen Wissens, Kap. E. 4.
[12] Bunge, Scientific Research II, Kap. 11.

operative Theorie der ersten Art, sodass wir allgemein von einer operativen Theorie der n-ten Art sprechen können, z. B. wie man einen guten Vertriebs- und Kundenberatungsservice für Mikroskopkäufer und -benutzer aufbaut. Die iterative Definition der Relation zwischen substantieller und operativer Theorie ist dann, dass der Level *n+1* operativ für Level *n* ist oder sein kann.

Auf jedem Level besteht eine technologische Theorie aus Regeln oder Anweisungen der Form $\mathcal{B}$ per $\mathcal{A}$, gesetzesartigen Aussagen (Propositionen in der Form eines allgemeinen Urteils, formal geschrieben als $\forall x\ [A(x) \rightarrow B(x)]$, faktualen Aussagen (Propositionen über das Zutreffen von Eigenschaften), formal als $\exists x\ A(x)$ und Regeln für Tests und Beobachtung der Form:
(wiederhole n-mal [$\mathcal{A}$], beobachte, ob $\mathcal{B}$ oder anderes eintritt).[13]

Es gilt auf jedem Level einer technologischen Theorie (substantiell oder operativ n-ter Art): Es gibt keine logische, sondern nur eine pragmatische Beziehung zwischen gesetzesartigen Aussagen (Propositionen $\forall x\ [A(x) \rightarrow B(x)]$) und dazugehörenden Regeln (Anweisungen) $\mathcal{B}$ per $\mathcal{A}$. Zwischen faktualen Aussagen (Propositionen $\exists x\ A(x)$) und Testregeln wie "wiederhole n-mal [$\mathcal{A}$], beobachte, ob $\mathcal{B}$ oder anderes eintritt" gibt es keine direkte Beziehung und auch kein *experimentum crucis*. Das macht die Entwicklung der technischen Möglichkeiten auch so offen und schwer vorhersagbar.

Man kann jedoch von den gesetzesartigen Aussagen zu Regeln kommen, indem man probeweise den Pragmatischen Syllogismus setzt, nämlich aus einer gesetzesartigen Aussagen zu einer Regel zu gelangen, indem man einfach Handlungen für Propositionen einsetzt. Dies ist kein logisches, sondern ein pragmatisches Vorgehen. Wenn man allerdings den Pragmatischen Syllogismus in einer deontischen Logik formalisieren wollte, wobei O der Obligationsoperator ist (= ist geboten), dann könnte man schreiben[14]

$$[(A \rightarrow B) \wedge O(\mathcal{B})] \rightarrow O(\mathcal{A})$$

Der pragmatische Syllogismus ist jedoch in keinem Kalkül ein beweisbares Theorem![15] Interessanterweise sind nur „negativen Versionen" beweisbar bzw. ableitbar wie z. B.

---

[13] Wir unterscheiden hier wieder zwei Typen von Ausdrücken: A stellt eine Aussage dar, $\mathcal{A}$ hingegen eine Handlung bzw. Durchführung im technischen Sinne.

[14] Die nichttrivialen Voraussetzung für diese Formalisierung werden ausführlich in Kornwachs, Struktur technologischen Wissens, Kap. B 1.5 diskutiert und sind alles andere als selbstverständlich. Die Rechtfertigung hierfür liegt im Ergebnis: Selbst wenn man diese sehr einschränkenden Voraussetzungen macht, dann ist diese Form kein Bestandteil eines logischen Kalküls. Deshalb ist zumindest so keine direkte logische Brücke zwischen Naturwissenschaft und Technik zu schlagen.

[15] Zum Problem der Unterscheidung von Aussage A und Durchführung A siehe auch Kornwachs, A formal theory of technology? Die Behauptung über die Nichtableitbarkeit des pragmatischen Syllogismus gilt nur, wenn man formal A = $\mathcal{A}$ setzt. Die Voraussetzungen hierzu sind dort und in Kornwachs, Struktur technologischen Wissens, Kap. B, erläutert

$$[(A \to \neg B) \wedge O(\mathcal{B})] \to O(\neg \mathcal{A})$$

Wird $\mathcal{B}$ gewünscht und ist $\mathcal{A}$ eine Voraussetzung für non $\mathcal{B}$, dann soll man $\mathcal{A}$ nicht durchführen.[16]

Dies hat eine Reihe von Konsequenzen, die der Kürze halber als Hypothese hier genannt werden sollen:

Hypothese I: Wir sind nicht in der Lage, technische Bewirkungen im Sinne des Gebrauchs oder der Beeinflussung von Artefakten und vorhandenen Dingen direkt durchzuführen, sondern können dies nur bewerkstelligen, indem wir nicht erwünschte Zustände zu verhindern versuchen.

Hypothese II: Wenn Natur in Form von Ausdrücken wie A → B beschrieben werden kann, können wir dieses Wissen nicht direkt anwenden, sondern immer nur durch das Mittel, wie man unerwünschte Prozesse und Zustände verhindert. Genau dies ist aber auch der wesentliche Zug von Steuerung und Kontrolle, nämlich das mehr oder weniger zu verhindern, was nicht erwünscht ist.

Wir haben hier ein erstes, vorläufiges Ergebnis der Anwendung der Logik als Analyseinstrument: Wir sind, sofern wir auf einer auf Logik basierenden Rationalität als Ableitbarkeit aus Prämissen bestehen, lediglich dazu in der Lage, unsere Welt durch Prävention und Negation zu kontrollieren. Dies dürfte auch eine Hypothese sein, die nicht nur unser technisches Handeln, sondern wegen ihrer formalen Allgemeinheit, jedes Handeln mit Mitteln betrifft.

2. Technische Entscheidungen und „ihre" Logik

Dieses erste Kapitel war zugegeben etwas theoretisch – leider ist es notwendig, diese Grundlagen, die elementar für unsere Überlegungen sind, zu explizieren, da die Wissenschaftstheorie gerade die Naturwissenschaften mit Mitteln der logischen Analyse glänzend analysiert hat, aber eine dazu analoge Untersuchung der Technikwissenschaften nach wie vor aussteht. Insofern soll dieser Aufsatz auch ein Beitrag zur Wissenschaftstheorie der Technikwissenschaften darstellen.

Um nun das Instrument der Logik auf die Prozedur einer technischen Entscheidung anzuwenden, benutzen wir einen erweiterter Technikbegriff, der auf die Arbeiten von Günther Ropohl zurückgeht und danach eine nochmalige Erweiterung erfahren hat[17].

---

und nicht trivial. Doch ist das nachfolgende Ergebnis auch unter der Einschränkung, dass diese Gleichsetzung zumindest problematisch ist, immer noch verblüffend.

[16] Weitere negative Versionen finden sich in Kornwachs, A formal theory of technology? und ders., Struktur technologischen Wissens, Kap. B 1.5.

[17] Vgl. Ropohl, Systemtheorie der Technik, ders., Knowledge Types in Technology, sowie Technisches Wissen. Eine nochmalige Erweiterung wird im Folgenden erläutert.

2.1 Technik ist mehr als nur Technik

Wenn Technik hergestellt, benutzt, gebraucht und entsorgt wird, interessiert hinsichtlich der technischen Funktionalität nicht nur das Gerät als solches. Das Artefakt allein war bisher Gegenstand des engeren Technikbegriffs. Technische

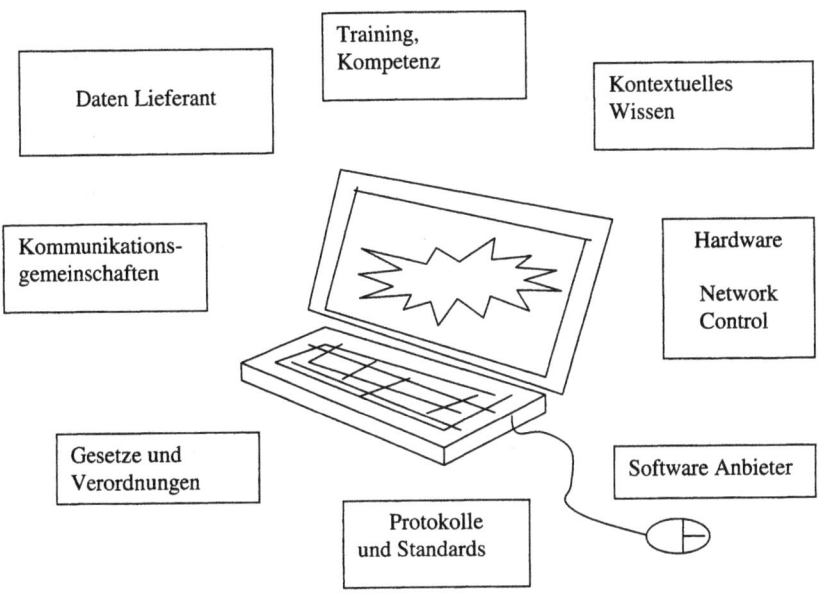

Abb. 4: Organisatorische Hülle am Beispiel des Personal Computers

Funktionalität ist jedoch nur verstehbar, wenn man das Zusammenspiel von einem Handlungssystem (mit Menschen, Handlungen, Objekten, Organisationen) mit einem Sachsystem, das sich auf das Artefakt bezieht, betrachtet. Dieses Zusammenspiel umfasst Konstruktion, Produktion, Distribution, Ge- und auch Missbrauch sowie Modifikationen bis hin zur Entsorgung. Sowohl das Sachsystem als auch das Handlungssystem werden durch Ziele beeinflusst, welche die Beteiligten in Anschlag bringen, durch Störungen und, dies wird nun sehr wichtig, durch das Funktionieren oder Nichtfunktionieren der Ko-Systeme. Wir nennen die Gesamtheit der relevanten Ko-Systeme die organisatorische Hülle einer Technologie. Sie gehört zur Technik konstitutiv dazu. Abbildung 4 zeigt als Beispiel die organisatorische Hülle eines PC, ohne die das Gerät seine Funktionalität nicht entfalten könnte.

Daraus sieht man sofort, dass technische Entscheidungen keine Entscheidungen nur im Bereich der Artefakte oder Sachsysteme sind, sondern immer auch, wenn es um die Optimalität und Qualität technischer Funktionalität geht, auch solche in der organisatorischen Hülle.

Die Tabelle 1 zeigt solche Entscheidungsbereiche, auf die wir im folgenden ein berühmt-berüchtigtes Beispiel anwenden wollen.

Entscheidungsebenen	Typische Fragestellungen
Setzen von Zwecken	Invention: Funktionsvermutung weiter verfolgen? Innovation: in welche Forschung und Entwicklung investieren?
Finden und Realisieren von Mitteln (Gestaltung von Artefakt und Hülle)	Welche technisch-organisatorische Alternativen bieten sich zur Realisierung gewünschter Funktionen an? Welche ist unter gegebenen Umständen vorzuziehen?
Die Durchführung (Implementation, Gebrauch, Störungsminimierung, Entsorgung,)	Zu welchen Zwecken sollen welche organisatorisch-technische Systeme eingesetzt werden?
Die Ermöglichung neuer Zwecke	Können Gebrauch, Standards, Normen, Regelungen etc. so gestaltet werden, dass weitere Zwecke ermöglicht werden und Missbrauch zumindest erschwert ist?

Tabelle 1: Bereiche technischer Entscheidungen

2.2 Der Fall „Pinto"[18]

Als Beispiel mag der Fall Pinto gelten, der hier mit fiktiven Zahlen, die aber in etwa die Größenverhältnisse widerspiegeln, berichtet wird. Dabei geht es zunächst nicht um die moralischen Fragen dieser Entscheidung, sondern um die innere Struktur.

1970 begann die Produktion eines Kleinwagens „Pinto" der Ford Motor Company, der eine Antwort auf den Erfolg der Volkswagenwerke und deren Exportaktivitäten nach USA sein sollte. Der Wagen wurde offenkundig übereilt entwickelt, die Werkzeugmaschinen mussten zur gleichen Zeit hergestellt werden wie der Prototyp. Daher hatte der Wagen einen tödlichen Konstruktions- und vermutlich auch Produktionsfehler: Mehr als 40 Tests ergaben, dass der Benzintank barst, wenn der Wagen mit mehr als 25 Meilen/Stunde auf ein Hindernis fuhr. Die von den Ingenieuren vorgeschlagene Lösung des Problems wäre eine Plastikpufferung gewesen, die pro Wagen 11 $ gekostet hätte.

Im Management ergab sich eine Entscheidungssituation, zu deren Beurteilung man die Vorgeschichte kennen muss: In der Produktionszeit des Pinto (bis 1977) gab es keine normierte Sicherheitsvorschrift für Benzintanks, die für die ganze USA verbindlich gewesen wäre. Zwar war bereits 1968 ein Sicherheitsgesetz für

---

[18] Vgl. Dowie, Pinto Madness.

industrielle Produkte verabschiedet worden, die Einführung einer Sicherheitsnorm für Benzintanks war für 1970, dem Einführungszeitraum des Pinto, geplant. Diese Sicherheitsnorm hätte für Ford einen hohen finanziellen Aufwand bedeutet. Die Ford AG konnte durch geschickte Lobbyarbeit deren Einführung um fast sieben bis acht Jahre verhindern, während sie in dieser Zeit fast 8 Millionen Pintos produzierte.

Es ging also konkret um die Entscheidung, ob angesichts der nicht eingeführten Sicherheitsnorm die vorgeschlagene Modifikation eingeführt werden sollte (eventuelle, heute übliche Rückrufaktionen nicht mitgerechnet), zu der Ford gesetzlich (noch) nicht verpflichtet war. Die zu entscheidende Alternative ergab sich bei dieser Fragestellung dann nach einer Kosten-Nutzen-Analyse, in der die Kosten, die aus Regressansprüchen von Todesfällen und schweren Verletzungen sowie Sachschäden einerseits und aus den Kosten der Modifikation anderseits entstehen würden, miteinander verglichen wurden.

Ein Todesfall war damals versicherungstechnisch 200000 $ wert. Bei schätzungsweise 180 Todesfällen, 180 Schwerverletzten und 2100 verbrannten Pinto-Autos als Folge von Bränden wäre bei den Sätzen 200000 $ pro Todesopfer, 67000 $ pro Schwerverletzter und 700 $ pro verbranntem Wagen demnach mit 49,5 Millionen $ Regressforderung pro Jahr zu rechnen gewesen. Die Kosten der Nachrüstung hingegen hätten bei 11 Millionen Pintos und (wegen desselben Problems) 1,5 Millionen LKWs mit jeweils 11 $ Umrüstkosten in der Größenordnung von 135 Millionen $ gelegen.[19] Die monetäre Differenz zwischen den beiden Möglichkeiten war so klar, dass das Management sich für das Risiko der zu erwartenden Regresszahlungen entschied und die technisch sich anbietende Lösung ablehnte. Schließlich zwang die Öffentlichkeit, als der Skandal bekannt wurde, zur Modifikation.

Es geht hier weniger um die ethische Beurteilung des Falles, die in vielen Abhandlungen diskutiert wurde, sondern um die Entscheidungsstruktur. Kosten-Nutzen-Analysen sind gängige Praxis bei Entscheidungsverfahren, und es handelte sich hier um eine technische Entscheidung (eine Modifikation aus Sicherheitsgründen einzuführen oder nicht), die von einer ökonomischen Entscheidung überlagert beziehungsweise in sie eingebettet wurde. Dass es überhaupt zu einer solchen Entscheidungssituation kommen konnte, zeigt:

1. Aufgrund verschiedener Werte, die man bei der Kosten-Nutzen-Analyse in Anschlag bringen kann, wie Leben resp. Gesundheit und wirtschaftlicher Erfolg, kann man zu verschiedenen Kriterien gelangen wie Schadensfreiheit und Vermeidung wirtschaftlichen Verlustes. Die versicherungstechnische Operationalisierung des Kriteriums Schadensfreiheit ist kompensatorisch: der eingetretene Schaden wird – meist – monetär kompensiert. Der Indikator für die Kompensation ist die monetäre Aufwendung, also Kosten. Die Operationalisierung des

---

[19] Die Zahlen sind entnommen aus Molnár, Ingenieurethik. Dort finden sich auch eine ethische Bewertung des Falles und weitere Literaturhinweise.

wirtschaftlichen Erfolges ist die Vermeidung oder Reduzierung von Kosten, als Indikator ebenfalls monetär zu bewerten. Die gemeinsame Observable beider Indikatoren ist in diesem Falle Geld. Geld kann miteinander verrechnet werden, weil es als Austauschmittel von Leistungen, Güter und Kompensationen funktioniert, und dessen Austauschleistung von der jeweiligen Erstellungssituation unabhängig ist.

2. Die moralische Empörung, Menschenleben gegen Geld zu verrechnen, speist sich aus der Einsicht, dass Werte wie Gesundheit und Leben einerseits und wirtschaftlicher Erfolg andererseits in einem konfliktuösen Verhältnis stehen, dass ihre Reihenfolge im Diskurs und noch mehr in der Praxis sich als umstritten erweist[20] und schließlich, dass die Vorstellung der Kompensation eines irreversiblen Schadens wie der Verlust des Lebens nicht haltbar ist – der Betroffene kann diese Kompensation ja nicht mehr genießen. Sie ist lediglich dazu da, wirtschaftliche Härten der Umgebung abzumildern.

Bevor man jedoch in der moralischen Empörung verharrt, muss man bedenken, dass Versicherungen in der Regel genau so argumentieren und entscheiden, und dass im Rahmen der Vorgaben – das Unternehmen hatte ja erfolgreich Sicherheitsvorschriften politisch verhindern können – die Entscheidungsprozedur durchaus nach einer gewissen Binnenrationalität erfolgte.

Bei den heutigen Zahlen der Schadensersatzforderungen infolge der Produkthaftung würde das Unternehmen vermutlich – auch ohne Sicherheitsauflagen – schon aus rein finanziellen Gründen anders entscheiden. Dazu kommt eine wachsende Sensibilität der Öffentlichkeit gegenüber solchen Skandalen.

Die Entscheidung erweist sich als komplex: Man kann in der Tabelle 1 verorten, dass die Ingenieure eine technische Entscheidung trafen (Finden und Realisieren von Mitteln), in dem sie die Lösung, den Tank zu puffern, gegenüber anderen technischen Möglichkeiten (anderes Material für den Tank, anderer Ort für den Tank u.a.) auswählten. Dabei spielten auch Kostengesichtspunkte eine Rolle, unter denen die technischen Lösungen untereinander zu vergleichen waren. Die Werte, die hier über Kriterien und Indikatoren zur Anwendung kamen, waren vermutlich: Die technische Machbarkeit, die Kosten der Lösung, der Zeithorizont der Umsetzbarkeit und andere.[21] Dieses Entscheidungsergebnis war nun eingebettet in eine weitere Entscheidungssituation, in der das Unternehmen als ganzes die Werte der Wirtschaftlichkeit in Anschlag brachte. Hier war die gefundene technische Lösung wiederum nur eine Alternative unter anderen,

---

[20] Auch wenn sich jedermann für Gesundheit und Leben als höheren Wert als Wirtschaftlichkeit bekennt, handeln wir in der ökonomischen Wirklichkeit in vielen Fällen gegen diese Einsicht. Dies gilt sowohl bei gesamtwirtschaftlichen Entscheidungen wie im Individualbereich: In welchen Fällen lassen wir das Auto zu Hause stehen?

[21] Zum Zusammenhang von Werten (Ausdruck dessen, was bevorzugt werden soll) und deren operationaler Umsetzung in Kriterien (Maßstäbe) und Indikatoren (zur Messung der Erfüllung von Maßstäben, z. B. Grenzwerte) siehe Kornwachs: Ebenen der Orientierung. S. 105 f.

wirtschaftlich bestimmten Lösungen. Da das Unternehmen durch gesetzliche Bestimmungen nicht zur Sicherheitslösung gezwungen war, wählte es die für sie wirtschaftlichere Alternative, d.h. das Risiko der möglichen Regressforderungen einzugehen. Diese Entscheidung liegt auf dem Niveau der Durchführung (in Tabelle 1).

Diese Entscheidung war wiederum eingebettet in eine weitere Entscheidung des Unternehmens, welche prinzipieller Natur ist, und die sich durch das angebliche Diktum des leitenden Managers von Ford Motor Company, Lee Iacocca, illustrieren lässt: „*Safety doesn't sell!*"[22] Hier ging es um die Setzung von Zwecken und die Ermöglichung neuer Zwecke (vgl. in Tabelle 1).

Später nötigte die Öffentlichkeit die Ford Werke, die Modifizierungen vorzunehmen. Molnár kommentiert hierzu:

„Seit diesem Skandal ist der Wert ‚Sicherheit' zu einem wichtigen Faktor der Autoproduktion geworden und heute wäre Public Relations auf dem Gebiet der Autoindustrie ohne Hervorhebung der Sicherheit unmöglich. So können wir sehen, dass der Siegeszug eines Wertes der Technologiepolitik sowie eines der Ingenieurethik durch den Umweg eines Skandals führte."[23]

2.3 Chronologische Systemstruktur einer Entscheidung

Die in Abb. 5 gezeigte übliche Verlaufsform von Phasen eines Entscheidungsprozesses kann auch als Struktur der Arbeitsschritte angesehen werden, wenn man die Iterationen und Schleifen wie bei einem Flussdiagramm auffasst. Um zu zeigen, welche Rolle die Logik bei technischen Entscheidungen, die sich eben auch anhand dieses Musters charakterisierten lassen, spielt, seien diese Phasen grob skizziert.[24]

Problementstehung Das Entstehen eines Problems ist zwar eine notwendige Voraussetzung für eine Entscheidungssituation, aber dies allein erzeugt noch keine Situation, die so gekennzeichnet werden könnte. Erst dann, wenn Lösungen für Probleme existieren, die man im Sinne einer m-fachen Alternative wählen kann, liegt eine Entscheidungssituation vor.

Probleme entstehen durch Situationen, die durch Fragen charakterisiert werden können, ohne dass die Antworten auf diese Fragen sofort und ohne weiteres Procedere vorliegen würden. Das Entstehen solcher Situationen kann generell auf all die Ursachen zurückgeführt werden, die überhaupt eine separat beschreibbare Situation herbeiführen. Diese kann für Beteiligte ein Problem darstellen, für Unbeteiligte nicht. Deshalb ist das Entstehen von solchen Situationen

---

[22] Zit. nach Molnár, Ingenieurethik, S. 454.
[23] Molnár, Ingenieurethik, S. 455.
[24] Entsprechende Entfaltungen entnehme man den Lehrbücher der Entscheidungstheorie und Operation Research.

und der Zuschreibung, für wen sie ein Problem darstellen, zu trennen. Zur inneren Struktur eines Problems gehen wir im nächsten Kapitel 3 näher ein.

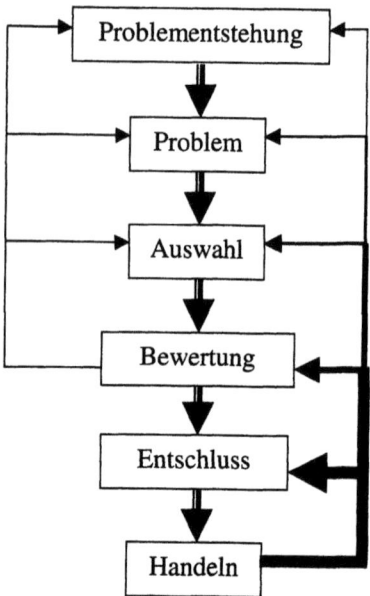

Abb. 5: Flussdiagramm einer Entscheidung
Die Dicke der Pfeile soll die Häufigkeit symbolisieren, mit der von einer Stufe des Entscheidungsprozesses wieder zurückgesprungen wird, um ihn korrigierend nochmals zu durchlaufen.

Technische Probleme können durch vielerlei kontingente Umstände entstehen, seien es Ko-Entwicklungen, Konkurrenz, die Frage nach dem richtigen Zeitpunkt, die Marktsituation, die Verfügbarkeiten über Materialien, Know How und Kapazitäten bis hin zu den Sachzwängen und Randbedingungen. Hinzu kommt eine Reihe von nicht-kontingenten Umständen wie Technisches Wissen, Machbarkeit, naturwissenschaftliche Gesetze, Eigenschaften von Vorfindlichem u.a..

Bewertungsverfahren Eine Klassifizierung von problemgenerierenden Umständen ist äußerst schwierig und hat auch wenig mit dem nachfolgenden Problem der Entscheidung zu tun. Deshalb geht das Grundmodell der Entscheidungstheorie[25] von der gegebenen Situation und der schon bestehenden Auswahlmöglichkeiten von Alternativen aus.

---

[25] Nach Savage, Foundation of Statistics. Vgl. auch Spohn, Grundlagen der Entscheidungstheorie, S. 41 ff.

Das Bewertungsverfahren geht davon aus, dass es endlich viele kontingente Umstände w_i mit i=1, ... n gibt, die mit einer gewissen Wahrscheinlichkeit $p(w_i)$ eintreten, während die nichtkontingenten Umstände, wenn man sie kennt, als gewiss gelten dürfen. Weiterhin habe man endlich viele Alternativen f_j, j= 1, ... , m; auch m-fache Alternative genannt. Die Wahl einer jeder dieser Alternativen hätte im Realisierungsfalle Folgen, die von den Umständen abhängen, was durch eine Funktion ausgedrückt werden soll: c_{ij} = Funktion(w_i, f_j). Jede dieser Folgen muss bewertet werden mit einer Bewertung $V(c_{ij})$. Das Bayessche Modell[26] berechnet dann den Erwartungswert des Nutzens einer jeden Alternative und empfiehlt die Wahl, sodass

$$U (f) = \Sigma_i\ V(c_{ij}) \cdot p(w_i) \to \max; \qquad (*)$$

d.h. man versucht die Alternative herauszufinden, die bei der vorgegebenen Wahrscheinlichkeitsverteilung der kontingenten Umstände immer noch einen maximalen Nutzen verspricht. Man kann die Situation auch spieltheoretisch modellieren, sieht aber dann, dass sich in diesem Fall das Spiel auf die Bayessche Empfehlung reduzieren lässt.[27]

Belohnungssysteme Die Bestimmung des Nutzens von Folgen einer Alternative bei obwaltenden Umständen oder deren Verteilung hängt trivialerweise von den Werten, Kriterien und Indikatoren ab, die man in Anschlag bringen mag. Nun wäre es sicher naiv zu glauben, dass diese Werte lediglich monetärer Art oder im Sinne der technischen Machbarkeit der qualifizierenden Art wären wie „technisch nur das Beste!" Man hat es vielmehr mit einem sehr komplexen Belohnungssystem zu tun, das man bei den Technikentscheidern finden kann und das neben den monetär quantifizierbaren Indikatoren wie Einkommen, Beteiligung, Lizenzen, etc. auch schlecht quantifizierbare, aber um so wirkmächtigere Kriterien kennt: Anerkennung durch Andere, Ruhm, Ehre, Reputation, aber auch Macht im vielfachen Sinne von Definitionsmacht, Standards und Gestaltungsmacht. Nicht zuletzt spielen auch Selbstverständnis, Selbstachtung und der verständliche Wunsch nach Sanktionsfreiheit (d.h. keine Fehler zu machen, für die man gerade stehen müsste) sowie die Neigung zu Altruismus eine oft unterschätzte aber wirkmächtige Rolle.[28] Diese Kriterien und Indikatoren sind nicht untereinander verrechenbar und deshalb ist es auch so schwierig wenn nicht unmöglich, eine interindividuelle Kostenfunktion befriedigend aufzustellen.

Entschluss Wenn w, f , c, V(c) bekannt sind, dann liegt nach dem Bayesschen Modell die Lösung des Problems fest, wir haben es mit einer uneigentlichen Entscheidung zu tun, die man im Prinzip auch automatisieren könnte. Bei

---

[26] Vgl. Bayes, Solving a problem in the doctrine of chances.
[27] Vgl. Luce, Raiffa, Games and Decisions.
[28] Daher ist auch das Modell des rational sich verhaltenden homo oeconomicus in der sozialen Realität kaum haltbar. Vgl. beispielsweise Sigmund, Fehr, Nowak, Teilen und Helfen.

Gleichverteilung der Ungewissheit über die Umstände und gleichen Bewertungen versagt das Modell. Es hat sich die Überzeugung durchgesetzt, dass eine schlechte Entscheidung besser als gar keine mit V(Nulloption) < min U sei – sie erweist sich eben dann *post festum* als suboptimale Lösung.

Handeln Zunächst muss daran erinnert werden, dass das Fällen einer Entscheidung noch nicht bedeutet, dass auch gemäss der Entscheidung gehandelt würde. Vielmehr muss die Entscheidung, z. B. die Handlung $\mathcal{A}$ zu wählen, als Handlungsaufforderung mit Begründung ausgesprochen werden:

Führe $\mathcal{B}$ per $\mathcal{A}$ durch, weil A → B und V($\mathcal{A}$) unter all den Umständen maximal ist und $\mathcal{B}$ als Folge erwünscht ist.

Die Begründung ist nicht zwingend, sondern von Konventionen abhängig und auch davon, ob man das Gelten von A → B und V($\mathcal{A}$) = max akzeptiert.

Das Handeln und seine Folgen beeinflussen das Problem, bzw. die Problemstellung, aber auch die Problementstehung. Dies gilt auch für die Bewertung: Jede Bewertung lässt anschließend die Auswahl der Alternativen und das Problem selbst in einem andern Licht erscheinen. Wir haben es also mit einem vielfach iterierten Prozess (vgl. Abb. 5) zu tun.

Man sieht auch, dass die Bayessche Regel selbst eine Regel im technischen Sinne ist, die Ähnlichkeit mit dem Pragmatischen Syllogismus hat: Wenn die Nutzenfunktion maximal sein soll, und die Alternativen, Umstände und Wahrscheinlichkeitsverteilungen festliegen, dann treffe die Wahl nach Gl. (*). Dass der Nutzen optimal sein soll, ist eine Annahme, die aus dem Bestehen von Interessen und Annahmen über das rationale menschliche Handeln resultieren. Dies ist die Fiktion des *homo oeconomicus*, die ebenso gut bestritten werden könnte. Spieltheoretisch ist ja gezeigt worden, dass es durchaus in der Realität Handlungsstrategien gibt, die auf solche Nutzenoptimierung verzichten, z. B. altruistisches Verhalten.[29] Außerdem ist es schwierig, in komplexen Belohnungssystemen mit nicht miteinander verrechenbaren Kriterien, wenn diese sich auch noch zeitlich ändern, gut definierte Nutzen- und Kostenfunktionen zu formulieren. Ferner stellt das Bayessche Theorem wissenschaftstheoretisch gesprochen kein Satz der Mathematik, sondern die Definition einer Zielgröße dar. Die Mathematik und damit auch die Logik von Entscheidungen kommt erst ins Spiel, wenn sich Probleme als zusammengesetzt aus elementaren Problemen darstellen lassen.

---

[29] Dafür gab es sogar den Nobelpreis für Wirtschaftswissenschaften 1994 an R. Selten. Vgl. auch Selten, Reexamination of the Perfectness Concept for Equilibrium Points in Extensive Games, der in der preisgekrönten Arbeit altruistische und suboptimale Handlungsstrategien modelliert.

3. Problemstrukturen

Wir können pragmatischerweise annehmen, dass Probleme aus Bewertungsdifferenzen entstehen:

Bewertung Zustand$_{(aktuell)}$ < erwartete Bewertung von Zuständen$_{(zukünftig)}$, die durch Handeln erreichbar sind.

Das Problem lässt sich dann durch die Frage ausdrücken, welche Handlungen (Alternativen) dies sind und welche davon die besten Handlungen unter welchen Umständen sein könnten. Diese Struktur ist unabhängig davon, ob die ausgewählte Handlung dann realisiert wird oder nicht!

3.1 Propositionale Formulierung

Ein Problem **P** besteht nach Mario Bunge aus[30]

	Beispiel in Kap. 3.2 – das Hookesche Gesetz
einem Problemgenerator **G**(X),	Gesucht wird ein Objekt mit der Eigenschaft B = bruchsicher unter S_{max}.
der Problemklasse X,	Individualproblem
den Problemvoraussetzungen ! ∃x mit x∈ X und **G**(x)	Dehnbare Werkstoffe, Kenntnis von S_{max}
dem Fragesatz P(x) = ? (x) **G**(x)	Hat das vorliegende x die Eigenschaft, unter der Dehnung S_{max} bruchsicher zu sein?
mit der Lösung (**S** = x) **G**(S)	Der Stoff S erfüllt die Bedingungen

Tabelle 2: Problemformulierung

Alle propositional formulierbaren Probleme können auf die Zusammensetzung der Problemausdrücke aus diesen Problemklassen zurückgeführt werden, in dem man rekursiv die obigen Definitionen benutzt.[31]

Der Problemgenerator **G** kann folgende Formen annehmen:

1. **G**(x) = [B(x)] x als Variable für die Lösung, B als Prädikat für die Eigenschaft
   Individualproblem

2. **G**(V) = [V(p) = v] v Variable für den Wahrheitswert mit v ∈ {wahr, falsch}, V als Wahrheitsprädikat, p als Aussagenvariable, z.B. p=B(x) ja /nein
   Informationsproblem

3. **G**(v) = [V(p ∨ q ∨ r ∨ ...)] mit p,q,r Aussagenvariablen
   propositionales Informationsproblem

---

[30] Vgl. Bunge, Scientific Research II, S. 170-181.
[31] Vgl. Kornwachs, A formal theory of technology?, Anhang II.1, S. 523-527.

4. **G**(P) = [P(A)] A Prädikatenvariable für x, P Prädikatenvariable 2. Stufe für Eigenschaft A
   Funktionalproblem

5. **G**(p,q) = [p → q]
   höherstufiges Informationsproblem

Diese Klassifikation erlaubt die Charakterisierung von vier Problemtypen:

Individualprobleme, die eine Suche nach dem individuellen Objekt x mit bestimmten Eigenschaften B auslösen, dies entspricht dem Generator in (1),

Informationsprobleme, die als Entscheidung zu einer Bestimmung des Wahrheitswerts V (oder anderer Maße oder Messwerte) und deshalb zu einer Entscheidung führen sollen, ob etwas zutrifft oder nicht, Generator (2) und (3),

Funktionale Probleme, die eine Suche nach bestimmten Eigenschaften und Eigenschaften von Eigenschaften auslösen, Generator (4),

Informationsproblem oder Probleme der Kenntnis, die zur Lösung nach einer Aussage p Ausschau halten, Generator (5).

Danach können wir auch die technische Probleme charakterisieren: Sie sind (in der Regel) Individualprobleme und/oder funktionale Probleme. Wissenschaftliche Probleme können als höherstufige Informationsprobleme gekennzeichnet werden, in denen aber auch Funktionalprobleme (z. B. bei experimentellen Fragen) auftreten können.

Die Lösung eines technischen Problems lautet dann (propositional formuliert), aus dem technischen Wissen, den Umständen und den verfügbaren Alternativen eine Entscheidung für eine (technische) Handlung gefunden zu haben, die der Bayesschen Regel entspricht, sofern die spektrale Zusammensetzung des Belohnungssystem zu einer Festlegung von Indikatoren für die Erstellung der Nutzenfunktion geführt hat.

Unter spektraler Zusammensetzung des Belohnungssystems wollen wir an dieser Stelle die Mischung von Wertevorstellungen verstehen, die in eine solche Situation eingehen und die manchmal auch unscharfe Priorisierungsrelationen zwischen den Werten durch eine Wichtung der Indikatoren widerspiegelt. In der Fuzzy-Logik kann man die Zusammensetzung solcher gewichteter Indikatoren, sofern die Wichtungen quantifizierbar sind, berechnen (vgl. Fußnote 9). Damit ist aber noch nicht gesagt, *wie* man auf die Lösung kommt.

3.2 Beispiel: Das Hookesche Gesetz:

Es geht in diesem Beispiel um das Problem, ab welcher Spannung ein Werkstück sich noch bruchsicher verhält. Das Hookesche Gesetz $\sigma = E \cdot \varepsilon$ formuliert den, in gegebenen Grenzen (σ_0, σ_{max}) linearen, Zusammenhang von einwirkender Spannung σ und resultierender elastischer Verformung ε eines Materialstücks bei gegebener geometrischer Form und entsprechenden

Materialkonstanten, z. B: dem Elastizitätsmodul E. Es sagt daher auch aus, in welchem Bereich das linear formulierte Gesetz noch eine gute Beschreibung der Verhältnisse liefert und ab welcher Grenze der Belastung (Kraftanwendung) ein Bruch oder irreversible Verformung zu erwarten sind.

Die folgende Tabelle 3 gibt die Formulierung des Problems einmal in der „Sprache" der Wissenschaft und einmal in der „Sprache der Technik" wieder.

	Wissenschaft	Technik
Problemstellung	Zusammenhang von Dehnung und Spannung – Gibt es ein (Hookesches) Gesetz?	Ich brauche bruchsichere Werkstoffe
Frageausdruck (Form)	Wie lautet das (Hookesche) Gesetz	Ab wann liege ich bei der Spannung noch auf der sicheren Seite?
Problemtyp (Generator)	(2) oder (3) Informationsproblem	(5) Kenntnisproblem
verallgemeinert	Wissenschaftliche Problemtypen sind (2), (3) und ggf. (4) und (5)	Technische Probleme sind vom Typ (5) explizites Wissen (1) kann auch implizit sein (Verfügbarkeit)
Antwort des guten Informanten, der den Problemlösungsausdruck G(x) zum Grade µ erfüllt	$\sigma \rightarrow \varepsilon$: Aus der Spannung folgt proportional die Dehnung (unterhalb von σ_{max}) $\varepsilon = (1/E) \cdot \sigma$	Für (5): σ_{max} ist 5,6
Leistung des guten Erbauers, der den Problemausdruck G zum Grade µ erfüllt		Für (1): Test zeigt, es gibt ein x und es bricht, wenn $\sigma > \sigma_{max}$. Versuche unter $0,3 \cdot \sigma_{max}$ zu bleiben.

Tabelle 3: Problemstellung des Hookeschen Gesetzes in Wissenschaft und Technik

Kommentar: Der *Gute Informant* ist jemand, der in der Lage ist, auf ein Problem eine geeignete Information zu liefern, die für mich hinreichend bezüglich des vorliegenden Problems ist. Das heißt, dass diese Information mitteilbar ist und verstanden werden kann. Der *Gute Erbauer* ist jemand, der in der Lage ist, bezüglich eines Problems eine geeignete technische Funktionalität zur Verfügung zu stellen (oder zu erbauen, einzurichten etc.). Das heißt, dass diese Funktionalität verfügbar und brauchbar ist.[32]

---

[32] Der Gute Informant ist eine Denkfigur, die von Craig eingeführt wurde, um Wissen zu definieren; vgl. Craig (1993). Der Gute Erbauer ist in Analogie hierzu eine Denkfigur, die eingeführt wurde, um technisches Wissen, Know How, Kompetenz und technische Fähigkeit zu definieren. Vgl. Kornwachs, Struktur technologischen Wissens, Kap. E 4.

3.4 Chronologische Systemstruktur einer Entscheidung

Wenn man nochmals die chronologische Systemstruktur einer Entscheidung betrachtet (vgl. Abb. 5) und das obige Diktum gelten lässt, dass Probleme aus Bewertungsdifferenzen entstehen, dann muss, um ein Problem als Problem überhaupt erkennen zu können, der Bewertungsmaßstab für die Auswahl der Lösung (Entscheidung) schon gegeben sein. Das bedeutet, dass die Problementstehung in ihrer Erkennung „theoriegeladen" ist.

Dieser Terminus beschreibt in der Wissenschaftstheorie den Umstand, dass beispielsweise bei der Prüfung des Newtonschen Gesetzes $F = m \cdot a$ für die Messung der Kraft bereits schon die Gültigkeit eben dieses Gesetzes vorausgesetzt werden muss. Jede „reine" Beobachtung setzt bereits durch die Messung die Geltung einer – zumindest – Vortheorie voraus, die die Begriffe, die zu dieser Messung gehören, in Beziehung setzt.[33] *Mutatis mutandis* müsste dies dann auch für das technische Vorwissen bei einer Entscheidung gelten. Die Beschreibung der Problementstehung und damit des Problems selbst setzt daher eine Vortheorie über den Gegenstandsbereich voraus, der im Problemgenerator angesprochen wird.

Die Umstände, unter denen das Bayessche Theorem formuliert wird, lassen sich zum einen als gesetzesartige Aussagen (in Form von allgemeinen Urteilen) wie $\forall x[A(x) \rightarrow B(x)]$ ausdrücken, zum anderen als faktuale Aussagen, d.h. einfache Propositionen wie $\exists x A(x)$. Die Bewertung der Alternativen, die zur Verfügung stehen, stellen bei den technischen Entscheidungen Technikbewertungen dar. Diese beziehen sich auf die Bewertung zum einen auf eine Liste alternativer Objekte mit entsprechenden Eigenschaften (Artefakte oder vorhandene Objekte und Strukturen) oder zum anderen, und dies erscheint wesentlich wichtiger, auf eine Liste von Verfahren, Vorgehensweisen, Handlungsanleitungen, d.h. von (technischen) Regeln (Anweisungen) $\mathcal{B}$ per $\mathcal{A}$. Davon unberührt bleibt die Metaregel für den technologischen Test solcher Regeln selbst:

Führe [$\mathcal{A}$] n mal durch, beobachte, ab wann und wie oft $\mathcal{B}$ der Fall ist.

Erst nachdem die Entscheidung für ein bestimmtes $\mathcal{A}$ gefallen ist, kann man die Frage stellen, ob beim technischen Handeln $\mathcal{A}$ effektiv und wenn ja, effizient ist.

Bei der Auswahl: Wenn $A \rightarrow B$, dann versuche $\mathcal{B}$ per $\mathcal{A}$, wird ja diejenige Durchführung $\mathcal{A}$ gesucht, die durch die Proposition A als Ziel beschrieben wird und deren Ergebnis am häufigsten, kostengünstigsten, effizientesten etc. eben gerade $\mathcal{B}$ ist. Dabei kann man durchaus auch nach geeigneten Verknüpfungen für die Zusammensetzungen von Regeln als Lösung komplexerer Probleme suchen, wie dies bei den Problemlösungsausdrücken ebenfalls möglich ist.

---

[33] Vgl. Zoglauer, Das Problem der Theoretischen Terme.

Diese Zusammensetzung sind allerdings nicht trivial[34] und ihr Test kann unter Umständen recht kostspielig werden. Man schaut sich deshalb nach einem Hilfsmittel um, das gestatten könnte, aus dem Wissen, dass die eine oder andere Regel effektiv ist, auf die Effektivität zusammengesetzter Regeln zu schließen. Hierzu soll im letzten Kapitel ein Ansatz skizziert werden.

4. Durchführungslogik als Hilfsmittel

4.1 Die Grundfrage einer Logik für technologische Ausdrücke

Kann man eine Logik aufbauen, die analysieren hilft, ob man von der Effektivität von einzelnen Regeln auf die Effektivität von zusammengesetzten Regeln schließen kann? Dies wäre eine große Hilfe bei der Modellierung von technologischen Entscheidungen, da man dann die Problemgeneratoren genauer präzisieren könnte. Die Eigenschaft, effektivitätsdefinit zu sein (statt wahrheitsdefinit), kommt statt Aussagen, die wahr der falsch sind und die in der Technik auch als faktuale Aussagen vorkommen, nun solchen Ausdrücken zu, in denen das technische Wissen deponiert ist im Sinne von technischen Handlungen, von Anweisungen hierzu und deren Durchführungen. Die Frage ist dann, ob man aus Grundannahmen der technischen Wissenschaften Konsequenzen ableiten kann, die technisch intuitiv ebenfalls akzeptiert werden können und die sich dann im Test als effektiv erweisen. Eine solche Logik könnte zur Findung von Problemlösungsverfahren oder vor allem bei deren Bewertungen helfen.

4.2 Aufbau einer „Techno-Logik"

Wir wollen im Folgenden die Bezeichnung „Techno-Logik" und Logik der technischen Durchführungen bzw. Durchführungslogik synonym verwenden.

Bein Aufbau einer solchen Logik geht es um die Suche nach einem Kalkül, der zum einen benutzt werden kann, um technische Ausdrücke und Regeln zu formalisieren und zu untersuchen (vgl. Abb. 2: Logik als Analyseinstrument), zum andern aber auch, um neue effektive technische Ausdrücke als Konsequenzmenge aus anderen effektiven Ausdrücken zu gewinnen (vgl. Abb. 1: Logik im „Normalbetrieb").

Sei $\otimes$ das Zeichen für eine Variable, die die Art bezeichnet, mit der technische Regeln und Ausdrücke miteinander verknüpft werden können (in Analogie zu den Junktoren in der Aussagenlogik), seien R_1 und R_2 Regeln oder Ausdrücke, $E(R_1)$, $E(R_2)$ die Operatoren, um ihren Effektivitätswert zu bezeichnen. Dabei kann $E(R)$ sein: effektiv (=eff) oder nicht-effektiv (=uff). Es wird dann ein Kalkül gesucht, der es erlaubt, eine Funktion F anzugeben (in Analogie zu „wahrheitsdefinit" in der Aussagenlogik), sodass der Effektivitätswert

---

[34] Vgl. einen ersten Ansatz für die Zusammensetzung von solchen Regeln in Kornwachs, Struktur technologischen Wissens, Kap. C 2.4, Tabelle 5.

der zusammengesetzten Regel aus dem Effektivitätswert der einzelnen Regeln und der Art der Zusammensetzung bestimmt werden kann, also
$E(R_1 \otimes R_2) = F(E(R_1), E(R_2), \otimes)$.

Wir führen als atomare Ausdrücke der Techno-Logik die technische „Durchführung" ein. Folgende Beispiele stellen eine technische Durchführung[35] dar: Ein Artefakt erfüllt eine technische Funktion. So kann eine Glühbirne die Funktion erfüllen: Licht spenden. Oder eine Person drückt einen Knopf, um eine elektrische Schaltung in Gang zu setzen. Dabei benutzen wir eine semantische Definition wie folgt:

> Bei einem Artefakt bringt dessen Funktionieren eine technische Funktion zur Wirkung *genau dann, wenn* die Handlung $\mathcal{A}$ den Wert x produziert um den Wert y zu erhalten, der durch die Funktion $y = f(x)$ ausgedrückt wird und durch den Zustand $\mathcal{B}$ bezeichnet ist.

Man sieht, dass die operative Ordnung bei einer Durchführung zeitlich strukturiert ist: Eine Handlung ist effektiv, genau dann, nachdem die Wirkung durch die Operation oder Durchführung initialisiert wurde.[36]

Die Wirkung von Handlungsketten ist bekanntlich nicht immer kommutativ. Wenn man zuerst den Computer einschaltet und dann das Programm startet, bekommt man ein anderes Ergebnis, als wenn man zuerst das Programm starten möchte und dann den Computer einschaltet, d.h. „Erst A, dann B" führt zu einem anderen Ergebnis als „erst B, dann A".

Eine Durchführung ($\mathcal{B}$ *per* $\mathcal{A}$), die durch ein Artefakt vollzogen wird, das konstruiert worden ist, um die technische Funktion $y = f(x)$ umzusetzen (anzuwenden), ist eine technische Durchführung, wenn die zeitliche Ordnung des „zuerst – danach" zwischen der Realisierung des Wertes x (= $\mathcal{A}$ als eine Durchführung von A) und der Realisierung des Wertes von y ($\mathcal{B}$ als die Durchführung von B) gegeben ist. Dies nennt man in der Durchführungslogik in Anlehnung an den zweistelligen Operator der Replikation die Protektion.[37]

Wir unterscheiden zwischen Aussagen und Durchführungen, d.h. A sei der Term, der propositional beschreibt, dass der Wert x angenommen ist, wohingegen sich $\mathcal{A}$ auf die Durchführung dessen, was A beschreibt, bezieht. In dieser

---

[35] im Sinne von *to put into practice, to bring to work, an implementation of a technical function*.
[36] Man könnte nun eine solche Logik auch als zeitlichen Kalkül aufbauen. Möglichkeiten hierzu bieten die Tenseoperatoren, wie sie von Kamp, Tense Logic and the Theory of Linear Order, eingeführt worden sind: *Since* (B, A) = A ist wahr gewesen seit der Zeit, als B wahr wurde; *Until* (B, A) = A wird wahr sein, bis zu der Zeit, wann B wahr sein wird. Der Bezug zur hier vorgestellten Techno-Logik wird in Kornwachs, Struktur technologischen Wissens, Kap. D 3.3 gezeigt. Hier und in der Dissertation von Harz, Zur Logik der technologische Effektivität, wird ein einfacherer Weg eingeschlagen.
[37] Nach Harz, Zur Logik der technologische Effektivität, S. 29-30.

Sichtweise stellen technische Regeln Ziel-Mittel Beziehungen wie zeitliche Beziehungen für die Effektivität von Durchführungen dar. Wir können daher $\mathcal{B}$ ebenfalls als eine Durchführung ansehen, ins Werk gesetzt (gemacht) durch $\mathcal{A}$. Jede (erfolgreiche) technische Handlung ist eine technische Durchführung, aber nicht jede technische Durchführung ist eine technische Handlung.

Die Grundzeichen eines solchen Kalküls können dann so verstanden werden:

A, B, C   Variablen für Aussagen über Sachverhalte, Handlungen, Zustände etc.

$\mathcal{A}, \mathcal{B}, \mathcal{C}$ Variable für Durchführungen

εA   Initialisierung einer Durchführung des durch A beschriebenen Sachverhalts, $\mathcal{A} = εA$. Durch ε wird A in noch festzulegender Weise zeitlich positioniert.

> Die Initialisierung einer Durchführung ist effektiv oder nicht. Effektiv (Ef) bedeutet: die Initialisierung einer Durchführung ist erfolgreich (gelingt = der Sachverhalt A liegt vor). Nicht effektiv oder uneffektiv (Uf) bedeutet, dass die Initialisierung einer Durchführung nicht erfolgreich ist (misslingt).

≈ εA   „Negation" der Initialisierung einer Durchführung = Verhinderung einer Durchführung

> Die Verhinderung eines Zustandes (Faktum, Handlung) ≈ [εA] ist nicht identisch mit der Durchführung eines Zustandes, der nicht A ist, ε (¬A)

R = εA   kann auch als Elementarregel aufgefasst werden.

Neben den üblichen Bildungsregeln für Ausdrücke kann man analog zur Kombinatorik bei den aussagelogischen Operatoren mit der Zuordnung der Effektivitätswerte zu den Durchführungen 16 Kombinationen bilden.[38]

Dabei sieht man, dass die Regel $\mathcal{B}$ per $\mathcal{A}$ gerade einer von 16 möglichen Weisen ist, eine zweistellige Durchführung (Regel) auszudrücken.

In einem ersten Ansatz zum Aufbau einer Durchführungslogik haben wir folgende Axiome[39] gewählt:

---

[38] Die aussagenlogischen Kombinationen finden sich in einigen Lehrbüchern der Logik; vgl. z. B. Kornwachs, A formal theory of technology?, S. 77, Tab. 3., die Kombinationen der Durchführungslogik und ihre Benennung wurde erstmals in Harz, Kornwachs, Risk Concept in Technology vorgestellt.

[39] Diese Wahl ist noch inspiriert am alten Russellschen Axiomenschema: (1) p ∨ p ≡ p Idempotenz der Disjunktion; (2) p → (p ∨ q) disjunktive Erweiterung; (3) p ∨ q ≡ q ∨ p Symmetrie der Disjunktion; (4) ((p → q) ∧ (q → r)) → (p → r) Transitivität der Implikation. Mittlerweile hat Harz, Zur Logik der technologische Effektivität, ein neues Axiomenschema vorgeschlagen. Die hier vorgestellten lassen sich dann entsprechend ableiten.

1. (εA mit εA) per (εA) $p \vee p \leftarrow p$
   Wenn etwas zum zweitenmal funktioniert, muss es auch zum erstenmal funktioniert haben.

   Das Axiom besagt, dass Wiederholung immer eine Einmaligkeit oder eine Erstmaligkeit voraussetzt. Wenn also ein Gerät „im Sinne des Erfinders" funktionieren soll, also wiederholt, muss es mindestens einmal ohne Fehler oder Einschränkungen funktioniert haben.

2. (εA) per (εA mit εB) $p \leftarrow (p \vee q)$
   Wenn etwas miteinander funktioniert, müssen auch die Bestandteile funktionieren.

   Historisch ist dieses Axiom insofern bedeutsam, als es immer möglich sein muss, zur alten Technik zurückkehren zu können. D. h., eine Wirksamkeit, die in einer alten Technik einmal funktioniert hat, muss auch heute als Bestandteil einer neuen Technik funktionieren können.

3. (εA mit εB) per (εB mit εA) $(p \vee q) \leftarrow (q \vee p)$
   Wenn beides funktioniert, kann man es auch vertauschen.
   Erweiterung von Axiom 2

4. (εC per εA) per {(εC mit εB) per (εB mit εA)} $(r \leftarrow p) \leftarrow [(r \vee q) \leftarrow (q \leftarrow p)]$
   Es gibt immer eine Zwischenregel, die zwischen zwei Durchführungen vermittelt.

   Computer können miteinander kommunizieren, brauchen aber eine „Zwischentechnologie". Historisch entspricht dies der prinzipiellen Anschlussfähigkeit von Technologien, metaphorisch definiert dieses Axiom die „Kontinuitätshypothese" der Technik.

   Mit Hilfe einer Einsetzungsregel und Ersetzungsregel (in Analogie zur Aussagenlogik), bekommt man weitere Theoreme zur Effektivität, die zur Prüfung von technologischen Theorien geeignet sind.

4.3 Ableitbare Theoreme

1. Das durchführungslogische Gesetz der Verhinderbarkeit der Verhinderung

   $\approx (\approx \varepsilon A)$ jetzt (εA)

   Als Regel der Durchführbarkeit von Durchführungen bedeutet dies, dass wir nicht in der Lage sind, technische Bewirkungen im Sinne des Gebrauchs oder der Beeinflussung von Artefakten und vorhandenen Dingen direkt durchzuführen. Effektiv sind nur Handlungen, wenn wir in der Lage sind, Durchführungen, die das Verhindern verhindern, zu bewerkstelligen, d.h. dass wir die gewünschte Bewirkung dadurch vornehmen, dass wir all das, was dem zu erzielenden Effekt entgegensteht, zu vermeiden oder zu verhindern suchen. Dies korrespondiert mit dem obigen Befund in Kapitel 1.4 und den beiden Hypothesen I und II.

Werden Handlungen (εA) jetzt effektiv ausgeführt, so gelingt dies z. B. indem es jetzt effektiv ist, dass die Stromversorgung funktioniert d.h. es wird verhindert, dass die Stromversorgung verhindert, d.h. nicht funktionierend ist (Ko-Geräte und Ko-Funktionalität); oder indem es jetzt effektiv ist, dass Verwaltungsprogramme funktionieren d.h. es wird verhindert, dass Schnittstellen verhindert, d.h. dysfunktional, z. B. inkompatibel sind (Gerätefunktionalität); oder indem es jetzt effektiv ist, dass die Bedienungsreihenfolgen anwendungsfehlerfrei funktionieren d.h. es ist verhindert, dass funktionierende Bedienungsabfolgen verhindert sind (Anwendungsfunktionalität).

2. Das durchführungslogische Gesetz der gegenwirksamfreien Durchführbarkeit

$$\approx ((\approx \varepsilon A) \text{ zugleich } (\varepsilon A))$$

Als Regel der Gegeneffektivitätsfreiheit verweist dieses Gesetz darauf, dass eine Technik erst funktioniert, sowie es gelingt, die gleichzeitige Wirksamkeit von Gegeneffektivitäten zu verhindern. Dies ist auch der wesentliche Zug von Steuerung und Kontrolle[40], nämlich zu verhindern, das etwas gleichzeitig der Effektivität einer Durchführung im Wege steht.

Werden z. B. elektronische Handlungen (εA) ausgeführt, während sie gleichzeitig verhindert werden ($\approx \varepsilon A$), so gelingt die Ausführung nicht. Die Ausführung gelingt erst, in dem die Gegeneffektivität verhindert wird, z. B. indem am die Stromversorgung (siehe oben) wiederherstellt (Ko-Geräte Funktionalität); oder indem man auftretende Inkompatibilitäten bei Schnittstellen kompatibel macht (Gerätefunktionalität); oder indem man nicht funktionierende Bedienungsabfolgen unterlässt (Anwendungsfunktionalität).

3. Das durchführungslogische Gesetz der Verhinderbarkeit

$$\approx \varepsilon A \text{ mit } \varepsilon A$$

Als Regel der Verhinderbarkeit bzw. Durchführbarkeit von Durchführungen bedeutet es, dass wir nur dann in der Lage sind, etwas technisch oder organisatorisch erfolgreich durchzuführen, wenn wir auch in der Lage sind, dies zu verhindern. D h. dass wir nicht zu einer bestimmten Handlungen gezwungen sind, sondern dass wir jedes Mal über die Fähigkeit verfügen, außer diese Handlungen durchzuführen, sie auch verhindern zu können. Für die Technik selbst bedeutet dass, dass man auch für jede funktionierende Technik immer Bedingungen angeben kann, die zum Verhindern des Funktionierens dieser Technik führen. In voller Allgemeinheit bedeutet dies auch, dass es keine Technik gibt, die man nicht auch verhindern könnte.

Werden elektronische Handlungen (εA) ausgeführt, so gelingt es auch immer, die Ausführung zu verhindern, sei es auf der Ebene der Ko-Gerätedysfunktionalität,

---

[40] Kornwachs, A formal theory of technology? Sowie Kornwachs, Logik der Zeit.

der direkten Gerätedysfunktionalität oder der Anwendungsdysfunktionalität (in Analogie zu oben).

4.4 Zur Anschlussfähigkeit des Durchführungskalküls zur Entscheidungslogik

Erweiterungen des Kalküls sind möglich,[41] wie beispielsweise die klassenlogische Erweiterung[42] sowie die Fuzzifizierung, sollen aber hier nicht weiter ausgeführt werden.

Wir haben den Durchführungskalkül (Techno-Logik) als Analyseinstrument und als Erzeuger weiterer effektiver technischer Ausdrücke (Durchführungen) eingeführt. Bei den Arbeitsschritten der Problemformulierung kann, neben der in Kap. 3.1 skizzierten Problemlösungslogik, die Zusammensetzung des Problemgenerators mit Hilfe der Durchführungslogik analysiert werden. Eine weitere Analysemöglichkeit ergibt sich bei der Bewertung, wo auch Prüfungen auf Effektivität der als mögliche Lösungen angesehenen Regeln ein brauchbares Instrument darstellen können – nicht effektive Regeln können so gleich eliminiert werden, um damit die Anzahl der zu überprüfenden Alternativen bei einer anstehenden Entscheidung zu verringern. Man kann damit auch den Test komplexer und zusammengesetzter Regeln, wenn sich deren Zusammensetzung als uneffektiv erweist, von vorneherein vermeiden.

Letztlich könnte auch das gewonnene Instrumentarium der Durchführungslogik zur Modifikation der Bayesschen Regel führen. Diese Regel geht ja davon aus – in gewisser Weise auf spieltheoretischer Grundlage, dass der mit der Wahrscheinlichkeit gewichtete Nutzen bezogen auf die Umstände für jede Alternative berechnet werden kann und dann der Maximalwert genommen wird. Man könnte jedoch auch den Nutzen berechnen nach einer fuzzifizierten Effektivität der einzelnen Alternativen (in Analogie zu einem Fuzzy-Controller) bzw. Kombinationen von Elementaralternativen, wie dies bei der Evolutionsstrategie durchgeführt wird.

Dies sind allerdings Ausblicke auf kommende Forschungsfragen.

---

[41] Harz hat gezeigt, dass der Kalkül vollständig und gegeneffektivitätsfrei ist; Erweiterungen sind in Arbeit, wie die Modalisierung mit Operatoren wie Brauchbarkeit und Funktionalität, vgl. Harz, Logik der technologische Effektivität, S. 53 ff., Kornwachs, Struktur technologischen Wissens, Kap. D 2.3.

[42] Eine prädikatenlogische Erweiterung ist insofern fraglich, da es in der Technik keine unendlichen Alternativen, keine unendliche Anzahl von Artefakten und keine unendliche Anzahl von Durchführungen und Handlungen gibt.

Literatur

Bury, Ernst (Hrsg.): In medias res – Lexikon lateinischer Zitate. Digitale Bibliothek Band 27. Berlin: Directmedia Publ. 1999.

Bacon, Francis: Neues Organon, Teil 1 u. 2, lat.-dt. Hamburg: Meiner 1990 (Phil.Bibl. 400a,b).

Barrow, John D.: Theorien über alles. Heidelberg: Spektrum Akademie Verlag 1992, Reinbeck: Rowohlt 1994.

Bayes, Thomas: An essay towards solving a problem in the doctrine of chances. In: Philosophical Transactions of the Royal Society 53 (1764), S. 370-418.

Bunge, Mario: Scientific Research II – The Search for Truth. Berlin, Heidelberg, New York: Springer 1967.

Craig, Edward: Was wir wissen können. Pragmatische Untersuchungen zum Wissensbegriff. Frankfurt a.M.: Suhrkamp 1993.

Dowie, Mark: Pinto Madness. In: Robert J. Baum (ed.): Ethical Problems in Engineering. Vol 2: Cases. New York: Troy 1980, S. 167-174.

Dürrenmatt, Friedrich: Die Physiker. Komödie. Zürich: Diogenes 1980.

Gallee, Martin: Grundzüge einer abduktiven Wissenschafts- und Technikphilosophie – Das Problem der zwei Kulturen aus methodologischer Perspektive. Reihe Technikphilosophie , Bd. 11. Münster u.a.: Lit 2003.

Gottwald, Siegfried: Fuzzy Sets and Fuzzy Logic. Wiesbaden: Vieweg 1993.

Harz, Mario, Klaus Kornwachs: Risk Concept in Technology. A Survey and an Outlook. Berichte der Fakultät für Mathematik, Naturwissenschaft und Informatik der BTU Cottbus, PT 01/2004, 41 Seiten.

Harz, Mario: Zur Logik der technologische Effektivität. Dissertation Fakultät 1 für Mathematik, Naturwissenschaften und Informatik, Brandenburgische Technische Universität Cottbus, April 2007.

Hughes, George E., Max J. Cresswell: Introduction into Modal Logic. London: Methuen 1968, Dt.: Einführung in die Modallogik. Berlin, New York: de Gruyter 1978.

Kamp, Johan A. W.: Tense Logic and the Theory of Linear Order. PhD Thesis, University of California, L.A. 1968.

Kornwachs, Klaus: A formal theory of technology? In: Phil & Tech – Society for Philosophy and Technology - An electronic journal 4(1998) Nr.1 (ISSN 1091-8264): http://scholar.lib.vt.edu/ejournals/SPT/v4_n1/html. Revised Reprint in: *Hans Lenk, Matthias Maring*, (eds.): Advances and Problems in the Philosophy of Technology. Münster: Lit 2001, S. 51-70.

Kornwachs, Klaus: Logik der Zeit – Zeit der Logik. Eine Einführung in die Zeitphilosophie. Münster u.a.: Lit 2001.

Kornwachs, Klaus: Ebenen der Orientierung. Zur Analytik des normativen Hintergrundes. In: *Christoph Hubig* (Hrsg.): Ethische Ingenieursverantwortung – Handlungsspielräume und Perspektiven der Kodifizierung. Berlin: Sigma 2003, S. 31-49 und S. 105-130 .

Kornwachs, Klaus: Zur Kritik der innovativen Vernunft. In: *Klaus Fischer, Henry Parthey* (Hrsg.), Gesellschaftliche Integrität der Forschung. Wissenschaftsforschung Jahrbuch 2005. Berlin: 2006, S. 161-178.

Kornwachs, Klaus: Die Struktur technologischen Wissens. Münster u.a.: Lit 2007 (in Vorbereitung).

Kutschera, Franz von: Einführung in die Logik der Werte, Normen und Entscheidungen. Freiburg, München: Alber 1973 .

Leibniz, Gottfried Wilhelm: Dissertatio de arte combinatoria (1666). In: Sämtliche Werke und Briefe. Berlin: Akademie Verlag 1923 ff. A VI 1, S. 163 ff..

Luce, Robert D., Howard Raiffa: Games and Decisions. Introduction and critical survey. New York: 1957.

Lullus, Raimundus: Ars compediosa inveniendi veritatem (um 1305). Kurzfassung: Ars brevis. Dt. von A. Fidera. Hamburg: Meiner 1999.

Molńar, Lázlo: Ingenieurethik – Zur Rolle des Ingenieurs im Konstext sich ändernder Technologiepolitik. In: *Klaus Kornwachs* (Hrsg.), System - Technik - Verantwortung. Münster, London: Lit 2004, S. 446-458.

Nimtz, Christian: Williard Orman Van Quine: Die Unterscheidung zwischen analytischen und synthetischen Sätzen. In: *Ansgar Bedermann, Dominik Perler* (Hrsg.), Reclams Klassiker der Philosophie heute. Stuttgart: Reclam 2004.

Poser, Hans: On structural differences between sciences and engineering, in: *Hans Lenk, Evandro Agazzi, Paul Durbin* (eds.): Advances in the Philosophy of Technology: Proceedings of the International Academy of the Philosophy of Science, Karlsruhe, Germany, May 1997. In: Philosophy and Technology: Quarterly Electronic Journal 4.2 (Winter 1998), 81-93. – Reprinted in: *Hans Lenk, Matthias Maring* (eds.), Advances and Problems in the Philosophy of Technology. Münster u.a.: Lit 2001, S. 193-204.

Ropohl, Günter: Eine Systemtheorie der Technik. München: Hanser 1979. 2. Auflage: Allgemeine Technikwissenschaft. München: Hanser 1999.

Ropohl, Günter: Knowledge Types in Technology, in: *Marc J. de Vries, Arley Tamir* (eds.), Shaping Concepts of Technology: From Philosophical Perspectives to Mental Images. Kluwer Academic Publishers, Dordrecht 1997, pp. 65-72. Auch in: Int. Journal of Technology and Design Education 7 (1997), S. 65-72.

Ropohl, Günther: Technisches Wissen. In: *Günter Ropohl*, Wie die Technik zur Vernunft kommt. Berlin: G u. B Facultas 1998, Kap. 7, S. 88-96.

Savage, Leonard J.: The Foundation of Statistics. New York: Wiley 1954, 1972 (2nd ed.).

Selten, Reinhard: Reexamination of the Perfectness Concept for Equilibrium Points in Extensive Games. In: Int. Journal of Games Theory 4 (1975/1), S. 25-55.

Sigmund, Karl, Ernst Fehr, Martin A. Nowak: Teilen und Helfen - Ursprünge sozialen Verhaltens. In: Spektrum der Wissenschaft Dossier: Fairness, Kooperation, Demokratie – Zur Mathematik des Sozialverhaltens. Heidelberg 2006, Heft 5, S. 55-62.

Spohn, Wolfgang: Grundlagen der Entscheidungstheorie. München: Scriptor 1978.

Zoglauer, Thomas: Das Problem der Theoretischen Terme. Braunschweig: Vieweg 1993.

Armin Grunwald

Moderne Hochtechnologien zwischen Planbarkeit und ungewissen Folgen: Das Beispiel der Nanotechnologie

1. Einführung und Überblick

Technik ist in mehrfacher Weise auf Zukunft bezogen: als geplante Technik soll sie in der Zukunft Probleme lösen helfen, als Potential spielt sie eine Rolle in Zukunftsentwürfen, und als gegenwärtige Realität hat sie durch die hervorgerufenen Folgen prägende Kraft für die Zukunft. Technik wird entworfen, geplant und entwickelt. In klassischen Ingenieurstraditionen und vielfach auch in der gesellschaftlichen Wahrnehmung gilt technisches Handeln als *das* Paradigma der Planbarkeit. Technische Rationalität in diesem Sinne ist zu Zeiten des Planungsoptimismus Vorbild umfassender Entwürfe gesellschaftlicher Planung geworden.[1]

Auf der anderen Seite jedoch zeigt die Geschichte der Technik und ihrer Folgen Überraschungen: es treten Folgen ein, mit denen niemand gerechnet hat (z.B. der Ozonabbau durch Fluorchlorkohlenwasserstoffe), es werden Erwartungen nicht erfüllt (z.B. wurden noch vor ca. 15 Jahren für die heutige Zeit funktionierende und rentable Fabriken im Weltraum erwartet) oder es kommt zu überraschend schnellen Entwicklungen, Durchbrüchen und Marktdurchdringungen (wie z.B. in der mobilen Telefonie). Diese Erfahrungen haben dazu geführt, dass heute viel stärker die Ungewissheit in Bezug auf die technische Entwicklung und ihre Folgen thematisiert wird – oder, positiv formuliert, die Offenheit der Zukunft.

Diese Offenheit jedoch ist ambivalent. Eine radikale Offenheit schließt die Offenheit gegenüber Katastrophen ein. Geschichten wie die des Asbests oder des durch Fluorchlorkohlenwasserstoffe verursachten 'Ozonlochs' dokumentieren die Offenheit der Zukunft in einer Weise, die Unbehagen verursacht. Das Vorsorgeprinzip in der europäischen Umweltregulierung[2] ist ein Versuch, dieses Unbehagen durch vorausschauende Folgenbetrachtung im Prozess der gesellschaftlichen Technisierung zu berücksichtigen. Es geht also nicht einfach darum, die Offenheit der Zukunft als Beliebigkeit anzuerkennen. Auch wenn die Folgen der Technik vielfach ungewiss sind, sollen Gestaltungsbemühungen zumindest dort ansetzen, wo es zu unerwünschten Entwicklungen kommen kann, um diese zu verhindern. Aus der *Notwendigkeit* entsprechender

---

[1] Camhis, Planning Theory.
[2] von Schomberg, Precautionary Principle.

Gestaltungsmaßnahmen folgt allerdings bekanntlich keineswegs auch schon ihre *Möglichkeit*.

Es stellt sich also die Frage, inwieweit Gestaltung konzeptionell, methodisch und politisch überhaupt möglich ist. Gestaltung würde voraussetzen, dass es jenseits eines Planungsoptimismus, der aufgrund seiner starken Prämissen weder theoretisch haltbar[3] noch empirisch nachweisbar ist[4] und dessen Unmöglichkeit auch psychologisch plausibel gemacht werden kann[5], Gestaltungsmöglichkeiten bestehen, die auch mit den scheinbar unvermeidbaren Unsicherheiten des Folgenwissens umgehen können, ohne obsolet zu werden. Diesen sehr allgemeinen und weit gehenden Fragen sei in diesem Beitrag anhand der Nanotechnologie nachgegangen.

Nanotechnologie steht seit Jahren in einer Intensität im Mittelpunkt von Zukunftsbetrachtungen wie keine andere Technologierichtung.[6] Die wissenschaftliche Debatte, aber auch und vielleicht noch mehr die gesellschaftliche Rezeption und die politische Rhetorik im Umfeld der Nanotechnologie ist von teils weit reichenden Zukunftserwartungen, Zukunftsvisionen, aber auch Zukunftsbefürchtungen bis hin zu Horrorszenarien durchzogen. Diese Debatten kreisen nicht nur um die technischen Fragen. Ganz im Gegenteil sind allgemeinere gesellschaftliche Fragen der eigenen Zukunft ihr Hauptthema.[7] Es geht nicht ‚nur' um die Zukunft einer bestimmten Technologielinie oder um sich daraus ergebende gesellschaftliche Folgen, sondern um solche ‚großen Themen' wie die Natur des Menschen, die Zukunft des Verhältnisses von Mensch und Technik, Themen der Risikogesellschaft[8] oder die Nachhaltigkeit der menschlichen Wirtschaftsweise. In der Art und Weise, wie gegenwärtig versucht wird, zu diesen Fragen Orientierung zu erzeugen, zeigen sich konzeptionelle und methodische Probleme, die mit dem eingangs beschriebenen Problem der unzweifelhaft vorhandenen gesellschaftlichen Gestaltungs*notwendigkeit*, aber der nur prekären oder sogar skeptisch beurteilten *Möglichkeit* von Gestaltung zusammenhängen. Vor diesem Hintergrund werden in diesem Beitrag vor allem folgende Thesen entfaltet:

1. Die Zukunftskommunikation über Nanotechnologie hat bereits zu einer ganz erheblichen Steigerung der Kontingenz der *conditio humana* geführt. Neue, zum großen Teil erst für die Zukunft erwartete Handlungsmöglichkeiten in der technischen Bearbeitung von Materialien und lebenden Systemen haben

---

[3] Grunwald, Handeln und Planen.
[4] Tenbruck, Planende Vernunft.
[5] Dörner, Misslingen.
[6] Vgl. die Beiträge in Nordmann, Nanotechnologien.
[7] Grunwald, Chiffre.
[8] Beck, Risikogesellschaft.

den Glauben an technische Machbarkeit wiederbelebt, gleichzeitig aber auch neue Fragen nach Orientierung aufgeworfen.

2. Um mit diesen neuen Kontingenzen umzugehen, wird verstärkt auf Überlegungen zur Zukunft des Menschen und der Gesellschaft zurückgegriffen, um daraus Schlussfolgerungen für heutiges Beurteilen, Entscheiden und Handeln zu ziehen.

3. Hierbei kommt es jedoch zu einem folgenschweren Dilemma, da die zur Orientierung angebotenen 'Zukünfte' in der Regel hochgradig umstritten sind[9] und daher die Desorientierung zunächst nur reproduzieren oder sie sogar verschärfen.

4. Planung im traditionellen Verständnis ist keine adäquate Konzeptualisierung von Zukunft angesichts moderner Hochtechnologien. Stattdessen geht es um neue Formen folgenorientierter Zweck/Mittel-Rationalität, die die Unsicherheiten des Wissens und die Offenheit der Zukunft ernst nehmen und dennoch handlungsorientierend wirken können.

Diesen Überlegungen wird eine kurze Präzisierung der eingangs genannten Zukunftsbezüge von Technik vorangestellt (Kap. 2), die der weitergehenden Klärung der Fragestellung dienen soll. Darüber hinaus erscheint eine knappe Einführung in die Nanotechnologie (Kap. 3) sinnvoll, auch wenn mittlerweile das Wissen über Nanotechnologie recht weit verbreitet ist.[10]

2. Der doppelte Zukunftsbezug von Technik

Technik ist in mehrfacher Weise auf Zukunft bezogen. Technik wird 'gemacht' für die Zukunft, gleichzeitig 'macht' Technik aber auch Zukunft. Ingenieure sagen gelegentlich, Technik 'ist Zukunft', da die Arbeit an ihr immer im Hinblick auf einen zukünftigen Einsatz erfolgt. In der Entwicklung von Technik wird sie grundsätzlich als eine 'zukünftige' gedacht, zur Zeit ihrer Entwicklung ist sie nicht real, sondern besteht nur als vorgestellte.[11] Angesichts der eingangs genannten Gestaltungsnotwendigkeit soll hier zunächst das Spannungsfeld hinsichtlich der Möglichkeit von Gestaltung präzisiert werden.[12]

Argumente der sozialwissenschaftlichen Technikforschung und der politischen Steuerungstheorie, aber auch konkrete lebensweltliche Erfahrungen mit der 'Eigendynamik' der Technik zeigen, dass zumindest Tendenzen der Eigendynamisierung von Technik anerkannt werden müssen, auch wenn ein kompletter 'technologischer Determinismus' aus empirischen und theoretischen Gründen nicht

---

[9] Brown et al., Contested Futures.
[10] Paschen et al., Nanotechnologie.
[11] Banse et al., Theorie der Technikwissenschaften.
[12] Grunwald, Technikgestaltung.

haltbar ist.[13] Andererseits sind die Akteure der Technikentwicklung, vor allem die Ingenieure, eher von der Gestaltbarkeit überzeugt als sozialwissenschaftliche Beobachter. Die Erklärung dieser unterschiedlichen Wahrnehmung scheint einfach: Ingenieure sind *Teilnehmer* an der Technikgestaltung, d. h. sie erfahren die Gestaltbarkeit dadurch, dass sie in der Technikentwicklung Zwecke und Ziele verfolgen (die z. B. in Lastenheften festgeschrieben sind). Das Handeln nach Zwecken ist jedoch evidenterweise gestaltendes Handeln. In der *Beobachter*perspektive verschwinden diese Zwecke, Technik wird nur noch als Entwicklungslinie mit gesellschaftlichen Folgen wahrgenommen. Teilnehmer an der Technikgestaltung operieren vorwiegend mit den *intendierten* Folgen, während sich externe Beobachter vor allem für die *faktischen* Folgen interessieren. Beobachter interessieren sich vor allem für die Folgen des Handelns und Entscheidens und versuchen, (z. B. sozialwissenschaftliche) Modelle für diese Zusammenhänge zu erarbeiten. Die Teilnehmer hingegen achten in ihren Handlungen und Entscheidungen zwar auch auf die absehbaren Folgen; dies jedoch immer in Relation zu den mit den in den Handlungen und Entscheidungen verfolgten Intentionen. Die Strukturverschiedenheit beider Perspektiven gibt Anlass, zwei Zukunftsbezüge technikrelevanter Entscheidungen zu unterscheiden: den Zukunftsbezug (1) ex ante und (2) ex post.[14]

(ad 1): Technik wird relativ zu Zielen und Zwecken entwickelt; Technikentwicklung soll bestimmte technische Funktionen und Leistungsmerkmale realisieren. Das Lastenheft enthält die Summe aller Leistungsmerkmale, die die zu entwickelnde Technik aufweisen soll. Dieses Lastenheft bezieht sich nun aber nicht auf die *Gegenwart* der Technikentwicklung, sondern zielt auf einen *zukünftigen* Techniknutzer, dessen Intentionen und Bedarfe antizipiert werden, um Akzeptanz für die in Entwicklung befindliche Technik zu finden: Technik wird auf Modellmärkte hin entwickelt.[15] Auch die antizipative Erforschung und Reflexion von Technikfolgen in einem ganz allgemeinen Sinn ist auf die Folgen von Entwicklung, Produktion, Verwendung oder Entsorgung dieser Technik bezogen und erstreckt sich damit immer auf *zukünftige* Zeithorizonte. Strategische Entscheidungen über Technik in Unternehmen – über neue Produkte, neue Produktionsverfahren oder neue Produktionsanlagen –, politische, technikrelevante Regulierungen (wie z. B. die Altautoverordnung) und Entscheidungen von Ingenieuren über die Wahl dieses oder jenes Materials für ein Bauteil erfolgen daher stets vor dem Hintergrund von Zukunftserwartungen oder -annahmen. In die ganz konkrete Technikentwicklung gehen Zukunftsbilder und Zukunftsentwürfe ein, seien sie deskriptiver Art wie trendextrapolierende Prognosen (etwa über die Marktentwicklung) oder normativer Art (wie Zielsetzungen, aber auch

---

[13] Ropohl, Technologischer Determinismus.
[14] Nach Grunwald, Technikgestaltung, Kap. 2.
[15] Kowol/Krohn, Innovationsnetzwerke, S. 81f.; S. 101.

Welt- und Menschenbilder). Sie finden z.B. Eingang in Dicision-Support-Systeme oder in Konzeptionen der Technikfolgenabschätzung

(ad 2): Wenn Technik entwickelt ist und in gesellschaftliche Nutzungskontexte 'entlassen' wird, verändern sich Gewohnheiten, Lebensstile, ökonomische Verhältnisse, soziale Zusammenhänge bis hin zu konstitutiven kulturellen Elementen. Technik ist dann faktisch zukunftsprägend, unabhängig davon, ob dies im Sinne ihrer Entwickler erfolgt oder nicht (Beispiele sind die Verbreitung des Telefons, die Erfindung der Atombombe und die gegenwärtige Digitalisierung und informationelle Vernetzung). Die Relikthaftigkeit der Technik, ihre Beständigkeit, sorgt für immer neue Anwendungsoptionen. Neue Zwecke und Anwendungen werden erfunden. Einmal implementierte Technik ist Bestandteil der nachfolgenden Welt – bis zu ihrer Entsorgung. Ist Technik einmal 'in die Welt gesetzt', zieht sie eine unabsehbare Menge an Folgen, Nebenwirkungen etc. hinter sich her, indem sie zum Inventar der zukünftigen Welt gehört. Diese Folgen und Wirkungen sind dann Gegenstand der empirischen Technikfolgenforschung.

Der doppelte Zukunftsbezug von Technik ist keine Erfahrung erst der technisierten Gesellschaft. Der Kathedralenbau des Mittelalters als Beispiel zeigt einerseits die Zukunftserwartungen von Menschen, die in der Teilnehmerperspektive ihre ganze Kraft in den Dienst einer Sache gestellt haben, deren Fertigstellung sie kaum eine Chance hatten zu erleben. Andererseits hatte und hat diese unter den damaligen Intentionen vorgenommene Technikgestaltung Folgen, die den ursprünglichen Intentionen in keiner Weise entsprechen, z.B. die heutige Rolle von derartigen Bauwerken in der Tourismusindustrie. Durch ihr bloßes Vorhandensein nehmen diese Bauwerke eine Bedeutung ein, die mit der ursprünglichen Zweckbestimmung nichts mehr zu tun hat.

An dieser Stelle lassen sich zwei Extrempositionen zum Verhältnis von ex post und ex ante Perspektive formulieren: im Rahmen planungsoptimistischer Modelle müsste es darum gehen, die beiden Zukunftsbezüge möglichst vollkommen zur Deckung zu bringen. Die ex post real auftretenden Folgen müssten identisch mit den ex ante festgelegten Intentionen der Technikgestalter sein, und dies in zweierlei Hinsicht: als vollständige Realisierung der mit der Gestaltung verbundenen Ziele und als Abwesenheit nicht intendierter Nebenfolgen. Dieses Modell zielt auf die Eliminierung von Unsicherheit durch planende Determinierung der Zukunft.

Im anderen Extrem, und hierzu neigen vor allem sozialwissenschaftliche Beobachter, wird das völlige (oder weitgehende) Auseinanderfallen von Intentionen ex ante und Realfolgen ex post konstatiert und daraus auf die Unmöglichkeit von Gestaltung geschlossen: 'Auch die Evolution der Technik ist ein blinder Suchprozess, der sich allen Versuchen entzieht, durch Rationalisierung des

Innovationsprozesses oder durch Optimierung der Prognosefähigkeiten unter Kontrolle gebracht zu werden".[16]

Um Licht in den Zwischenraum zu bringen, der entsteht, wenn beide Extreme abgelehnt werden, ist daran zu erinnern, dass es in *beiden* Zukunftsperspektiven um *Folgen* geht: zum einen um intendierte oder befürchtete, jedenfalls um hypothetische und prospektive Technikfolgen, zum anderen um empirisch beobachtbare Folgen. Die Frage nach der Möglichkeit von Gestaltung stellt sich dann in der Form zu untersuchen, ob und inwieweit es gelingen kann, durch prospektive Überlegungen und entsprechende Prozessgestaltung ex ante das zu beeinflussen, was ex post empirisch beobachtbar sein wird. Im Folgenden wird am Beispiel der Nanotechnologie gezeigt, wie in modernen Hochtechnologien angesichts weit reichender neuer Handlungsoptionen und entsprechender Gestaltungsnotwendigkeiten der Umgang mit Zukunft vor neue Herausforderungen gestellt wird.

3. Fallbeispiel Nanotechnologie

Der Begriff der Nanotechnologie hat sich seit ca. 15 Jahren als Oberbegriff für eine Reihe avancierter Wissenschafts- und Technikrichtungen etabliert, deren Gemeinsamkeit darin besteht, gezielte Analyse und Manipulation in einer Größenordnung zu erlauben, die bislang menschlichem Zugriff verschlossen war: in der Nanometer-Dimension (nm). Ein Nanometer entspricht einem milliardstel Meter. In der Größenordnung von einigen Nanometern liegen z.B. komplexe Moleküle wie die DNA oder einfache Viren. Es hat sich bislang keine Definition als allgemein anerkannt durchgesetzt.[17] Im Folgenden wird eine pragmatische Definition verwendet, nach der Nanotechnologie als Sammelbegriff für Techniken für und mit nanoskaligen Systemen (das sind Systeme, die in mindestens einer Dimension einen Größenbereich zwischen 1 und 100 nm aufweisen), fungiert,

- die zielgerichtet und individuell (und nicht 'nur' statistisch in Form einer großen Menge) analysiert und manipuliert werden können, z.B. zur Gestaltung von Oberflächeneigenschaften,
- bei denen größenspezifische neue Effekte und Eigenschaften beobachtet oder erzeugt werden können, wie z.B. quantenmechanische Effekte,
- welche wenigstens der Intention nach – worauf der Wortbestandteil 'Technologie' hinweist – technisch nutzbar gemacht werden (können oder sollen).

Dahinter steht die Idee des technischen Operierens auf der Ebene von Atomen und Molekülen, einer Ebene, die bislang nur dem chemischen und damit statistischen Zugriff auf eine große Zahl von Atomen und Molekülen offen stand.

---

[16] Halfmann, Natur der Technik, S. 105; Kritik hieran bei Grunwald, Technikgestaltung, S. 72.
[17] Decker et al., Definitionen.

Ermöglicht wurde diese (beginnende) 'Eroberung' des Nanokosmos unter anderem durch neuartige physikalische Analyse- und Manipulationstechniken wie die Rastersonden- und Rasterkraftmikroskopie. Die Rastertunnelmikroskopie (STM), welche den quantenmechanischen Tunneleffekt zur Messung von Abständen nutzt, wurde 1981 erfunden. Rasterkraftmikroskopie (AFM) und Rastersondenverfahren sind hoch spezialisierte Weiterentwicklungen, die das Abtasten von Oberflächen auf der Basis stark entfernungsabhängiger elektrischer Potentialverteilungen möglich machen. Auf diese Weise können 'Bilder' von Oberflächen auf der Nanometerebene, d.h. letztlich auf der Ebene von Atomen, erzeugt werden. Wenn die Abtast'nadel' sodann nicht nur zur Beobachtung und Messung, sondern als eingreifender 'Finger' für Manipulationen genutzt wird, dann ist – wenigstens theoretisch – ein „Shaping the World Atom by Atom" möglich.[18] Wenn also der Ausgangspunkt der Nanotechnologie in Entwicklungen liegt, die aus der Physik heraus betrieben worden sind, ist sie dennoch generell durch ein Überschreiten klassischer Grenzen zwischen Physik, Chemie, Biologie und den Technikwissenschaften gekennzeichnet. Der Zugriff des 'Engineering' erreicht dabei die atomare und molekulare Ebene, und zwar in der Nanobiotechnologie auch in Bezug auf lebende Systeme.

Die Nanotechnologie hat in den letzten Jahren auch eine Karriere als öffentlicher und medialer Begriff gemacht. Das möglich gewordene Design von Materialien auf atomarer und molekularer Ebene und, damit verbunden, die Erzeugung und Nutzung von teilweise völlig neuartigen Produkteigenschaften sowie die weitere Miniaturisierung von Komponenten, Produkten und Verfahren bis hin zum Bau von 'Nanomaschinen' sind faszinierend und eröffnen weit reichende Anwendungsmöglichkeiten. Allgemein wird von der Nanotechnologie ein bedeutender Einfluss auf den Güter- und Arbeitsmarkt des 21. Jahrhunderts erwartet. Nanotechnologie gilt teils gar als Grundlage einer 'dritten industriellen Revolution'.

Dabei ist jedoch umstritten, ob Nanotechnologie wirklich (schon) *Technologie* ist. Weder handelt es sich bei der Nanotechnologie im engeren Sinne um *eine* Technologie oder eine Gruppe von Technologien, noch können damit zurzeit in großem Umfang marktgängige Produkte und Verfahren beschrieben werden. Zwar haben z.B. Nanopartikel in einige Produkte Eingang gefunden (z.B. bestimmte Sonnenschutzcremes), aber dies sind noch bei weitem keine Massenmärkte. Vielmehr stellt der Begriff der Nanotechnologie einen eher forschungspolitisch und forschungsorganisatorisch geprägten Terminus dar, der zu einem großen Teil nach wie vor Grundlagenforschung beinhaltet und dessen größte Potentiale nicht in der Gegenwart, sondern in der (teils entfernten) Zukunft gesehen werden.

---

[18] NNI, Shaping.

Aus diesen Gründen ist Nanotechnologie in den letzten Jahren in den Mittelpunkt eines regen wissenschaftlichen, forschungspolitischen und zunehmend auch medialen und öffentlichen Interesses geraten. Standen dabei zunächst ausnahmslos die erwarteten positiven Eigenschaften im Mittelpunkt, so hat sich – in einer pluralen Gesellschaft nicht überraschend – mittlerweile auch eine eigene Risikodebatte zur Nanotechnologie entwickelt.[19] Dementsprechend sind sozialwissenschaftliche Untersuchungen angelaufen, haben Debatten über Regulierung begonnen und sind eine Reihe von Arbeiten der Technikfolgenabschätzung zur Nanotechnologie für verschiedene Fragen und Adressaten angefertigt worden.

Gemeinsam ist all diesen Aktivitäten ein hohes Maß teils weit reichender Zukunftsaussagen, teils aus den Nanowissenschaften heraus, teils von den sozialwissenschaftlichen und philosophischen Interpreten.[20] Diese Zukunftsaussagen bestehen zum einen aus positiven Visionen, die zum Teil in die Nähe von Heilserwartungen kommen, zum anderen aus Ausmalungen von Horrorszenarien.[21] Man kann geradezu von einer Welle von Zukunftskommunikation sprechen, die sich an Perspektiven der Nanotechnologie festmacht. Dies bietet Anlass, im Folgenden dieser Zukunftskommunikation besondere Aufmerksamkeit in Bezug auf die Fragestellungen dieses Beitrages zu widmen.

4. Fortschritt und Gestaltungsproblem der Nanotechnologie

Die weit reichenden Hoffnungen, die mit der Nanotechnologie verbunden sind, könnten den Eindruck erwecken, als bestehe kein Gestaltungsbedarf, als würde die Entwicklung von selbst in eine 'gute' Richtung laufen. Ein Blick in die Technikgeschichte fordert hier zu Vorsicht auf. In der Tat bestehen beim näheren Hinsehen Gestaltungsnotwendigkeiten in der Nanotechnologie, zu deren Realisierung sodann erhebliche Orientierungsprobleme zu bewältigen sind.

4.1 Gestaltungsfragen in der Nanotechnologie

Nanotechnologie kommt nicht von selbst in die Welt, sondern durch Handlungen vieler Forscher, diese wiederum unterstützt durch Forschungsförderung. Eine erste Gestaltungsnotwendigkeit besteht in der Ausrichtung der Forschungsförderung, um die mit nanotechnologischen Entwicklungen verfolgten Ziele erreichen zu können. Forschungsförderung ist wichtig für die Themensetzung und die Prioritäten der Wissenschaften. Sie beeinflusst *heute* die wissenschaftlich-technischen Möglichkeiten *der Zukunft* und hat damit entscheidenden Einfluss auf die zukünftigen Gegenwarten. Weit vor dem Markteintritt möglicher

---

[19] Grunwald, Precautionary Principle.
[20] Nordmann et al., Nanotechnologien.
[21] Vgl. als Überblick Grunwald, Chiffre.

aus der Nanotechnologie erwachsender Produkte und Angebote, z.B. zur 'technischen Verbesserung' des Menschen, bestehen Gestaltungsmöglichkeiten, durch Forschungsförderung bestimmte Richtungen zu bevorzugen und andere zu benachteiligen. Hier steht im Mittelpunkt, für die Zukunft gesetzte Zielsetzungen durch heutiges Handeln zu befördern.

Ein zweiter Bereich von Gestaltungsnotwendigkeiten betrifft mögliche *Nebenfolgen* der Nanotechnologie, die seit einigen Jahren vor allem im Kontext synthetischer Nanopartikel diskutiert werden. Künstlich hergestellte Nanopartikel können durch Emissionen während der Herstellung oder beim alltäglichen Gebrauch von Produkten in die Umwelt oder in den menschlichen Körper gelangen (wie z.B. durch Inhalation freigesetzter Partikel). Ihr Ausbreitungsverhalten und ihre Auswirkungen auf Gesundheit und Umwelt, insbesondere potenzielle Langzeitfolgen, sind bisher kaum bekannt. Zur Vermeidung des Risikos möglicherweise katastrophaler Folgen (das immer wieder genannte Beispiel des Asbestes dient hier als worst-case-Szenario) ist ein Vorgehen nach den Maßgaben des Vorsorgeprinzips erforderlich.[22] Der Schwerpunkt liegt hierbei darin, durch heutiges Handeln unerwünschte zukünftige Folgen zu vermeiden.

Schließlich geht es auch um die Gestaltung der gesellschaftlichen Rahmenbedingungen, unter denen die weitere Entwicklung der Nanotechnologie erfolgt. Hier sind vor allem die Gebiete zu nennen, in denen Grenzen zwischen Lebewesen, insbesondere dem Menschen und der Technik überschritten werden.[23]

4.2 Orientierungssuche durch Zukunftskommunikation

Um in den Gestaltungsfragen transparent operieren zu können, bedarf es einer nachvollziehbaren Wissensbasis und klarer Beurteilungskriterien. Da es immer um *zukünftige* Folgen geht – denn die Gestaltungsmaßnahmen *heute* (z.B. in der Forschungsförderung oder durch Anlegen des Vorsorgeprinzips) sind Bemühungen, etwas für die *Zukunft* zu erreichen – stehen dem jedoch erhebliche methodische Schwierigkeiten entgegen, die der prospektiven Natur des erforderlichen Wissens geschuldet sind.[24]

Für die Moderne ist charakteristisch, dass durch technischen Fortschritt einerseits Handlungsmöglichkeiten erweitert, neue Optionen geschaffen und Abhängigkeiten vom Vorgegebenen reduziert werden. Andererseits geraten bisherige Selbstverständlichkeiten unter Druck, entstehen neue Fragen und Orientierungsprobleme: die Kontingenz in der *conditio humana* steigt.[25] In dieser Situation

---

[22] Grunwald, Precautionary Principle
[23] Z.B. bei Neuro-Implantaten oder in der Synthetischen Biologie, vgl. Rathenau, Constructing Life.
[24] Grunwald, Folgenwissen.
[25] Grunwald, Contingency.

werden die für Meinungsbildungen und Entscheidungen erforderlichen Orientierungen immer weniger aus den vorhandenen Traditionen und Werten, aber immer stärker aus Debatten über die zukünftige Entwicklung bezogen. Die moderne säkulare und verwissenschaftlichte Gesellschaft orientiert sich statt an der Vergangenheit mehr an Wünschen und Hoffnungen, aber auch Befürchtungen in Bezug auf die Zukunft. Die Rede vom Vorsorgeprinzip oder eben, wie in diesem Beitrag, von Erwartungen an eine oder Befürchtungen vor einer Zukunft mit Nanotechnologie, legt davon Zeugnis ab. In diesen wissenschaftlichen und gesellschaftlichen Diskussionen geht es nicht nur um die Zukunft einer bestimmten Technologielinie oder sich daraus ergebende gesellschaftliche Folgen, sondern auch um solche ‚großen Themen' wie die Zukunft der menschlichen Natur,[26] die Zukunft des Verhältnisses von Mensch und Technik oder auch die Nachhaltigkeit der menschlichen Wirtschaftsweise.[27] Orientierungssuche heißt, Zukünfte zu explorieren und zu deliberieren, auf die wir uns einigen können. Wenn das geschehen ist, haben wir eine Basis, um unsere heutigen Gestaltungsnotwendigkeiten zu erfüllen.

4.3 Zukünfte der Nanotechnologie als Orientierungsangebote

Weit in die Zukunft reichende Visionen, die teils nur schwer von Science Fiction zu unterscheiden sind, spielen in den nach Orientierung suchenden gesellschaftlichen Debatten zur Nanotechnologie eine wesentliche Rolle.[28] Hohe Unsicherheiten über die Realisierbarkeit wissenschaftlich-technischer Utopien und die dafür benötigten Zeiträume, aber auch über gesellschaftliche Folgen und entsprechende Verhaltungen dazu kennzeichnen diese Kommunikationsformen. Einige Beispiele seien zur Illustration genannt, wobei ich mich auf extreme Positionen beschränke. So könnte ein nanotechnologisch ermöglichter molekularer Assembler beliebige Materie in etwas für uns Sinnvolles verwandeln:

„In short, replicating assemblers will copy themselves by the ton, then make other products such as computers, rocket engines, chairs, and so forth. They will make dissassemblers able to break down rock to supply raw material. ... Teams of nanomachines in nature will build whales. ... Assemblers will be able to make virtually anything from common materials without labour, replacing smoking factories with systems as clean as forests".[29]

Nanoroboter könnten auch im menschlichen Körper darüber wachen, dass ein optimaler Gesundheitszustand permanent aufrechterhalten wird. Diese Maschinen müssten in der Regel deutlich kleiner als eine Zelle und in der Lage sein,

---

[26] Habermas, menschliche Natur.
[27] Grunwald/Kopfmüller, Nachhaltigkeit.
[28] Grunwald, Chiffre.
[29] Drexler, Engines, Kap. 4

biologisches Gewebe umfassend zu manipulieren. Auf diese Weise könnte es gelingen, Verletzungen innerhalb kurzer Zeit perfekt ausheilen zu lassen:

„In the hunt for pathogens, doctors send tiny machines into the furthest recesses of the body. These 'mini-submarines' are so small that they are not visible to the naked eye even as a speck of dust. Rotating cutting devices from the same dwarf world burrow their way through blocked blood vessels to eliminate the causes of heart attacks and strokes".[30] Auf diese Weise würde – so die Vision – ein nahezu unbegrenztes Leben möglich. Visionäre Aspekte finden sich auch häufig in Texten, die ansonsten auf der eher technisch-vorsichtigen Ebene operieren. Erwartungen dieser Art prägten die ersten Jahre einer gesellschaftlichen Nanotechnologiedebatte.

Mittlerweile sind allerdings auch Zukünfte ganz anderen Typs im Umlauf. Außer Kontrolle geratene sich selbst replizierende Nano-Roboter könnten sich rasch unbegrenzt und unkontrollierbar vermehren und dabei alles organische Material der Biosphäre verbrauchen. Es könnte sein, dass innerhalb weniger Tage nur noch eine Schicht von Abfallprodukten dieses Prozesses übrig wäre und in Form eines ‚grauen Schleims' die Erde überziehen würde. In Crichtons ‚prey' geht es geht um einen Kontrollverlust des Menschen, verursacht durch die Übernahme der Macht durch Nanoroboter. Dieses war die Idee in *Why the future doesn't need us*:[31] statt menschlich gesetzten Zwecken zu dienen, etwa in der Blutbahn, könnten die Roboter sich selbständig machen und die Kontrolle über den Planeten Erde übernehmen. Auch wenn diese Zukünfte spekulativ sind, haben sie doch bereits Wirkungen für die heutige Situation: sie beeinflussen die gesellschaftliche Diskussion zur Nanotechnologie, sie ziehen Risikodebatten hinter sich her und führen dazu, dass Vorsorgeüberlegungen bis hin zur Forderung nach einem Moratorium[32] oder gar einer völligen ‚Abkehr' von der Nanotechnologie[33] angestellt werden.

In diesen Fällen sind Diagnosen von prognostizierten Entwicklungen, Bewertungen, Erwartungen und Befürchtungen einer zukünftigen Welt mit Nanotechnologie verbunden mit Konsequenzen, was denn heute getan werden soll – sowohl im Fall der Heils- und Paradieserwartungen als auch zu den Horrorszenarien ergeben diese sich wie von selbst. Aber – die angebotenen Zukünfte sind einander diametral entgegengesetzt, jedenfalls in der obigen Auswahl. Welchen soll die Gesellschaft folgen, und mit welchen Gründen? Diese Frage führt auf schwer zu bewältigende Dilemmata der Zukunftskommunikation, welche die Realisierung von Gestaltungsnotwendigkeiten erschweren oder gar unmöglich machen könnten.

---

[30] Munich Re/Münchener Rück Store, S. 3.
[31] Joy, Future.
[32] ETC-Group, Big Down.
[33] Dupuy, Method.

5. Dilemmata der Zukunftskommunikation

Wie bereits die vorangegangenen Beispiele gezeigt haben, führen Formen der Zukunftskommunikation keineswegs wie von selbst auf neue Formen gesellschaftlicher Orientierung. Denn Zukunftserwartungen und -befürchtungen sind häufig selbst umstritten und oft geradezu Ausdruck der Konflikte einer pluralistischen Gesellschaft.[34] Tief greifende Ambivalenzen von Visionen (5.2) erschweren die Orientierung. Die Annahme, dass moderne Gesellschaften ihre Orientierung stärker über Zukunftsdebatten erzeugen (Kap. 4.2), erscheint vor diesem Hintergrund zwar nicht bereits als widerlegt, aber doch als kaum realisierbar.

Visionäre Zukunftskommunikation erfüllt mehrere Funktionen, zwischen denen teils gegenläufige und ambivalente Effekte auftreten:[35] Weit ausgreifende Zukunftskommunikation ist

- erstens *Katalysator* der Kontingenzsteigerung (Katalysefunktion): bestehende Selbstverständlichkeiten werden bereits aufgelöst, wenn im futurischen Modus über Alternativen gesprochen wird (so z.B. anhand der 'technischen Verbesserung des Menschen'),
- zeigt die Kontingenzsteigerung zweitens an (*Indikatorfunktion*) und soll
- drittens zur Bewältigung ihrer Folgen beitragen (*Orientierungsfunktion*), wie dargelegt in Kap. 4 dieses Beitrags.

Charakteristisch für diese Zukunftskommunikation auf der Basis wissenschaftlicher Visionen ist daher eine doppelte Ambivalenz. Einerseits vollzieht sich im Medium der Zukunftskommunikation simultan die *Auflösung* vorhandener Orientierungen (Katalysefunktion) wie auch die *Schaffung* neuer Orientierung (Orientierungsfunktion). Beispielsweise können die Visionen von Drexler und Roco/Bainbridge einerseits als Auflösung traditioneller Selbstverständlichkeiten gelesen werden, andererseits aber als klares Angebot, was – nach Meinung der Autoren – an deren Stelle treten sollte. Andererseits gelingt die Schaffung von Orientierung durch Zukunftskommunikation selten ohne Probleme. Im Gegenteil, angesichts der extremen Diskrepanz zwischen Katastrophenbefürchtungen und Heilserwartungen wird die Unsicherheit vielfach noch verstärkt. Auseinandersetzungen um gewünschte oder befürchtete Zukünfte sind Spiegelbild der generellen gesellschaftlichen Konflikte, keinesfalls jedoch Arenen des Konsenses. Dies sei anhand einiger markanter Positionen erläutert.

Einige erwartete Folgen konvergierender Technologien werden im Kontext der 'Verbesserung des Menschen' in einer Weise propagiert, dass man sie als

---

[34] Brown et al., Contested Futures.
[35] Grunwald, Contingency.

Heilserwartungen und Paradieshoffnungen interpretieren kann.[36] Danach geht es letztlich darum, durch Nanotechnologie und konvergierende Technologien einerseits die großen *gegenwärtigen* Menschheitsprobleme zu lösen (anschaulich ist bei Drexler nachzulesen, wie – seiner Meinung nach – durch Nanotechnologie z.b. auch Entwicklungsprobleme und Armut beseitigt werden könnten), andererseits enthält das Programm der technischen Verbesserung des Menschen durch konvergierende Technologien auch die Botschaft, dass damit die Menschheit zu *neuen* Ufern aufzubrechen könne (und solle).

Diese Erwartungen kontrastieren auf das Schärfste mit Befürchtungen, wie sie – in der Tradition der technikskeptischen Argumentationslinie von Joy – geäußert werden. Interessanterweise nimmt Joy genau die gleichen technischen Visionen, an die Drexler seine Heilserwartungen geknüpft hatte – selbst replizierende Nanoroboter auf der Basis des molekularen Assemblers –, zum Ausgangspunkt seiner Überlegungen, warum „die Zukunft uns nicht braucht".[37] Die Unsicherheiten des Wissens über die Nanotechnologie und ihre Folgen nimmt Dupuy zum Anlass,[38] sogar das Vorsorgeprinzip als unzureichend zur Behandlung von weit reichenden Zukunftsfragen einzustufen. In beiden Katastrophenerwartungen von Joy und Dupuy handelt es sich um die Befürchtung einer „ultimativen" Katastrophe, einer Katastrophe, die die Entwicklung der Menschheit beenden würde. Befürchtungen dieser Art begleiten häufig die wissenschaftlich-technische Entwicklung. In diesem Fall folgt für Dupuy, die ‚Heuristik der Furcht' von Hans Jonas[39] an Radikalität noch übertreffend, eine ‚Pflicht zur Erwartung der Katastrophe' als einzige Chance, um die ultimative Katastrophe noch zu verhindern. Seine düstere Sicht einer zukünftigen Gesellschaft *mit* Nanotechnologie lässt als Ausweg nur die *existenzielle Abkehr* von der Nanotechnologie offen.

Allerdings reden auch die Befürworter der Nanotechnologie von Katastrophen, nur im gegenteiligen Sinn: „If we fail to chart the direction of change boldly, we may become the victims of unpredictable catastrophe".[40] Sprachlich erinnert diese Argumentationsfigur – die Androhung krasser Sanktionen im Falle der Verweigerung gegenüber bestimmten Ratschlägen – an die Propheten des Alten Bundes und gewinnt damit geradezu biblisches Format.

Durch beide visionären Argumentationslinien soll letztlich Orientierung *geschaffen* werden: bei Dupuy in Richtung auf eine „Abkehr" von der Nanotechnologie, bei Roco/Bainbridge im Hinblick auf die Zuwendung und gesellschaftliche Akzeptanz und Förderung. Wenn allerdings die ultimative Katastrophe in

---

[36] Roco/Bainbridge, Converging Technologies; Coenen, Nanofuturismus.
[37] Drexler, Engines; Joy, Future.
[38] Dupuy, Method.
[39] Jonas, Prinzip Verantwortung.
[40] Roco/Bainbridge, Converging Technologies, S. 3.

beiden Richtungen als Drohmittel eingesetzt wird, führt dies zu einer Beliebigkeit der Konklusionen. Wenn die ultimative Katastrophe mit und ohne Nanotechnologie droht, dann kann von einer Orientierung angesichts gesteigerter Handlungsmöglichkeiten und Unsicherheiten nicht die Rede sein. Diese Ansätze, über Zukunftserwartungen Orientierung zu schaffen, verstärken dann – in paradoxer Weise – nur den Eindruck der Orientierungslosigkeit. In dieser Situation noch über Gestaltung zu reden, erscheint in der existentialistisch aufgeladenen Debatte obsolet zu werden. Damit scheint das Ausmaß der Kontingenzsteigerung maximal zu sein: zwischen Paradies und Katastrophe erscheint alles möglich, unabhängig davon, wie heute entschieden und gehandelt wird. Dies wäre dann der vollständige Sieg des Zukunftsbezuges zweiter Art (Kap. 2), verbunden mit der völligen Entwertung von Gestaltungsintentionen.

Aus dieser ambivalenten Situation hinsichtlich weit ausgreifender Visionen – „Tremendous transformative potential comes with tremendous anxieties"[41] – und wegen der Situation, dass aufgrund des spekulativen Charakters kaum Argumente zur Verfügung stehen, um sich 'rational' für die eine oder andere Variante zu entscheiden, resultiert hier ein großes Problem für die erwartete 'Orientierungsfunktion' der Zukunftskommunikation. Das Ziel der Orientierungsleistung und Kontingenzreduktion mittels der Zukunftskommunikation scheint nicht erreichbar.

Nun muss man den existentialistischen Aufladungen keinesfalls folgen. Eine nüchterne Analyse der Geltungsgründe einiger der vorgebrachten Argumente zeigt ihre Brüchigkeit.[42] Aber auch dann bleiben schwer wiegende Fragen. Denn wenn einerseits Orientierungsschaffung durch Zukunftskommunikation unverzichtbar ist, damit nicht gesellschaftliche Handlungsblockaden, Fundamentalismus oder destruktive weltanschauliche Grabenkämpfe die Folge sind, und wenn andererseits diese Orientierungsfunktion, wie beschrieben, sich nicht von selbst einstellt, dann stellt sich die Frage nach Maßnahmen, um hier Abhilfe zu schaffen und trotz der geschilderten ernsthaften Probleme über 'rationale' gesellschaftliche Zukunftsdebatten zur Orientierung konstruktiver Gestaltung beizutragen.[43]

6. Schlussfolgerungen

Die Ausgangsfrage dieses Beitrags bestand darin, die Möglichkeiten und Grenzen von Gestaltung im Bereich der Nanotechnologie zu erkunden. Forschungsförderung und Beachtung des Vorsorgeprinzips sind die beiden Pole von gesellschaftlichen Gestaltungs*notwendigkeiten*. Entsprechende Gestaltungsmöglichkeiten sind

---

[41] Nordmann Converging Technologies, S. 4.
[42] Grunwald, Chiffre.
[43] Grunwald, Folgenwissen.

jedoch mit den erläuterten Dilemmata von Zukunftskommunikation konfrontiert. In diesem abschließenden Kapitel soll eine dennoch in Bezug auf Gestaltung optimistische Deutung entwickelt werden.

In modernen Hochtechnologien sind die Zukünfte, die als Orientierung dienen sollen, häufig selbst umstritten, wie das Beispiel der Nanotechnologie zeigt (Kap. 5). Die von den verschiedenen Akteuren eingebrachten 'Zukünfte' weisen tief gehende Ambivalenzen auf und sind Austragungsfeld der Konflikte einer pluralistischen Gesellschaft (z.B. im Feld der nachhaltigen Entwicklung). Auseinandersetzungen um gewünschte oder befürchtete Zukünfte sind Spiegelbild der gesellschaftlichen Konflikte. Politik, Gesellschaft und Wissenschaft müssen sich auf Basis des kommunizierten Folgenwissens eine Meinung bilden und ggf. Entscheidungen treffen, sind dabei jedoch mit konkurrierenden und teils unvereinbaren Zukunftsvorstellungen konfrontiert. Daher müssen Beurteilungen vorgenommen werden, welche Zukunftsaussagen im jeweiligen Kontext als relevant, adäquat und belastbar angesehen werden – und damit anderen vorgezogen werden. Die Herausforderung verlagert sich also dahingehend, dass die verschiedenen – und teils diametral entgegen gesetzten Zukunftsvorstellungen zur Nanotechnologie (Kap. 5) – gegeneinander abgewogen werden müssen.

Dafür bedarf es – jedenfalls insofern die Schaffung von Orientierung unter der Maßgabe von Wissenschaftlichkeit und damit von argumentativer Rationalität erfolgt und nicht dem gesellschaftlichen Spiel der Kräfte, medialer Macht oder tagespolitischen Erwägungen überlassen werden soll – transparenter und nachvollziehbarer Kriterien und Verfahren der argumentativen Abwägung und Entscheidung zwischen verschiedenen Zukunftserwartungen, Befürchtungen, Hoffnungen, Szenarien, Visionen oder Projektionen.[44] Demokratische Öffentlichkeit und Entscheidungsverfahren – innerhalb derer legitimiert über konkurrierende Zukünfte und Konsequenzen für die Gegenwart letztlich entschieden wird – benötigen eine rationale Aufarbeitung der epistemischen und normativen Gehalte der verhandelten 'Zukünfte' als Basis für eine informierte Deliberation. Es ist darüber ein Urteil auszubilden, welche Zukunftskonstruktionen zur Nanotechnologie unter welchen Kriterien und mit welchen Gründen Beratungs- und Entscheidungsgrundlage sein sollen und welche nicht.

Zukunftsvorstellungen zur Nanotechnologie (z.B. Prognosen, Szenarien, Folgenannahmen, Konstanz- oder Kontinuitätsannahmen, Visionen oder Befürchtungen), sind opake begriffliche Konstrukte aus Wissensbestandteilen, ad hoc Annahmen, Relevanzen, ceteris paribus-Bedingungen etc. Sie stützen sich nur zum Teil auf Wissen ab, nehmen häufig an, dass Wissen in die Zukunft extrapoliert werden darf und unterstellen vielfach spezifische Annahmen über Randbedingungen bestimmter Entwicklungen. Nicht durch Wissen gestützte Anteile

---

[44] Ebenda.

werden durch mehr oder weniger plausible Annahmen und normative Festlegungen 'ergänzt' oder kompensiert.

Wer Geltung beanspruchend über zukünftige Entwicklungen redet, muss damit die Voraussetzungen angeben, die als Bedingungen für eine transsubjektiv begründbare Zukunftsaussage angenommen werden müssen. Ein Diskurs um Geltungsfragen von Zukunftsaussagen wird dadurch zu einem Diskurs über die – jeweils gegenwärtig gemachten – Voraussetzungen, die zu der Zukunftsaussage geführt haben. Ein argumentativer Streit über die ‚Geltung' von Zukunftsaussagen bezieht sich daher nicht darauf, ob die vorausgesagten Ereignisse in einer zukünftigen Gegenwart eintreffen, sondern auf die Gründe, die auf der Basis gegenwärtigen Wissens und gegenwärtiger Relevanzbeurteilungen in Anschlag gebracht werden können, um das spätere Eintreffen zu erwarten.[45] Vor diesem Hintergrund lassen sich in Bezug auf die umstrittenen Zukünfte der Nanotechnologie folgende Aufgaben für die Technikfolgenabschätzung bzw. involvierte wissenschaftliche Disziplinen und Philosophie erkennen, um die kontroversen Zukünfte gegeneinander abzuwägen und dadurch Orientierung zu schaffen:

- *Zukunftskritik*: die vorgebrachten Zukünfte sind erkenntnistheoretisch zu kritisieren, d.h. auf ihre Voraussetzungen hin und auf die Kohärenz der Bestandteile hin zu analysieren.
- *Zukunftsbewertung*: Angesichts der konkurrierenden, kontroversen und umstrittenen Zukünfte müssen *Bewertungen* von Zukünften stattfinden (Assessment).
- *Zukunftsprozessierung*: Angesichts der großen Anteile des Nichtwissens an wohl allen Zukünften im Zusammenhang mit Technikfolgen geht es immer auch darum, Strategien zum Umgang mit dem Nichtwissen aufzuzeigen.
- *Schlussfolgerungen für die Gegenwart*: Letztlich ist Ziel der vorgängig genannten drei Schritte, daraus Konsequenzen für gegenwärtige Handlungen und Entscheidungen zu ziehen.

Ein solches Vorgehen erlaubt es, eine Kapitulation vor den in Kap. 5 genannten Dilemmata zu vermeiden. Gestaltung durch Analyse und Assessment von Zukunftsvorstellungen zur Nanotechnologie sowie durch Ziehen der Konsequenzen für heutiges Handeln, insbesondere in den Bereichen Forschungsförderung und Vorsorgeprinzip, wird in einem gewissen Sinne zumindest wieder denkbar. Allerdings reicht diese Art von Gestaltung nicht an ein klassisches Planungsverständnis heran. Angesichts der hohen involvierten Unsicherheiten, die sich z.B. darin zeigen, dass zur Nanotechnologie diametral entgegen gesetzte

---

[45] Grunwald, Chiffre.

Zukünfte vertreten werden, kann von Planung im klassischen Sinne[46] nicht gesprochen werden.

Stattdessen geht es darum, unsere gegenwärtigen Kriterien für die Bewertung der Nanotechnologie und die damit verbundenen Perspektiven auf die Zukunft der Nanotechnologie zu nutzen, um in den genannten Schritten von Zukunftskritik, Zukunftsbewertung und Zukunftsprozessierung Schlussfolgerungen und Orientierung für gegenwärtige Entscheidungen zu ziehen. Dies ist kein klassischer Planungsvorgang, da angesichts der involvierten Unsicherheiten nicht davon ausgegangen werden kann, dass die in diesen Gedanken- und Beratungsgang eingegangenen Wissens- und Wertebestandteile weit in die Zukunft Geltung behalten. Es wird also notwendig, das Wissen und die Kriterien 'nachzuführen' und auf diese Weise einen kontinuierlichen Gestaltungsprozess der Nanotechnologie in Gang zu setzen. Auf diese Weise behalten Gestaltungsintentionen im Hinblick auf erwünschte oder zu vermeidende Folgen der Nanotechnologie ihren Platz in Beratungs- und Entscheidungsprozessen. Sie werden aber dadurch relativiert, dass sie nicht mehr als fixes Zielsystem betrachtet werden können, um deren Umsetzung es geht, wie dies im klassischen Planungsbegriff der Fall ist. Der Prozess der gesellschaftlichen 'Aneignung' der Nanotechnologie verändert auch die betreffenden Zielsysteme. Aus einem Modell linearer Planung wird ein „zielgerichteter Inkrementalismus".[47] Prospektive Zweck/Mittel-Rationalität unter Einbeziehung möglicher nicht intendierter Folgen in Anerkennung der Unsicherheiten des involvierten Wissens wird auf diese Weise zu dem prägenden Rationalitätsmodell der Moderne.

Literatur

Banse, Gerhard, Armin Grunwald, Wolfgang König, Günter Ropohl (Hrsg.): Erkennen und Gestalten. Eine Theorie der Technikwissenschaften. Berlin: edition sigma 2006.
Beck, Ulrich: Risikogesellschaft. Auf dem Weg in eine andere Moderne. Frankfurt a.M.: Suhrkamp 1986.
Brown, Niclas, Brian Rappert; Andrew Webster (Hrsg.): Contested Futures. A sociology of prospective techno-science. Burlington: Ashgate Publishing 2000.
Camhis, Mario: Planning Theory and Philosophy. London: Tavistock Publications 1979.
Coenen, Cristopher: Der posthumanistische Technikfuturismus in den Debatten über Nanotechnologie und Converging Technologies. In: *Alfred Nordmann, Joachim Schummer, Astrid Schwarz* (Hrsg.), Nanotechnologien im Kontext. Berlin: Akademische Verlagsgesellschaft 2006, S. 195-222.

---

[46] Camhis, Planning Theory
[47] Grunwald, Technikgestaltung.

Decker, Michael, Ulrich Fiedeler, Torsten Fleischer: Ich sehe was, was Du nicht siehst... Zur Definition der Nanotechnologie. In: Technikfolgenabschätzung. Theorie und Praxis 13(2), 2004, S. 10-14.

Dörner, Dietrich: Die Logik des Mißlingens. Strategisches Denken in komplexen Situationen. Reinbek: Rowohlt 1992.

Drexler, Eric: Engines of Creation – The Coming Era of Nanotechnology. Oxford: University Press 1986.

Dupuy, Jean-Pierre: The philosophical foundations of Nanoethics. Arguments for a Method. Lecture at the Nanoethics Conference, University of South Carolina, March 2-5, 2005.

Dupuy, Jean-Pierre, Alex Grinbaum: Living with Uncertainty: Toward the ongoing Normative Assessment of Nanotechnology. In: Techné 8 (2004) S. 4-25.

ETC-Group: The Big Down. Atomtech: Technologies Converging at the Nanoscale, 2003. http://www.etcgroup.org [2.10.2006].

Grunwald, Armin: Handeln und Planen. München: Fink 2000.

Grunwald, Armin: Technik für die Gesellschaft für morgen. Frankfurt a.M.: Campus, 2000.

Grunwald, Armin: Nanotechnologie als Chiffre der Zukunft. In: *Alfred Nordmann, Joachim Schummer, Astrid Schwarz* (Hrsg.), Nanotechnologien im Kontext. Berlin: Akademische Verlagsgesellschaft 2006, S. 49-80.

Grunwald, Armin: Nanotechnology and the Precautionary Principle. In: *Fabrice Jotterand* (Hrsg.), Nanotechnology and Nanoethics: Framing the Field, Berlin: Springer (im Druck).

Grunwald, Armin: Prospektives Folgenwissen im Technology Assessment – umstrittene Zukünfte und rationale Abwägung. In: Technikfolgenabschätzung – Theorie und Praxis, H. 1/2007 (im Druck).

Grunwald, Armin: Converging Technologies: visions, increased contingencies of the conditio humana, and search for orientation. Futures (forthcoming).

Grunwald, Armin; Jürgen Kopfmüller: Nachhaltigkeit. Frankfurt/New York: Campus 2006.

Habermas, Jürgen: Die Zukunft der menschlichen Natur. Frankfurt a.M.: Suhrkamp 2001.

Halfmann, Jost: Die gesellschaftliche „Natur" von Technik. Opladen: Leske u. Budrich 1996.

Jonas, Hans: Das Prinzip Verantwortung. Frankfurt a.M.: Suhrkamp 1979.

Joy, Bill: Why the Future Does not Need Us. In: Wired Magazine, April 2000, p. 238 - 263.

Kowol, Uwe, Wolfgang Krohn: Innovationsnetzwerke. Ein Modell der Technikgenese. In: Jahrbuch Technik und Gesellschaft 8(1995) S. 77–106.

Munich Re: Nanotechnology – What is in Store for Us? Münchener Rückversicherungs-Gesellschaft, München 2002.

NNI – National Nanotechnology Initiative: National Nanotechnology Initiative. Washington 1999.

Nordmann, Alfred: Converging Technologies – Shaping the Future of European Societies. Brüssel: European Commission 2004.

Nordmann, Alfred, Joachim Schummer, Astrid Schwarz (Hrsg.): Nanotechnologien im Kontext. Berlin: Akademische Verlagsgesellschaft 2006.

Paschen, Herbert, Christopher Coenen, Torsten Fleischer, Reinhard Grünwald, Dagmar Oertel, Christoph Revermann: Nanotechnologie. Forschung und Anwendungen. Berlin: Springer 2004.

Rathenau Institute: Constructing Life. Ethical, legal and social aspects of synthetic biology. The Hague: Rathenau Institute 2006.

Roco, Mihail, William Bainbridge (Hrsg.): Converging Technologies for Improving Human Performance. Arlington, Virginia: National Science Foundation 2002.

Ropohl, Günter: Kritik des technologischen Determinismus. In: *Friedrich Rapp, Paul T. Durbin* (Hrsg.), Technikphilosophie in der Diskussion. Braunschweig: Vieweg 1982, S. 3-18.

von Schomberg, Rene: The Precautionary Principle and Its Normative Challenges. In: *Edwin Fisher, Jim Jones, Rene von Schomberg* (eds.), The Precautionary Principle and Public Policy Decision Making. Cheltenham, UK, Northampton, MA: Edward Elgar 2005, p. 141-165.

Tenbruck, Friedrich: Zur Kritik der planenden Vernunft. Freiburg/München: Alber 1972.

Günter Ropohl

Die Biotechnik im systemtheoretischen Modell

Mit einer Systemtheorie der Technik habe ich den Versuch unternommen, ein allgemeines Modell zu entwerfen, mit dem die vielfältigen Phänomene und Probleme der Technik übersichtlich und zusammenhängend abgebildet und verstanden werden können.[1] Manchen Beobachtern scheint das im Ansatz gelungen zu sein. Andere meinen dagegen, dieses Modell nähme an der klassischen Technik Maß und trüge den Entwicklungen in Informationstechnik und Biotechnik zu wenig Rechnung. Darum befasse ich mich in diesem Beitrag mit der Frage, ob die soziotechnologische Systemtheorie der Biotechnik gerecht werden kann. Sind ihre Kategorien auch tragfähig, wenn der technische Umgang mit lebenden Organismen angemessen zu beschreiben und zu verstehen ist? Ich denke, dass ich diese Frage bejahen kann, und das will ich im Folgenden zu zeigen versuchen.

Ich kann nicht voraussetzen, dass die Systemtheorie der Technik allgemein bekannt ist, auch wenn manche Teile davon in den Technikwissenschaften inzwischen zum Handbuchwissen gehören. Ich muss daher (1) einen ganz knappen Einblick in dieses Technikverständnis vermitteln. Dann werde ich (2) mit einem kleinen Beispiel typische Phänomene der Biotechnik illustrieren. Daran schließen sich Überlegungen (3) zum Begriff und (4) zur Einteilung der Biotechnik an. In funktionaler Betrachtung lassen sich zwei grundverschiedene Formen von Biotechnik ausmachen: eine Biotechnik als *biotische* Verfahrenstechnik, die im systemtechnischen Modell prinzipiell ohne Weiteres zu verorten ist; sowie eine Biotechnik als *organismische* Verfahrenstechnik, die lebende Organismen künstlich verändert und damit (5) biotische Semi-Artefakte schafft, die nun wirklich deutliche Unterschiede gegenüber maschinen- und apparatetechnischen Artefakten aufweisen. Dadurch rücken (6) Fragen nach dem Verhältnis von Biotechnik und Gesellschaft in ein neues Licht.

1. Systemtheorie der Technik

Diese Theorie geht von einem mittelweiten Technikbegriff aus, der inzwischen eine gewisse Verbreitung gefunden hat. Demnach umfasst Technik

- „die Menge der nutzenorientierten, künstlichen, gegenständlichen Gebilde (Artefakte oder Sachsysteme);

---

[1] Ropohl, Eine Systemtheorie der Technik; 2. Aufl. u. d. T. Allgemeine Technologie. Vorsorglich weise ich darauf hin, dass ich dabei die Allgemeine Systemtheorie zu Grunde gelegt habe, die mit der soziologischen „Systemtheorie" von Niklas Luhmann wenig gemein hat. Mehr dazu bei Ropohl, i.V.

- die Menge menschlicher Handlungen und Einrichtungen, in denen Sachsysteme entstehen;
- die Menge menschlicher Handlungen, in denen Sachsysteme verwendet werden".[2]

Dieser Begriff ist nicht so eng wie die Variante, die lange Zeit in den Technikwissenschaften üblich war und lediglich die künstlichen Gegenstände meinte. Er ist aber auch nicht so weit wie eine sozialwissenschaftliche Variante, die damit jede Form planmäßigen, regelgeleiteten Handelns bezeichnet. Ignoriert der enge Technikbegriff den bedeutenden Anteil menschlichen Handelns, so bezieht sich der weite Technikbegriff auf jegliches menschliche Handeln und verfehlt so die Spezifik des Umgangs mit künstlich gemachten Sachen.

Begriffsphilosophisch gesehen, bedeutet mein Vorschlag eine extensionale Definition, die angibt, welche Phänomene unter den Namen „Technik" fallen sollen und welche nicht. Selbstverständlich gibt es gelegentlich Abgrenzungsprobleme, die ich für die Biotechnik noch diskutieren werde. Im Prinzip aber liegt damit eine klare Begriffskonvention vor. Demgegenüber wird neuerdings der Vorschlag gemacht, Technik als einen „Reflexionsbegriff" zu fassen, also als einen Begriff ohne Extension.[3] Dann kann „Technik" wieder alles Mögliche heißen, wenn nur irgendwelche intensionalen Wesensmerkmale erfüllt sind. Abgesehen vom Grundproblem solcher essentialistischen Begriffsstrategie, das schon Lenk überzeugend analysiert hatte,[4] zeichnen sich die jetzt vorgeschlagenen „Wesensmerkmale" auch nicht durch besondere Genauigkeit aus. Mit einem Wort: Der „Reflexionsbegriff" kommt mir vor wie ein Euphemismus zur Ehrenrettung missverständlicher Äquivokationen.

Entsprechend der vorgeschlagenen Definition unterscheide ich drei Arten von Systemmodellen:

- die Sachsysteme;
- die Handlungssysteme des Entstehungszusammenhangs;
- die Handlungssysteme des Verwendungszusammenhangs.

Im Vordergrund sollen hier die Sachsysteme stehen. Wie jedes System lässt sich auch das Sachsystem kennzeichnen durch seine Funktion, seine Struktur und durch seine Stellung in einem hierarchischen Gefüge. Die Funktion – im deskriptiven Sinn! – besteht darin, bestimmte Inputs oder Einträge in Zustände und Outputs oder Austräge zu transformieren. Die Inputs, Zustände und Outputs können näherhin als stofflich, energetisch oder informationell charakterisiert werden. Die Struktur besteht aus Teil-Sachsystemen und Relationen zwischen den Teilsystemen. Wie das System sich aus Teilsystemen zusammensetzt, so kann es auch seinerseits als Teilsystem eines umfassenderen Systems betrachtet

---

[2] VDI Richtlinie 3780, S. 2.
[3] Grunwald/Julliard, Technik als Reflexionsbegriff; Hubig, Die Kunst des Möglichen.
[4] Lenk, Zu neueren Ansätzen der Technikphilosophie.

werden. Eine solche Systemhierarchie reicht vom Werkstoff, dem elementaren Teilsystem, bis zum globalen Anlagenverbund wie z.B. dem Internet. Für das Folgende sind die Stoffe bzw. Materialien als unterste Systemebene besonders im Auge zu behalten.

Aus den Systemmerkmalen, die ich hier natürlich nur andeuten kann,[5] lässt sich eine übersichtliche Klassifikation der Sachtechnik gewinnen, indem man als Kriterien die Art des vorherrschenden Outputs (Stoff, Energie, Information) und den Funktionstyp (Wandlung, Transport, Speicherung) einführt. Bei der Einordnung der Biotechnik ist jener Teilbereich besonders wichtig, der die Wandlung von Stoffen umfasst. „Stoff" bzw. „Masse" bezeichnet alle Phänomene, die räumlich ausgedehnt sind, einer Änderung ihres Bewegungszustandes Trägheit entgegensetzen und in einem Gravitationsfeld eine gewisse Schwere aufweisen. Stoff kann in seinen physischen Eigenschaften – Verteilung im Raum, atomare oder molekulare Zusammensetzung, Aggregatzustand usw. – geändert werden, aber auch in seiner geometrisch definierbaren Gestalt. Die Änderung von Stoffeigenschaften nennt man in der Technologie *Verfahrenstechnik*, die Änderung von Stoffgestalten dagegen *Fertigungstechnik*.

Technik aber umfasst nicht nur die Sachsysteme, sondern auch die Menschen, soweit sie Sachsysteme herstellen oder verwenden. Grundlage für dieses, gegenüber den herkömmlichen Ingenieurwissenschaften weitere, Technikverständnis ist das Konzept der *soziotechnischen Arbeitsteilung*. So entsteht ein soziotechnisches System dadurch, dass Menschen bestimmte Teilfunktionen ihres Handelns und Arbeitens an technische Sachsysteme übertragen und mit diesen Sachsystemen eine sozusagen symbiotische Handlungseinheit eingehen. Das Modell des Sachsystems muss mithin zum Modell des soziotechnischen Systems erweitert werden.

Ich kann auf die gesellschaftlichen Bedingungen und Folgen der Technisierung, die sich aus diesem Konzept ergeben, hier nicht im Einzelnen eingehen, sondern nur die Aspekte hervorheben, die auch in der Biotechnik eine besondere Rolle spielen. Unter den Bedingungen sind technisches Wissen, Beherrschbarkeit und Zuverlässigkeit zu nennen. Bei den Folgen geht es insbesondere um Naturveränderung, Strukturveränderungen und mögliche Irreversibilität.

Eigentlich müsste ich jetzt noch auf die Bedingungen der Technikentstehung zu sprechen kommen, auf das also, was man die „technische Entwicklung" nennt. Das aber kann ich hier nicht vertiefen, weil mir sonst zu wenig Raum für die Biotechnik bliebe.[6]

---

[5] Zu den Einzelheiten vgl. Ropohl, Allgemeine Technologie.
[6] Vgl. die zusammenfassende Übersicht in Ropohl, Konstruktion oder Emergenz.

2. Biotechnisches Beispiel

In die späteren systematischen Überlegungen möchte ich zunächst mit einem übersichtlichen Beispiel einführen. Mir ist bewusst, dass dieses Beispiel nicht einer gewissen Delikatesse entbehrt. Das ausgewählte biotechnische Produkt wird nämlich inzwischen in irrationaler Weise tabuisiert. Aber die pseudowissenschaftlichen Umtriebe gewisser Epidemiologen – vor allem die haltlose Legende vom so genannten „Passivrauchen"[7] – brauchen mich nicht daran zu hindern, die Jahrhunderte alte Tabakkultur[8] techniktheoretisch zu analysieren.

Ausgangsstoff für die Zigarren- und Zigarettenherstellung ist die Tabakpflanze, die im 16. Jahrhundert von den Konquistadoren aus Amerika nach Europa eingeführt worden ist. In der Folgezeit hat man durch planmäßige Zucht eine ganze Reihe von Varianten hervorgebracht, die ohne die Einwirkung des Menschen so nicht entstanden wären. Die heutigen Nutzpflanzen sind also kein reines Naturprodukt, sondern, wie man herkömmlicher Weise sagt, Kulturpflanzen, genauer gesagt: Pflanzen, deren Eigenschaften in erheblichem Ausmaß durch menschlichen Eingriff entstanden sind, also biotechnische Produkte. Die Pflanzenzucht ist eine Technik der Änderung von Stoffeigenschaften, und die Technik, die diese Funktion leistet, heißt wie gesagt Verfahrenstechnik; ich werde darauf zurückkommen. Die besondere Verfahrenstechnik, die lebende Organismen verändert, werde ich, gegenüber anderen Erscheinungsformen, als organismische Verfahrenstechnik apostrophieren.

Anbau und Ernte enthalten transport- und fertigungstechnische Vorgänge, letztere z.B. beim Einpflanzen und beim Schneiden der reifen Pflanzen und Blätter. Dem folgt ein erster Trockungsvorgang, der zur mechanischen Verfahrenstechnik gehört. Dann werden die Blätter dicht auf einander geschichtet und einer biotischen Veränderung unterzogen, die als Fermentation bekannt ist. Dabei entstehen Enzyme, die als so genannte Biokatalysatoren auf die Zelleigenschaften einwirken. Auch dies ist Verfahrenstechnik, die man als biotisch bezeichnen kann, weil sie für die Änderung der Stoffeigenschaften biotische Effekte einsetzt. Das Entrippen der Blätter ist dann mechanische Verfahrenstechnik, genauer die Technik des Trennens. Das nachfolgende Besprühen der Blätter mit aromatischen Lösungen, das so genannte „Soßen", führt zu chemischen Veränderungen, gehört also zur chemischen Verfahrenstechnik. Das Feinschneiden ist wieder ein mechanisches Verfahren, ebenso wie das anschließende Trocknen. Das Formen, Umwickeln und Schneiden der Feinschnittstränge ebenso wie das Verpacken sind dann fertigungstechnische Vorgänge. Die

---

[7] Vgl. von der Heydt, Rauchen Sie?, bes. S. 103-116; ferner Enstrom/Kabat, Environmental tobacco smoke and coronary heart disease mortality in the United States.

[8] Dazu schon Beckmann, Anleitung zur Technologie, im VII. Kapitel „Tobackspinnerey", im Nachdruck von 1789 S. 193-209.

folgende Übersicht zeigt den Produktlebenszyklus und die jeweiligen Techniken.

Phase	Technik
Züchtung der Tabakpflanze	organismische Verfahrenstechnik
Anbau und Ernte	Fertigungs- und Transporttechnik
Vortrocknen	mechanische Verfahrenstechnik
Fermentation	biotische Verfahrenstechnik
Entrippen der Blätter	mechanische Verfahrenstechnik
„Soßen" des Tabaks	chemische Verfahrenstechnik
Feinschneiden	mechanische Verfahrenstechnik
Trocknen („Rösten")	thermisch-mechanische Verfahrenstechnik
Herstellen der Zigaretten	Fertigungstechnik
Verpacken	Fertigungstechnik
Abbrennen der Zigarette	thermisch-chemische Verfahrenstechnik
Inhalation des Rauches	organismische Verfahrenstechnik
Entsorgung der Rückstände	Transport- und Verfahrenstechnik

Übersicht 1: Produktlebenszyklus der Zigarette

Wenn die Zigarette verwendet, d.h. geraucht wird, ist das unmittelbar ein thermisch-chemischer Vorgang. Indem Menschen den Rauch inhalieren, verändern sie die Verfassung ihres eigenen Organismus und ihrer Psyche. Insofern ist das Rauchen eine organismische Verfahrenstechnik. Schließlich sind die Rückstände der gerauchten Zigarette zu entsorgen; ich erwähne diesen Umstand auch darum, weil die sich mehrenden Rauchverbote eher der Einsparung von Entsorgungskosten zu dienen scheinen als dem Schutz von Nichtrauchern vor Belästigungen. Eine umfassende und wissenschaftlich seriöse Technikfolgenabschätzung dieses biotechnischen Kulturprodukts ist bis heute nicht unternommen worden.[9]

Darum geht es mir hier auch gar nicht. Vielmehr hat das Beispiel vor allem den Zweck, eine Klassifikation der Verfahrenstechnik vorzubereiten, in der auch die verschiedenen Formen der Biotechnik ihren Platz finden.

---

[9] „Das Alkaloid des Tabaks, das Nikotin, wirkt anregend auf das vegetative Nervensystem, den Kreislauf und das Atemzentrum", hieß es 1971 in Meyers Handbuch über die Technik (S. 922). Das tut es, ungeachtet der inzwischen bekannt gewordenen Risiken (!), natürlich immer noch, und darum wird der Tabakgenuss nach wie vor von Vielen geschätzt.

3. Begriff der Biotechnik

Mit dem Beispiel habe ich implizit einen weiten Begriff der Biotechnik eingeführt. Biotechnik umfasst:

- die Menge der nutzenorientierten, künstlich überformten oder gestalteten lebenden Organismen (biotische Semi-Artefakte oder biotechnische Sachsysteme);
- die Menge menschlicher Handlungen und Einrichtungen, in denen biotechnische Sachsysteme entstehen oder in denen lebende Organismen zur Herstellung anderer Sachsysteme eingesetzt werden;
- die Menge menschlicher Handlungen, in denen biotechnische Sachsysteme verwendet werden.

Dazu muss ich einige Anmerkungen machen.

Der Ausdruck „Sachsystem" ist ein Terminus, der als Oberbegriff für technische Hervorbringungen eingeführt wurde, weil herkömmliche Bezeichnungen im Sprachgebrauch (Gerät, Maschine, Apparat usw.) theoretisch nicht befriedigend abzugrenzen sind. Wenn ich den Terminus auf die Biotechnik übertrage, muss ich selbstverständlich den Grad der Künstlichkeit relativieren. Gewiss gibt es bioethische Vorbehalte, dass lebende Organismen keine „Sachen" wären; von solchen Einwänden darf ich hier aus systematischen Gründen absehen. Als „biotechnisches Sachsystem" wird ganz formal jeder Gegenstand bezeichnet, der nicht ganz und gar natürlich entstanden ist, sondern sich wenigstens teilweise menschlichem Eingriff verdankt.

Wie im Fall der Informationstechnik erschließt auch der Begriff „Biotechnik" u.a. Phänomene, die seit alters bekannt sind und zuvor nicht so benannt wurden, obwohl sie in techniktheoretischer Sicht denselben Prinzipien genügen wie die heute neu entwickelten Eingriffe in lebende Organismen und mit Hilfe lebender Organismen. Dazu zählen insbesondere auch alle Verfahren der Pflanzen- und Tierzüchtung sowie eine Vielzahl von Nahrungsmittel- und Genussmittel-Zubereitungen.

Wie im Allgemeinen schlage ich auch für den Sonderfall vor, den realen Objektbereich als *Biotechnik* zu bezeichnen. *Biotechnologie* heißt dem gegenüber, so zu sagen auf der Metaebene, die Wissenschaft von der Biotechnik. Zwischen der technischen Praxis und der technologischen Theorie zu unterscheiden, fällt für die Biotechnik gewiss oft noch schwerer als für andere Technikfelder. Gleichwohl plädiere ich für saubere begriffliche Abgrenzung, wo immer möglich.

Immer schon ist es für die theoretische Technologie eine Herausforderung gewesen, die Unübersichtlichkeit der technischen Praxis mit klaren Definitionen und Klassifikationen transparent zu machen; auch das gehört zur „Herausforderung

Technik", der Devise dieses Buches. Darüber hat schon im 18. Jahrhundert Johann Beckmann geklagt, als er „die Handwerke, Fabriken und Manufacturen" theoretisch zu durchleuchten versuchte.[10] Damit mussten sich die Erneuerer der Allgemeinen Technologie im letzten Drittel des 20. Jahrhunderts herumschlagen, und der Biotechnik steht diese Aufgabe noch bevor. Selbst ein einführendes Lehrbuch der „Biotechnologie für Einsteiger" (!?) erweckt den Eindruck, dass seine Verfasser vor lauter Bäumen den Wald noch nicht erfasst haben.[11] Wie aber sollen „Einsteiger" das dann verstehen? Dieses notorische Defizit der Wissenschaftskommunikation kann natürlich auch ich nicht mit ein paar Federstrichen beheben. Ich kann nur anmahnen, dass die „Wissensgesellschaft" mehr braucht als die Anhäufung esoterischer Spezialausdrücke, nämlich plausible Übersichten über funktionale Charakteristika der jeweiligen Techniken.

Im Grunde ist aus dieser Sicht das ganze Wort „Biotechnik" problematisch, weil es nicht auf eine funktionale Kennzeichnung von Technik abhebt, sondern auf eine bestimmte physische Realisierung technischer Funktionen. Das ist vergleichbar mit dem Schlagwort „Mikroelektronik", das in den 1980er Jahren Konjunktur hatte.[12] Auch da wurde eine bestimmte physisch-technische Realisationsform anstelle der funktionalen Kennzeichnung „Informationstechnik" in den Vordergrund gestellt. Ähnlich liegen die Dinge, wenn heute die Abwasserreinigung der Biotechnik zugerechnet wird. Denn umgekehrt ist die Abwasserreinigung die übergeordnete Funktion, nämlich die Trennung unerwünschter Schmutzstoffe vom Wasser. Dafür kann man neben herkömmlichen mechanischen und chemischen Mitteln inzwischen auch biotische Systeme einsetzen. In gewisser Weise ist also die „Biotechnik" ein begrifflicher Notbehelf.

4. Einteilung der Biotechnik

Eine stimmige und überzeugende Gesamtklassifikation der Biotechnik gibt es bis heute meines Wissens nicht. Die koloristische Einteilung[13] – weiss, grau, grün, rot, blau – scheint mir wenig überzeugend, da die metaphorischen Farbnamen lediglich Anwendungsgebiete, nicht jedoch funktionale Charakteristika in den Blick nehmen. So darf der Versuch, den ich hier vorstelle, nur als vorläufiger erster Schritt verstanden werden. Ich will die Klassifikation der Sachsysteme, die ich oben skizziert habe, darauf hin prüfen, wie sich die Biotechnik darin einordnen lässt.

---

[10] Beckmann, Anleitung zur Technologie.
[11] Renneberg, Biotechnologie für Einsteiger.
[12] Z.B. Friedrichs/Schaff, Auf Gedeih und Verderb: Mikroelektronik und Gesellschaft.
[13] Vgl. Renneberg, Biotechnologie für Einsteiger, S. 116, wo allerdings die „graue" Biotechnik für den Umweltschutz und die „blaue" Biotechnik für Meeresorganismen nicht erwähnt werden.

Entscheidend für die Einordnung ist wie gesagt der typische Output bzw. Austrag des technischen Systems. Da gibt es zum Beispiel biotechnische Systeme, die vor allem Energie wandeln und bereitstellen, die also streng genommen der Energietechnik zuzurechnen sind. Ich nenne Nutztiere wie Ochsen, Pferde, Esel oder Maultiere, die mechanische Arbeit leisten. Und ich nenne nachwachsende Rohstoffe z.B. für Biotreibstoffe, die freilich in erster Näherung auch als Stoffe betrachtet werden können, obwohl sie eigentlich Träger chemischer Energie sind. Auch mag es in Zukunft Datenprozessoren und -speicher auf organischer Basis geben, die man dann als biotische Informationstechnik zu betrachten hätte.

Hier will ich mich allerdings auf jenes Technikfeld beschränken, in dem die Biotechnik bislang die bedeutendste Rolle spielt: das Feld *Wandlung von Stoffen*, und da vor allem auf die *Verfahrenstechnik*. So unglücklich der Name auch sein mag – in allen technischen Systemen laufen Verfahren ab –, ist er doch in den Technikwissenschaften wie gesagt für solche Systeme eingeführt, die eine Änderung der Stoffeigenschaften bewirken. Das aber ist genau jene Funktion, die der größte Teil der biotechnischen Systeme leistet. Darum will ich diesen Teilbereich der Verfahrenstechnik nach dem physischen Charakter der jeweiligen Operationen weiter differenzieren.

Zusätzlich zu den bekannten Feldern – mechanische, thermische und chemische Verfahrenstechnik – gibt es zwei weitere Formen der Verfahrenstechnik, die ich implizit bereits angedeutet hatte und deren Besonderheiten in funktionaler Sicht eigentlich evident sein müssten:

- die biotische Verfahrenstechnik, die Stoffveränderung mit Hilfe lebender Organismen;
- die organismische Verfahrenstechnik, die künstliche Veränderung lebender Organismen.

Die folgende Übersicht fasst diese Einteilung zusammen.

Art der Verfahrenstechnik	physische Art der Operationen
mechanische Verfahrenstechnik	mechanische Operationen
thermische Verfahrenstechnik	thermische Operationen
chemische Verfahrenstechnik	chemische Reaktionen
biotische Verfahrenstechnik	Veränderung von Stoffen mit Hilfe lebender Organismen
organismische Verfahrenstechnik	Veränderung lebender Organismen

Übersicht 2: Einteilung der Verfahrenstechnik

Die ersten drei Arten der Verfahrenstechnik brauchen hier nicht näher besprochen zu werden. Zu den letzten beiden Arten sind allerdings einige exemplarische Erläuterungen angebracht. Zunächst liste ich typische Beispiele für die biotische Verfahrenstechnik auf.

Stoffveränderung durch lebende Organismen

– Herstellung von Nahrungs- und Genussmitteln (Brot, Käse, Bier, Wein usw.)
– Gewinnung von Medikamenten (z.B. Antibiotika, Insulin usw.)
– Reinigung und Aufbereitung mit Mikroorganismen (Bodensanierung, Abwasserklärung usw.)
– Pflanzenanbau zur Boden- oder Luftverbesserung („Begrünung")
– Pflanzen als nachwachsende Rohstoffe
– Kleintiere (z.B. Würmer, Maulwürfe etc.) zur Bodenlockerung
– Weidetiere zur Grünflächenpflege

Übersicht 3:   Beispiele zur biotischen Verfahrenstechnik

Etliche Bereiche der biotischen Verfahrenstechnik sind übrigens weitgehend unproblematisch, da biotische Systeme lediglich in der Produktion eingesetzt werden und im Produkt häufig gar keine Spuren hinterlassen. Das gilt manchmal sogar dann, wenn die verwendeten biotischen Systeme ihrerseits der organismischen Verfahrenstechnik entstammen. Wenn z.B. im fertigen Wein oder Bier keine Hefen mehr vorkommen, ist es auch unerheblich, ob für die Gärung natürliche oder gentechnisch veränderte Hefen benutzt werden, vorausgesetzt natürlich, dass sie dem Produktionsprozess nicht unkontrolliert entweichen können. Ähnlich liegen die Dinge bei den nachwachsenden Rohstoffen, wenn prinzipiell natürliche Pflanzen allein durch Auswahl und Anbaubedingungen zu möglichst

---

Künstliche Veränderung lebender Organismen

– Konventionelle Pflanzen- und Tierzüchtung
– Genetische Veränderung von Mikroorganismen, ggfs. auch zum Einsatz in der biotischen Verfahrenstechnik
– Klonen von Lebewesen
– Entwicklung transgener Pflanzen und Tiere
– Medikamentöse Konditionierung des menschlichen Körpers
– Prothetische Substitution menschlicher Körperteile („Ersatzteilmedizin")
– Genetische Veränderung des menschlichen Körpers

Übersicht 4:   Beispiele zur organismischen Verfahrenstechnik

raschem Wachstum und zu möglichst hohem Ertrag veranlasst werden. Handelt es sich freilich um traditionell untypische Pflanzen, kann unter Umständen das gewohnte Erscheinungsbild von Agrikulturen ästhetisch gestört werden.[14]

Techniktheoretische Komplikationen ruft nun allerdings die organismische Verfahrenstechnik hervor. Sie erzeugt lebende Organismen, die zu einem gewissen Teil künstlich sind. Sie sind künstlich, weil sie ohne menschlichen Eingriff gar nicht zustande kämen und funktionale oder strukturelle Besonderheiten aufweisen können, die bei verwandten, aber natürlich entstandenen Organismen so nicht vorkommen. Verändert man die mikroorganismischen Eigenschaften von Genen oder Zellen, können daraus durch systemische Wechselwirkungen und dadurch bedingte andersartige Wachstumsvorgänge makroorganismische Effekte im Aufbau und im Verhalten der Lebewesen entstehen, die anders gar nicht auftreten könnten. Selbstverständlich mögen sich gewisse funktionale Veränderungen auch bei konventionellen Maschinen einstellen, wenn man z.B. einen metallischen Werkstoff durch einen Kunststoff ersetzt. Bei lebenden Organismen aber können derartige Veränderungen auf Grund der erwähnten System- und Wachstumsphänomene eine besondere Qualität gewinnen. Darin liegt ein gewichtiger Unterschied zwischen der abiotischen und der organismischen Technik, die, wenn sie letztlich die Gestalt von Pflanzen oder Tieren verändert, auch fertigungstechnische Anteile enthalten mag. Übrigens können biotische Semi-Artefakte gegebenenfalls unter organismischen Defiziten leiden. Das klassische Beispiel für ein solches Defizit bildet das Maultier, dem von den Hauptmerkmalen des Lebens – Stoffwechsel, Wachstum und Fortpflanzungsfähigkeit – das letztere Merkmal fehlt (sofern nicht die Maultierstute einem Pferde- oder Eselhengst begegnet).

Solche biotechnischen Systeme sind biotische Semi-Artefakte: Künstliches vermengt sich mit Natürlichem, und die herkömmliche Dichotomie zwischen „Natur" und „Technik" hat seine Trennschärfe verloren. Nicole Karafyllis hat dafür den Ausdruck „Biofakte" eingeführt.[15] Dieser Terminus scheint griffig und einprägsam, sofern man sich der Herkunft des Wortes bewusst bleibt und nicht den Anteil vernachlässigt, der arte, also künstlich zustande gekommen und nicht etwa „vom Leben gemacht" worden ist. Nun stellt sich allerdings die Frage, wie man Bio-Artefakte nach dem jeweiligen Mischungsverhältnis von Künstlichem und Natürlichem charakterisieren und klassifizieren kann. Dazu möchte ich im nächsten Abschnitt einige Vorschläge unterbreiten.

---

[14] Karafyllis, Nachwachsende Rohstoffe.
[15] Karafyllis, Biofakte.

5. Typen von biotischen Semi-Artefakten

Die Rede vom „Semi"-Artefakt ist zugegebenermaßen eine grobe Vereinfachung, so als handele es sich um ein „halbes" Artefakt. Tatsächlich sind die verschiedensten qualitativen Formen und quantitativen Anteile menschlicher Mitwirkung zu unterscheiden. Grundsätzlich ist den Semi-Artefakten ihre natürliche Basis eigen. Das ist zum einen der Stoff, aus dem sie gemacht sind; das haben sie übrigens mit nichtbiotischen Artefakten gemeinsam, die ja auch aus, jedenfalls ursprünglich, natürlichem Stoff bestehen. Das sind zum zweiten die natürlichen Lebensvorgänge, in denen Semi-Artefakte wachsen, sich erhalten, gegebenenfalls auch vermehren und schließlich vergehen. Anders als wildwüchsige Lebewesen verdanken sie freilich ihre Existenz und Beschaffenheit in mehr oder minder starkem Maße der planmäßigen und zweckorientierten Einwirkung des Menschen, die von der einfachen Bedingungsermöglichung bis zur tiefgreifenden Veränderung und Gestaltung reichen kann; das macht ihren technischen Charakter aus. Für den Versuch, Typen von Semi-Artefakten zu identifizieren, wird ein einziges Unterscheidungskriterium kaum ausreichen. Vielmehr wird man eine mehrdimensionale Klassifikation ins Auge fassen müssen.

Ein erster Einteilungsgesichtspunkt ist die *Hierarchiestufe*, die das biotechnische System im Gefüge der Lebensphänomene einnimmt. Das können also Gene, Genome, Zellen, Gewebe, Organe, Körper oder Biotope sein. Mit dieser Unterscheidung verbindet sich der Aspekt der *Eingriffstiefe*.[16] Ein technischer Eingriff ist auf den niedrigen Stufen der Hierarchie meist weniger augenscheinlich, aber unter Umständen in seinen Auswirkungen auf Ausmaß und Dauerhaftigkeit der Veränderung von besonderer Tragweite. So können Manipulationen auf der Stufe der Gene oder Zellen, die zunächst nur eine Änderung der Stoffeigenschaften bewirken, schließlich auch bedeutende Veränderungen in Funktionen und Strukturen der höherstufigen Organismen zur Folge haben. Insofern greift die organismische Verfahrenstechnik über ihre Kernaufgabe hinaus, indem sie durch stoffliche Veränderung von Elementen den Charakter der höherstufigen semi-artifiziellen Systeme zu wandeln vermag.

Auch kann man zur Einteilung die *Wahrnehmbarkeit des künstlichen Anteils* heranziehen. Bei beträchtlicher Eindringtiefe, also auf den Stufen der Gene, der Zellen und der Mikroorganismen, ist die technische Zurichtung kaum zu erkennen, allenfalls für einen Experten mit Hilfe komplizierter Apparaturen. Aber auch bei Pflanzen und Tieren ist botanische und zoologische Kennerschaft erforderlich, wenn man den künstlichen Anteil im Semi-Artefakt identifizieren will. Wer als unbefangener Spaziergänger die Äcker durchstreift, ist nicht in der Lage, eine semi-artifizielle Genmais-Pflanze von naturwüchsigem Mais zu

---

[16] Karafyllis, Die Phänomenologie des Wachstums, S. 417. Darauf hat auch Günter Abel in der Diskussion meines Vortrags am 9. Januar 2007 an der TU Berlin aufmerksam gemacht.

unterscheiden. Und nur wer die naturwüchsigen Arten Pferd und Esel genau bestimmen kann, wird das Maultier als biotechnisches Produkt wahrnehmen; für den zoologisch ungebildeten Laien ist es ein tierisches Lebewesen, das große Ähnlichkeit mit Pferd und Esel aufweist. Selbst die heute schon geläufigen prothetischen Ersatzstücke für den menschlichen Körper sind nur dann als solche erkennbar, wenn sie äusserlich eingesetzt werden. Die Brille ist selbstverständlich unübersehbar, aber die Kunststofflinse im Augeninneren zeigt sich nicht dem alltäglichen Gegenüber, sondern nur dem ausgebildeten Ophthalmologen.

Darin liegt ein markanter Unterschied der biotischen Artefakte gegenüber den konventionellen Artefakten, dass sie sich meist nicht schon durch ihr offenkundiges Erscheinungsbild als künstlich offenbaren. Ihr künstlicher Charakter erschließt sich in vielen Fällen nur dem, der weiß, wie sie entstanden sind. In technologischen Utopien ist diese Problematik längst zugespitzt worden: Angenommen, man könnte künstliche Menschen herstellen, die natürlichen Menschen bis aufs Haar gleichen, wie könnte man dann noch den technischen Ursprung solcher „Replikanten" erkennen? Auch wenn derartige Phantasiegebilde mit der biotechnischen Wirklichkeit bislang kaum etwas zu tun haben, signalisieren sie doch den tieferen Grund für das Unbehagen, das Viele der Biotechnik entgegenbringen: dass man nämlich nur selten feststellen kann, ob und wann ein Produkt, das in der Larve des Natürlichen erscheint, in Wirklichkeit Menschenwerk ist.

Nach dem *menschlichen Mitwirkungsanteil* kann man wildwüchsige, naturwüchsige und kunstwüchsige Lebewesen unterscheiden.[17] Wildwüchsige Lebewesen sind grundsätzlich nicht Gegenstand der Biotechnik. Die beiden anderen Arten unterscheiden sich tendenziell dadurch, dass für Naturwüchsigkeit der Mensch lediglich gewisse Bedingungen herstellt und optimiert, während bei Kunstwüchsigkeit der Mensch planend und steuernd in den natürlichen Prozess eingreift und damit Ergebnisse hervorbringt, die von alleine überhaupt nicht hätten entstehen können. Freilich gibt es zwischen der Bedingungsermöglichung und dem unmittelbaren Eingriff gewisse Übergangszonen, die nicht immer eindeutig der einen oder der anderen Ausprägung zuzuschlagen sind. Auch hängt es von erlernten Gewohnheiten ab, was man noch als „natürlich" oder schon als „künstlich" ansieht. So nehmen die meisten Menschen die agrikulturelle Landschaftsgestaltung als „Natur" wahr, obwohl sie in Wirklichkeit zu einem erheblichen Teil ein künstliches Produkt darstellt.

So liegt es nahe, Bio-Artefakte auch nach dem *Grad der Künstlichkeit* zu unterscheiden. Da gibt es zum einen biotische Systeme, deren „Künstlichkeit" allein darin besteht, durch menschliches Handeln zustandegekommen zu sein, während ihre Struktur einen völlig natürlichen Charakter behält. Zweitens kann die Struktur durch künstliches Einbringen von fremden Elementen verändert

---

[17] Karafyllis, Phänomenologie des Wachstums, S. 415f.

sein. Diese wiederum können selbst biotischen Ursprungs sein, wie das z.B. in der Gentechnik meist der Fall ist. Oder es handelt sich gar um sachtechnische Subsysteme wie etwa prothetische Implantate, die überhaupt nicht natürlich sind.

Schließlich kann man nach dem *Verhältnis von Eingriff und Lebensfunktion* differenzieren.[18] Im einen Fall steht der technische Eingriff am Beginn der Lebensgeschichte, die dadurch einen besonderen Lauf nimmt. Im zweiten Fall geschieht der Eingriff während der Lebensspanne des biotischen Systems, das sich dadurch verändert. In einem dritten Fall verbindet man die ersten beiden Eingriffe, indem man zunächst das Werden des Systems und später dann auch seine Charakteristik beeinflusst.

Ob diese Kriterienliste vollständig ist, ob einzelne Kriterien vielleicht nur für einige Arten von Bio-Artefakten zutreffen und wie die jeweiligen Ausprägungen im Einzelnen beschaffen sind, das muss ich der weiteren Diskussion überlassen.[19] Zusammenfassend muss ich allerdings noch einmal feststellen, dass sich der technische Anteil der Semi-Artefakte meist nur aus der Kenntnis des Entstehungszusammenhangs erschliesst. An sich – und darin liegt ihre techniktheoretische Problematik – sind sie vordergründig von natürlichen biotischen Systemen oft kaum zu unterscheiden.

6. Biotechnik und Gesellschaft

In den vorstehenden Abschnitten stand der „sachtechnische" Aspekt der Biotechnik im Vordergrund; ich habe die Biotechnik als Menge biotechnischer Sachsysteme besprochen. Die Systemtheorie der Technik erfasst aber wie gesagt auch die soziotechnischen Systeme, die Handlungseinheiten aus künstlichen und menschlichen Komponenten.

Grundsätzlich ist auch die Biotechnik durch soziotechnische Arbeitsteilung gekennzeichnet. Im Herstellungszusammenhang übernehmen lebende Organismen Funktionen, die entweder sonst von Menschen geleistet würden – das bekannte Prinzip der Substitution – oder aber von Menschen überhaupt nicht bewerkstelligt werden können – das weniger geläufige Prinzip der Komplementation.[20] Offenbar überwiegen die Fälle der Komplementation, weil besonders die Mikroorganismen Umwandlungsvorgänge bewirken, die der Mensch mit seiner organischen Ausstattung gar nicht vollziehen könnte. Es kommt hinzu, dass die natürlichen Wirkmedien, die zum Bestandteil der soziotechnischen Handlungseinheit gemacht werden, unmittelbarer menschlicher Wahrnehmung kaum zugänglich sind. Das macht verständlich, warum viele Menschen die neuere

---

[18] In etwas anderer Terminologie Karafyllis, ebenda, S. 433ff.
[19] Vgl. auch den Beitrag von Karafyllis in diesem Buch, S. 197.
[20] Zu den Einzelheiten Ropohl, Systemtheorie der Technik, S. 182ff.

Biotechnik mit einem Misstrauen betrachten, das in der Entfremdung wurzelt: Fremde Lebewesen, die man nicht sieht und nicht versteht, schaffen menschendienliche Erzeugnisse, können aber auch schwer vorhersehbare Nebenwirkungen mit sich bringen.

Nicht selten nämlich besitzen die Organismen ein Eigenleben, das sich im ungünstigen Fall zuverlässiger Beherrschung entzieht. Unvorhersehbare Mutationen, Wachstumsverzögerungen oder -beschleunigungen, ungewolltes Entweichen aus dem Produktionsbereich: all das sind Risiken, die den Umgang mit biotischen Systemen geradezu unheimlich scheinen lassen. Im Gegensatz zur relativen Überschaubarkeit und Alltäglichkeit etwa eines Maschinenbaubetriebes tragen biotechnische Produktionsstätten häufig den Charakter eines Hochsicherheits-Labors, und die dort Beschäftigten müssen sich speziellen Bekleidungszwängen und besonderen Vorkehrungen beim Betreten und Verlassen unterwerfen. Mit einem Wort: Der Einsatz natürlichen Lebens in der Produktion erfordert eine extreme Künstlichkeit der Arbeitsbedingungen. Schließlich sind biotische Vorgänge und Erzeugnisse, wenn sie wider Erwarten entarten sollten, gewiss nicht immer reversibel. Bekanntlich berufen sich vor allem die Kritiker transgener Pflanzen und Tiere auf die vermutete Irreversibilität, wenn es zu ungewollten Kreuzungen mit konventionellen Lebewesen kommt.

Im Verwendungszusammenhang nehmen etliche soziotechnische Verknüpfungen allerdings erst dann deutlich erkennbare Züge an, wenn das Sachsystem im soziotechnischen System auf einer höheren Hierarchieebene steht und eine hinreichende Komplexität aufweist. Zwar können biotechnische Systeme schon auf niedrigen Hierarchiestufen, bei Stoffen und Materialien, an die Stelle menschlicher Handlungsfunktionen treten, doch hat das kaum eine Auswirkung auf den sozialen Kontext. Z.B. hängen die soziotechnischen Verknüpfungen der Autoverwendung nicht davon ab, ob die Karosserie aus Stahl, Aluminium oder Kunststoff besteht oder ob das Auto mit petrochemisch oder biotechnisch gewonnenem Dieselkraftstoff betrieben wird.

Anders könnten die Dinge liegen, wenn uns in Zukunft massenhaft transgene Pflanzen und Tiere begegnen würden, die womöglich die menschliche Naturerfahrung empfindlich stören könnten, oder auch Bio-Roboter, die dann tatsächlich massiv in menschliche Handlungs- und Erlebniszusammenhänge eingreifen würden. Anders könnten die Dinge auch liegen, wenn degenerierte Mikroorganismen aus Labors oder Produktionsstätten entweichen und verbreitetes Unwesen treiben könnten. Bislang klingt das wie eine phantastische Horrorvision; doch auch dies hat der Künstler schon ausgemalt.

Ich erinnere an den Fernsehfilm „Zucker" von Rainer Erler. Durch menschlichen Leichtsinn wird aus einem Labor ein Bakterienstamm freigesetzt, der sich exponentiell vermehrt, indem er sich von Papier ernährt und dieses in Zucker verwandelt. Schon nach kurzer Zeit ist das menschliche Biotop unglaublich süß geworden, aber die menschliche Kultur, soweit sie auf bedrucktem Papier basiert, von den Geldscheinen bis zu den Bibliotheken, jene Kultur existiert nicht mehr. Auch diese Seiten, die hier zu lesen sind, wären dann bloß noch ein Häufchen Zucker!

Literatur

Beckmann, Johann: Anleitung zur Technologie. Göttingen: Wittwe Vandenhoeck 1777; nicht autorisierter Nachdruck Wien: v. Trattner 1789.

Enstrom, James E., Geoffrey C. Kabat: Environmental tobacco smoke and coronary heart disease mortality in the United States – a meta-analysis and critique. In: Inhalation Toxicology 18 (2006), S. 199-210.

Friedrichs, Günter, Adam Schaff (Hrsg.): Auf Gedeih und Verderb: Mikroelektronik und Gesellschaft (1982). Taschenbuchausgabe Reinbek: Rowohlt 1984.

Grunwald, Armin, Yannick Julliard: Technik als Reflexionsbegriff. Überlegungen zur semantischen Struktur des Redens über Technik. In: Philosophia naturalis 42 (2005), S. 127-157.

Hubig, Christoph: Die Kunst des Möglichen. Bd. 1, Technikphilosophie als Reflexion der Medialität. Bielefeld: Transcript 2006.

Karafyllis, Nicole C.: Nachwachsende Rohstoffe. Opladen: Leske + Budrich 2000.

Karafyllis, Nicole C. (Hrsg.): Biofakte. Paderborn: Schöningh 2003.

Karafyllis, Nicole C.: Die Phänomenologie des Wachstums, Habilitationsschrift Universität Stuttgart 2006; Buchausgabe Bielefeld: Transcript 2007 (im Druck).

Lenk, Hans: Zu neueren Ansätzen der Technikphilosophie. In: *Hans Lenk, Simon Moser* (Hrsg.): Techne – Technik – Technologie. Pullach: Verlag Dokumentation 1973, S. 198-231.

Renneberg, Reinhard: Biotechnologie für Einsteiger. München: Elsevier ^{2}2007.

Ropohl, Günter: Eine Systemtheorie der Technik. München/Wien: Hanser 1979; 2. Aufl. u.d.T. Allgemeine Technologie. München/Wien: Hanser 1999.

Ropohl, Günter: Konstruktion oder Emergenz : Zum Verständnis der technischen Entwicklung. In: *Hans-Joachim Petsche, Monika Bartiková* u. *Andrzej Kiepas* (Hrsg.), Erdacht, gemacht und in die Welt gestellt: Technik-Konzeptionen zwischen Risiko und Utopie, Festschrift für Gerhard Banse. Berlin: Sigma 2006, S. 31-48.

Ropohl, Günter: Jenseits der Disziplinen : Allgemeine Systemtheorie und Synthetische Philosophie. In Vorbereitung.

Verein Deutscher Ingenieure (Hrsg.): VDI-Richtlinie 3780. Technikbewertung: Begriffe und Grundlagen. Düsseldorf : VDI 1991.

von der Heydt, Imre: Rauchen Sie? Verteidigung einer Leidenschaft. Köln: Dumont 2005.

Nicole C. Karafyllis

Hybride und Biofakte
Ontologische und anthropologische Probleme der aktuellen Hochtechnologien

1. Mischungen: Symphysis und Synthesis

Der Hybridgedanke hat in der aktuellen Technikforschung ebenso wie in den Kulturwissenschaften Hochkonjunktur. Stets meint man damit *Mischungen*, die eine neue Einheit bilden, aber die alten Grenzen dennoch erkennen lassen. Was aber, wenn sich diese Spuren der ehemaligen Grenzen verlieren und Zweifel bleiben, worum es sich bei diesem „Neuen" handelt? Wenn „das Neue" als Bekanntes, „Altes", Vertrautes, erscheint?

Der in der Überschrift gegebene Hinweis auf ontologische Probleme verweist auf die grundlegende philosophische Frage, womit wir es bei einem Gemischten *wirklich* zu tun haben. Wie können wir eine Antwort darauf finden, *was* etwas Gemischtes *ist*, ob es Natur oder Technik ist, und warum wollen Menschen überhaupt eine Antwort finden? Ontologische und anthropologische Probleme sind in dieser Fragestellung, die im Folgenden erörtert wird, aufs innigste verbunden.

Nach Aristoteles gehört dasjenige, das wächst, zur Natur.[1] Technik hingegen wird von außen bewegt,[2] d.h. etwas Technisches verdankt den Ursprung seiner Bewegung und Entstehung nicht sich selbst, sondern wird „gemacht". Mit dieser Unterscheidung, die sich auf die Ursächlichkeit bezieht, ist allerdings noch nicht ausgesagt, ob etwas Technisches nicht auch wachsen *kann*.

Bei allen Unterschieden im Detail der jeweiligen Innovation, die man gegenwärtig als „Hybride" kennzeichnet, handelt es sich oft um eine Mischung von Natürlichem und Technischem, die zusammengefügt als ein *Drittes* fungiert. Nicht etwa Hybridmotoren und Herzschrittmacher sind Hinweise auf ontologische Probleme, sondern insbesondere die wachsenden Innovationen aus dem biowissenschaftlichen und biomedizinischen Bereich, unter Einschluss der Informatik und Nanotechnologie. Die Topoi von Technik und Natur teilen dabei mehr als nur *Schnittstellen*. Denn natürliche und technische Teile, etwa Körper und Prothesen,

---

[1] Heinemann (Natur und Regularität) unterscheidet zunächst für die Vorsokratiker eine *genetische* von einer *dynamischen* Konstitution des Naturbegriffs und belegt diese mit Beispielen aus der Medizin, Pädagogik und der politischen Theorie. Vor allem der Topos der adeligen Herkunft bzw. der noblen Abstammung ist dabei zentral. Nach dem dynamischen Naturbegriff wird die Disposition aus ihrer *Aktualisierung* erkannt, nach dem genetischen Naturbegriff wird sie aus *Ursprung* und Werden erschlossen. Aristoteles kombiniert mit seinem Denken von *dynamis* und *energeia* und dem Hinweis auf den substanziell eigenen Anfang des Natürlichen (*arché*) beide Standpunkte. Vgl. auch Heinemann, Unverfügbarkeit.

[2] Zum aristotelischen Technikbegriff vgl. Bartels, Techne; Schiemann, Natur, Technik, Geist.

sind hier nicht nur aneinander gekoppelt, sondern sie ergeben ein neues Produkt, das im Zuge des sogenannten *endogenen Designs* durch Wachstum erst entsteht.[3] Körper und Prothesen wären noch jeweils zwei bestimmte Dinge, die zusammengefügt ein funktionsfähiges Aggregat ergäben. Sie sind „zusammengestellt" (gr. *synthesis*) und können bei Bedarf wieder in ihre einzelnen Komponenten zerlegt werden. Dies gilt auch für den Hybridmotor. Hingegen fusionieren biofaktische Wesen im Labor nach Plan zu einer chimärenhaften Technonatur. Dieses Dritte ist erst technikvermittelt zusammengewachsen und bildet eine neue Einheit, der darüber hinaus noch „Leben" zugesprochen wird. Sie lässt sich weder räumlich noch zeitlich in ihre Bestandteile zerlegen. Das Zusammenstellen steht, technikphilosophisch betrachtet, dem Zusammenwachsen gegenüber, oder in aristotelischer Begrifflichkeit: Die *Synthesis* steht der *Symphysis* gegenüber, und damit der Architekt und Handwerker dem pflanzenden Landwirt.[4]

2. Biofakte im Kontext technikphilosophischen Argumentierens

Auf diese andere Art des Technikers, die auch in ihren hochtechnologischen Transformationen wie transgenen und geklonten Organismen oder verpflanzten Organen in einer agrartechnischen Tradition steht, lohnt sich ein technikphilosophischer Blick. Für zusammengewachsene Produkte mit Natur- wie Technikanteilen wurde 2001 der Begriff „Biofakte" vorgeschlagen,[5] als eine Mischung aus dem griechischen Wort „*bios*" und dem lateinisch-stämmigen „Artefakt". Ein neuer Begriff wurde notwendig, weil in den 1990er Jahre eine ausufernde Debatte in der Naturphilosophie und vor allem in der Bioethik begann, ob diese neu geschaffenen Wesen – wie z.B. die „Gentomate" – eigentlich natürlich seien[6] oder noch zur Natur gehörten. Die Technikphilosophie hingegen war bis vor kurzem noch sehr entschieden, dass Biofakte auf keinen Fall zur Technik gehörten, so fern schienen sie der Maschine und dem klassischen Artefakt. Wofür das Konzept Natur eigentlich steht und wie es in Relation zu den Fortschritten der Life Sciences verstanden werden kann, interessierte dabei wenig: Natur schien auf jeden Fall immer „das Andere" zur Technik zu sein und „Leben" in gewisser Weise zu beinhalten. Diese Sicht erweist sich allerdings als unterkomplex, und sie problematisiert sich v.a. in der Frage, ob Biologisierung und Naturalisierung dasselbe meinen.[7] Ich möchte dafür plädieren, dass die jüngere Biologisierung von Lebewesen einer Technisierung sehr nahe steht, wenn man die verwendeten Modelle (vgl. z.B. „genetisches

---

[3] Vgl. Karafyllis, Endogenes Design.
[4] Vgl. Aristoteles Physik V 4. 227a und öfter, s. ausführlich Karafyllis, Phänomenologie des Wachstums, Kap. II.
[5] Karafyllis, Biologisch, Natürlich, Nachhaltig, Kap. 6; dies., Biofakte; dies., Biofakte – Grundlagen, Probleme, Perspektiven.
[6] Vgl. Birnbacher, Natürlichkeit.
[7] Dies unterstellt – stellvertretend für viele Autorinnen und Autoren – Marianne Schark, Lebewesen versus Dinge.

Programm") und epistemischen Praxen betrachtet. Die grundlegende Instanz für diese Annäherung von Biologie und Technikwissenschaften ist die funktionale und zweckgerichtete Deutung der teleologischen Naturvorgänge, wie sie durch die Perspektive des Organischen vorbereitet wurde.[8] Naturalisierungen hat es hingegen schon vor Etablierung der Biologie um 1800 gegeben, wie ein Blick insbesondere in die Geschichte des Naturgesetzbegriffs und in die Religionsphilosophie verdeutlicht.[9]

Über Biofakte zu philosophieren ist also vordergründig eine Reaktion darauf, dass bis vor kurzem weder Natur- noch Technikphilosophie dieses Dritte – „Biotechnisierte" – in ihre Disziplinen holen wollten, und die Ethiker und Ethikerinnen indes zahlreiche Empfehlungen aussprachen, wie man mit den Produkten der Biotechnik umgehen soll. Hintergründig ist die Redeweise von Biofakten als einem Dritten ein hermeneutischer Versuch, Orientierungsmarken für diejenigen Fälle zu finden, bei denen es angesichts der technischen Fortschritte in den Lebenswissenschaften dennoch Sinn macht, alltagsweltlich von der aristotelischen Substanzontologie auszugehen und für die Lebenswelt eine Nicht-Reduzierbarkeit natürlicher Phänomene zu fordern. Es sind die Akzeptanzprobleme einiger Hochtechnologien aus dem Bereich der Life Sciences, die dafür als Motivation dienen.

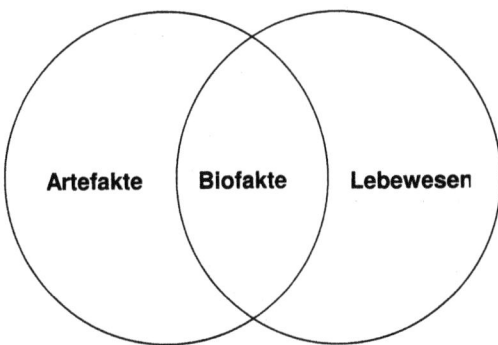

Abb. 1: Biofakte als ontisch Mittleres zwischen Artefakten und Lebewesen

Der Begriff „Biofakt" ist, wie erwähnt, selbst eine Mischung. Dies hat seinen Grund in den Mischwesen, die er bezeichnen soll. Biofakte *können* wachsen, selbst wenn sie als „fertige" Gewächse technische Produkte sind. Ihr Wachstum bringt sie erst in Erscheinung. Aber sie wachsen nicht mehr eigengesetzlich, und sie wachsen nicht mehr von selbst. Das heißt, sie können nicht nur, sondern sie *sollen* von Anfang an wachsen, und zwar hin auf ein bestimmtes Ziel, mit dem ein bestimmter Zweck verbunden wird. Ein anschauliches Beispiel liefern transgene Pflanzen, denen man ihre technische Zurichtung nicht ansieht (z.B. der herbizidresistente Bt-Mais). Dies wird vor allem dann zu einem Problem, wenn derartige Gewächse

---

[8] Vgl. Köchy, Perspektiven des Organischen. Vgl. auch Poser, Wesen wissenschaftlicher Erkenntnisse.
[9] Vgl. Hartbecke/Schütte, Naturgesetze.

im Freiland angebaut werden, in einer Sphäre, die bislang als *jenseits* des Labors erachtet wurde. Wolfgang Krohn macht seit den 1990er Jahren darauf aufmerksam,[10] dass die Gesellschaft insgesamt zum *Labor* geworden sei und die Lebenswelt von labortechnischen Praxen durchdrungen wird, von der Grünen Gentechnik bis hin zum Vaterschafts- und Intelligenztest.[11] Mit anderen Worten: Das „lebensweltliche Apriori" wird verstärkt in ein „wissenschaftliches Apriori" verwandelt, mit bislang wenig diskutierten Konsequenzen für eine Gesellschaft, die sich nicht von ungefähr zunehmend als Wissensgesellschaft versteht.

Wir haben diese verlorene Spur des Gemachten aber nicht nur bei transgenen Pflanzen und Tieren, sondern auch bei Menschen, v.a. angesichts der Leistungssteigerungen im Sport. Die Echtheit der Leistung von Sportlern, die in Zukunft ein Gendoping durchlaufen haben könnten, liegt nicht nur unter ihrer Haut verborgen, sondern sie ist auch nicht mehr als *Körperfremdes* nachweisbar. Dieses Problem ergibt sich jetzt schon beim Einsatz von Muskelstimulantien. Der Technikanteil hat sich quasi mit der Zeit *verwachsen*. So ist die Haut nicht mehr die Grenze der technischen Gestaltbarkeit von Körpern, sondern sie wird zu ihrem *Medium*. Die Reaktion der *Öffentlichkeit* ist hier analog zu der gegenüber der Grünen Gentechnik: Man will wissen, ob die Leistung „von selbst" oder von außen „gemacht" worden ist. Erst in einem zweiten Schritt, nach dem wechselseitigen Abgleich von Information und phänomenaler Erscheinung, kann die normative Beurteilung erfolgen. Dagegen kann man einwenden, dass die Frage nach der Sichtbarkeit erst durch ethische (Vor)urteile über den Geltungsanspruch von Natürlichkeit und Technizität motiviert ist. Ohne den Anspruch auf „Sichtbarkeit" von Technik wäre Doping in jedem Falle kein Problem.

Welche Technikverständnisse (Technik als Artefakt, Handlung, Medium oder Wissen?)[12] sind für dieses Problemfeld, das sich aus der Abwesenheit des eigentlichen Artefakts ergibt, relevant? Explizit geht es um die technische Handlung im Labor und das nach außen transportierte Expertenwissen. Implizit wird, und zwar zur Stabilisierung der Antithese Natur-Technik, auch das Verständnis vom Artefakt als eigentlicher Technik und „Gegennatur",[13] und vom Medium mit seinen essentiellen Vermögen, zweckgerichtetes Mittel im Rahmen einer technischen Handlung sein zu können, berührt.[14] Beispiele für derartige Mittel wären Enzyme, die aus Lebewesen gewonnen werden und im Labor als Instrumente (Schneidewerkzeuge) dienen, wie Hans-Jörg Rheinberger ausführlich darlegte.[15] Höherstufig betrachtet wird dabei das natürliche Medium Wachstum als Kontinuitätsbedingung des Lebendigen zum Mittel der Technik.

---

[10] Krohn, Realexperimente.
[11] Vgl. Karafyllis/Ulshöfer, Sexualized Brains.
[12] Vgl. Karafyllis, Natur als Gegentechnik.
[13] Vgl. Ropohl, Technik als Gegennatur, und Ropohl, in diesem Band, S. 179.
[14] Vgl. Hubig, Kunst des Möglichen I.
[15] Vgl. Rheinberger, Experimentalsysteme. Vgl. auch Knorr-Cetina, Wissenskulturen; Köchy/Schiemann, Natur im Labor.

Für die Technikphilosophie sind Biofakte ein erneuter Anlass, sich mit den Kolleginnen und Kollegen aus der Soziologie und Wissenschaftsgeschichte darüber zu verständigen, wo die Grenze des Labors liegt und welche Wahrnehmungs- und Wissenstransformationen in der Gesellschaft stattfinden. Es ergeben sich zwei Grundfragen, die in diesem Beitrag erläutert werden:

(1) Gibt es verschiedene Ontologien in der Lebenswelt und in der Wissenschaftswelt?

(2) Was bedeutet das Phänomen Wachstum? Daran ist die Frage geknüpft, ob Lebewesen eigentlich etwas Anderes als Dinge sind.

Eine dem eigentlichen Problem der Ontologie und Phänomenalität von Lebewesen ausweichende, dritte Frage lautet: *Was ist Leben?* Ich werde auf sie nur am Rande eingehen, da eigentlich die Frage: „Was ist Wachstum?" gemeint ist. Jene Frage nach „dem Leben" basiert auf einem szientifischen Vorverständnis, das „Leben" auf den Begriff bringen will. Bei Hegel noch war „Leben" eine unmittelbare Idee, bei Aristoteles teilte es sich in *zoon* und *bios* auf, in die physische Lebewesenhaftigkeit und das selbst gestaltete Leben im sozialen Kontext. Im historischen Rückblick wurde die Frage „Was ist Leben?" stets dann aktuell, wenn Technisierungs- und Rationalisierungsschübe und neue Modelle der Physiologie (im weiten Sinne) auftraten, z.B. in der ausgehenden Frühen Neuzeit mit ihrem ausgeprägten Automatenbau und ihrer neuen Anatomie (Fabricius, Vesalius), mit der Gründung der Biologie um 1800 und ihren hydraulischen, magnetischen und dann elektrophysiologischen Modellen, verstärkt durch eine physikalistische Naturwissenschaft, die sich an der Wende zum 20. Jahrhundert auf Teilchen konzentrierte. Es handelte sich stets um eine rein akademische Frage, und fast immer fokussierte sie auf den menschlichen Körper. Der lebensweltlich zugewandte Agrar- und Forstbereich, ebenso wie die Ingenieure, züchteten bzw. erfanden und konstruierten vergleichsweise unbeirrt weiter.

Dass diese Frage heute wieder aktuell ist, ist dank des genetischen und informatischen Forschungsparadigmas wenig verwunderlich. Umso mehr ist verwunderlich, dass Geisteswissenschaftler zunehmend von der Dichotomisierung Natur–Technik Abstand nehmen, und stattdessen eine *Antithese* von *Leben* und *Technik* in ihren Schriften vertreten.[16] Diese Dichotomie ist ihrerseits neu und lässt sich gerade philosophiegeschichtlich nicht belegen. Sie scheint ein Zugeständnis an das biotechnologische Zeitalter zu sein, wobei man dann fragen muss: Um wessen Leben handelt es sich hierbei, und gehört Technik nicht zum Leben dazu? Ich komme hierauf im anthropologischen Teil (5.) noch zurück.

---

[16] Vgl. Orland, Artifizielle Körper.

3. Ontologie und Phänomenologie: Philosophische Strategien für und gegen die Verdinglichung des Wesenhaften

Als Grundlegung für die folgenden Abschnitte möchte ich für die Sondierung des Problemfeldes einige ontologische und phänomenologische Herangehensweisen einführen. Die Ontologie als *prima philosophia* fragt nach der allgemeinen Struktur des *Seienden* (gr. *on*).[17] Typische ontologische Begriffe sind „Ding", „Wesen", „Individuum", „Substanz", aber auch „Prozess". Das Sein selbst ist nicht zugänglich, bzw. in theologischer Deutung nach Thomas von Aquin: Nur in Gott fallen das Seiende und das Sein in eins. Für die Philosophie der Moderne hat Christian Wolff,[18] beeinflusst von den Schriften Leibniz', die Ontologie auf ein neues Fundament gestellt. Streng geleitet von der Logik unterscheidet er empirische Erkenntnis, die auf undeutlicher sinnlicher Wahrnehmung beruhe, von der rationalen Erkenntnis, die durch das „reine Denken" entstehe. Grundlage für letztere bildet die Ontologie, im Verständnis Wolffs die Lehre von den Gegenständen überhaupt, ihren wesentlichen Bestimmtheiten (*essentialia*), ihren wechselnden Eigenschaften (*attributa*) und Zuständen (*modi*). Auf unsere Problematik bezogen ergibt sich die Frage: Werden Biofakte über eine Ding- oder eine Prozessontologie bestimmt, und was sind darin jeweils wesentliche Bestimmtheiten? Verändern Biofakte im Vergleich zu naturbelassenen Lebewesen ihre Essenz, oder haben sie lediglich neue Eigenschaften? Ist „Leben" eine Eigenschaft oder eine Seinsweise? Diese Frage berührt auch die Wolffsche Trennung von empirischer und rationaler Erkenntnis, denn durch die naturwissenschaftlich-technische Modellierung, die eigenen Ontologien folgt (explizit als „Ontologie" z.B. formuliert in der Informatik), stehen sich lebensweltlich wirksame Ontologien und wissenschaftlich begründete Ontologien dann unversöhnlich gegenüber, wenn Biofakte das Labor verlassen und die Lebenswelt durchdringen. Die Ontologie der jeweiligen Wissenschaft bestimmt die Gesamtarchitektur des empirischen Bereichs, den die Wissenschaft umfasst. Mit der Ontologie wird die „nominale Essenz" der Kategorien festgelegt. Für den Bereich der Life Sciences exemplifiziert: Biologen wissen immer schon, *wenn* sie ein Lebewesen untersuchen um dessen „reale Essenz" zu analysieren und zu modellieren, *dass* es sich um ein Lebewesen handelt (nominale Essenz).[19]

Typisch für das nachmetaphysische Zeitalter, in dem sich die säkularisierte Moderne wähnt, sind eine Aufgabe ontologischer Termini und die Annahme, dass die Realität mit naturwissenschaftlichen Kategorien vollständig beschreibbar, im Idealfalle auch erklärbar sei. Axel Honneth nennt als einen grundlegenden Zug der Modernisierung die *Verdinglichung*, die in besonderem Maße neue Formen der Anerkennung „des Anderen" evoziere.[20] Im Bereich der Life Sciences kann man die Verdinglichung als eine *Verkörperlichung* ausmachen, die einen Fokus

---

[17] Zur Einführung s. Meixner, Ontologie.
[18] Wolff, Ontologie.
[19] So auch Schark, Lebewesen versus Dinge, S. 173f.
[20] Honneth, Verdinglichung.

auf den Stoffwechsel des erwachsenen Körpers („Gewächses") etabliert hat. Das Leben und Wachstum des jeweiligen Wesens wird in diesem Blickwinkel zu einem Belebt-Sein des Körpers, der als materielles Aggregat einem nicht näher spezifizierten Geist dualistisch gegenübergestellt wird. „Leben" ist dabei kein Substanzbegriff,[21] sondern wird zum Akzidens der Materie.[22]

Das Phänomen Wachstum ist hierbei in jeglicher Hinsicht ein Problemkandidat. Es ist ein Prozess und zeigt sein grenzüberschreitendes Wesen nur an Gewächsen. Diese Gewächse sind aber – indem sie stetig wachsen – gerade keine bestimmten Dinge, sondern ergebnisoffene Lebewesen und damit eigentlich „Wachsende". Sie haben eine unverursachte erste Ursache und verdanken sich einer metaphysischen Setzung, die den Anfang ihrer Persistenz garantiert. Sie existieren, *indem* sie leben. Ein Wesen existiert nicht „und" lebt.[23] Marianne Schark[24] bezeichnet Lebewesen als spezifische Formen von *Kontinuanten*, die eben nicht *belebte* Körper („Dinge") sind, sondern die *Wesen* sind, die einen Körper haben. Anders als bei den klassischen teleologischen Erklärungsmustern, in denen z.B. Organen Funktionen[25] für das erwachsene Lebewesen („Organismus") zugeordnet werden, sorgt das Phänomen Wachstum für die Anfangs- *und* Kontinuitätsbedingung eines jeden Lebewesens. Wachstum garantiert die Existenzsicherung eines Wesens eben dadurch, dass ein beständiges Überschreiten der stets nur vorläufig erreichten Grenze gewährleistet wird. Dies ist nicht mit dem modernen Stoffwechseldenken und der Homöostase zu verwechseln, bei der ein als erwachsen zugrunde gelegter *Typus* durch Input-/Output-Relationen von Materie und Energie (ggf. auch Information) in bestimmten Grenzen stabilisiert wird. Beim Stoffwechseldenken ist der Zweck der Form gleichzeitig der Erhalt der Form, basierend auf dem Mittelbegriff des „Typus" und dem Modell der funktionalen Einheit des Organismus. Für das ontologische Problem der wachsenden Biofakte lohnt es sich, hinter diese Standardargumentation wieder zurückzugehen und v.a. den Organismusbegriff kritisch zu überdenken.[26]

Neben ontologischen lassen sich auch wissenschaftstheoretische und phänomenologische Einwände gegen die These formulieren, dass „Leben" und „Wachstum" Eigenschaften seien, d.h. dass es Dinge gäbe, die durch Wachstum bzw. Leben gekennzeichnet sind. Wenn wir sagen, dass etwas wächst, meinen wir phänomenal *keine* Identität einer funktionalen und kausalen Erklärung. Wir können nicht

---

[21] Vgl. zu den Bedeutungen des Substanzbegriffs die Artikel in Trettin, Substanz.
[22] Schark betont: „Ein wichtiger Schritt zur Vermittlung der vorwissenschaftlichen, lebensweltlichen Begriffs des Lebewesens mit den naturwissenschaftlichen Konzeptionen von Lebewesen liegt darin, den Begriff des Lebewesens auf der einen Seite und die Begriffe ‚Organismus' und ‚lebendes System' auf der anderen Seite nicht als intensionsgleiche, sondern nur als extensionsgleiche Begriffe zu verstehen." (Lebewesen versus Dinge, S. 4) Vgl. dagegen Ropohl, in diesem Band.
[23] Vgl. auch Hennig, Fortbestand von Lebewesen, S. 82.
[24] Schark, Lebewesen versus Dinge.
[25] Vgl. McLaughlin, Funktionen.
[26] Vgl. auch Schark, Lebewesen versus Dinge, S. 247ff.

gleichbedeutend sagen, dass etwas auf etwas hin wächst „um zu" (z.B. um zur Blüte zu gelangen) und dass etwas dieses bestimmte Ziel (z.B. die Blüte) erreicht, „indem" es wächst. Denn eigentlich gibt es alltagsweltlich den Sprachgebrauch „etwas wächst" kaum. Vielmehr stellt man ex post fest, dass etwas gewachsen ist, oder man schließt ex ante von einer bekannten Form (Gestalt), die man dann der Natur zuordnet, darauf, dass etwas wachsen wird. Das Phänomen Wachstum offenbart sich zu langsam für einen unmittelbaren Zugang, und doch können wir über die symbolisch interpretierten Gestalten unmittelbar sagen, ob etwas wachsen wird oder nicht – und damit auch, ob etwas ein Lebewesen ist oder nicht. Wir können aber nicht genau sagen, wo und wann dieses Wachstum enden wird und welchem Zweck es dient. Die Medialität des Wachstums („indem") verweigert sich in einer phänomenologischen Deutung der funktionalen Erklärung. weil der Endzustand des Wachsenden im Moment der Wahrnehmung des Wachstums nicht gänzlich bekannt ist. Nur in einer biologischen Interpretation scheinen „um zu" (Kausalität/Finalität) und „indem" (Medialität) gleichbedeutend.

Wenden wir uns einer engeren phänomenologischen Deutung zu. Genau genommen handelt es sich bei der Wahrnehmung des Wachsenden um ein intersubjektiv wirksames Phänomen, das sowohl in Relation zur Dauer der Veränderung des wahrgenommenen Objekts wie zur selbst gelebten, biographischen Zeit des wahrnehmenden Subjekts erst als solches erscheint. Zeitliche Dauer und Fortbestand von etwas Kontinuierlichem, Enduranz und Perduranz, gehen dabei eine dialektische Beziehung ein. In der Wahrnehmung eines alten Baumes aus Kindertagen etwa spiegelt sich die eigene gelebte Zeit, die dann als „Alter" ins Bewusstsein tritt. Erst vor diesem Abgleich der leiblichen Veränderungen konstituiert sich die Aussage, dass der Baum *gewachsen* ist. Als zeitkonstituierendes Phänomen gewinnt „Wachstum" jene Überzeugungskraft, mit „Leben" in der Aussage vertauscht werden zu können: Alles was wächst scheint auch zu leben und wesenhaft zu sein. Der Baum muss dafür, ebenso wie der jeweilige Mensch, eine substanzielle Zeit im Wahrnehmenden instantiieren, die nicht in einzelne Zeitabschnitte zerlegbar ist (*substantial constituents*-Ansatz von Jonathan Lowe). Auf dieser ontologischen Basis erst kann von „einer Welt" gesprochen werden, und den in ihr seienden Kontinuanten:[27] den Wesen.

Es geht also im engeren Sinne um Verhältnisbestimmungen zwischen dem leiblichen Subjekt und seiner lebendigen Außenwelt, das Verhältnis von innerer zu äußerer Natur. Aristoteles benannte die Relation (*pros ti*) als eigenständige Kategorie (Met. V 15).[28] Er unterscheidet in Met. VII 13 1039a 1-3 zwischen der Frage nach „Diesem" (*tode*) und dem „So-beschaffenen" (*toionde*). Demnach ist die Frage „Ist dieses ein Lebewesen?" eine andere als „Lebt dieses?". Die zweite Frage weist auf die Unterscheidung von „lebend" und „tot" hin, und wir schließen alltagsweltlich darauf über verschiedene Indizien („Lebenszeichen") wie z.B. Atmung oder

---

[27] Vgl. Lowe, Possibility of Metaphysics, S. 106ff.
[28] Ausführlich Jansen, Kategorie des Relativen.

Wachstum. Wir fragen also auch „Wächst dieses?", wenn wir „Lebt dieses?" meinen. Mein Vorschlag lautet daher: „Wachstum" ist das Proprium[29] von „Leben", es wird in der alltagssprachlichen Aussage mit ihm vertauscht.

Aber sind Pflanzen, die symbolisch Wachstum als Zeitgestalten repräsentieren, selbst überhaupt Lebewesen? Diese Frage ist deshalb wichtig, weil nur Lebewesen in Verbindung mit dem eigenen Leib treten und eine subjektive Eigenzeit instantiieren, aber Artefakte nicht. Eine rostende Maschine etwa zeigt wohl objektiv ihr Alter an, aber wir haben zu ihr keine wesentliche Verbindung – sie *wird* nicht alt, sondern sie ist irgendwann dysfunktional bzw. nutzlos. Pflanzen bilden wegen ihres Wachstums kein abgegrenztes Individuum, mit der Ausnahme von Bäumen mit ihrem verholzten Außenskelett. Wegen der Transgressivität des Wachstums spricht man oft auch von „Wucherung". Pflanzen haben aber ein *wesentliches* Identitätsmerkmal, das im Verborgenen liegt: die *Wurzel* am Ort ihres eigenen Anfangs. Ihr Wachstum im Verborgenen hat in vielerlei Hinsicht etwas mit dem Menschen zu tun. Die früheste überlieferte Nennung des Physisbegriffs finden wir in diesem Zusammenhang, in Homers *Odyssee*, als Odysseus nach der Wurzel eines Krautes gräbt und dessen *physis* sucht. Damit möchte er sich vor Kirke schützen, die ihn in ein Schwein verwandeln will.

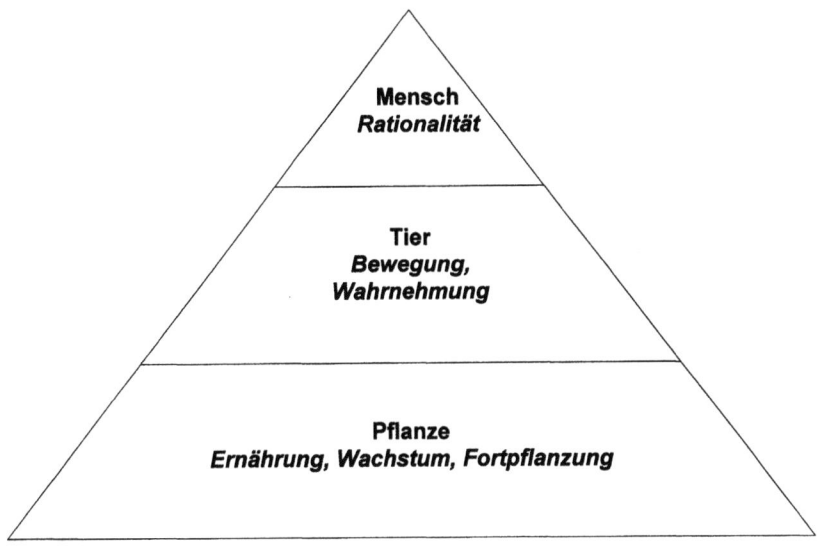

Abb. 2: Lebewesen und ihre Vermögen nach Aristoteles

---

[29] Vgl. Aristoteles, Topik I 5. 102a.

In vielen philosophischen Entwürfen (z.B. Aristoteles, Hegel) wird der menschliche Embryo, verwurzelt im Uterus, als ein pflanzliches Wesen beschrieben, das erst noch zu Tier und Mensch heranwachsen muss, bis es schließlich auf und in der Welt ist. Dass mit Pflanzen qua Beseeltheit Leben beginnt, weil die Pflanzenseele für Ernährung, Wachstum und Fortpflanzung sorgt, ist die Grundlage der aristotelischen Naturontologie (vgl. *De anima*). Pflanzen sorgen als *Vegetativum* auch im Menschen für dessen Fortbestand, und zwar im Unterbauch. Über den Begriff der Seele, der Pflanze, Tier und Mensch verbindet, bleiben Pflanzen ontologisch Wesen, selbst wenn sie empirisch Dinge sind.

Denn Aristoteles macht eine Einschränkung: Weil Pflanzen stetig wachsen und keinen umgrenzten Körper bilden, sind sie *zonta*, d.h. lebende *Dinge*, nicht etwa *zoa*, lebende Wesen wie *Tier* und Mensch. Zu einem echten Lebewesen gehört bei Aristoteles das Vermögen der Wahrnehmung, und dieses wiederum benötigt feste Grenzen zu einer Außenwelt. Aber dieser Mangel der Pflanzen an Körperlichkeit hält diejenigen Antezedens- und Kontinuitätsbedingungen bereit, die im Begriff „Lebewesen" eine wesentliche Rolle spielen. Im Biofakt hingegen spielen sie nur noch eine Rolle für die Kontinuität „des Lebens", nicht mehr anzufangen. Die übergeordneten Vermögen des Anfangenkönnens werden bei der Biofaktizität technisch genutzt.

Bislang verdankte sich in der Alltagskultur auch in säkularisierten Gesellschaften die anfängliche Setzung von ontischen Vermögen einem metaphysischen Anfang, einer ersten Schöpfung, die den Menschen der Verantwortung für das Anfangenkönnen enthob. Durch Biofakte wird der Anfang, das Verwurzelnkönnen als Bedingung, um ein Potential wirklich werden zu lassen, auf die Ebene des Physischen geholt und damit in den Bereich des scheinbar Kontrollierbaren gerückt. Die Wahrnehmungskulturen der Lebenswelt haben sich allerdings noch nicht an diese umgreifende Kontrollierbarkeit gewöhnt.

Biofakte sind phänomenal betrachtet Lebewesen, weil man sie wachsen sieht und sie wie „alte Bekannte" aussehen, aber sie sind in ihrem Werden nicht mehr selbsttätig. Ihr Wachstum wird zum Akzidens und gehört nicht mehr zu ihrer Essenz, in den Begriffen der Ontologie gesprochen. Ihre Anfangsbedingungen wurden durch Fusionen und den Einsatz kontrollierbarer Medien (mit z.B. Wachstumsfaktoren/*Growth Factors*), in die sie vorläufig eingepflanzt wurden, gesetzt. Sie behalten gleichwohl die Fähigkeit zur Mutation – und dieses Faktum stellt in der Biotechnik ein technisches Problem bei der Standardisierung und Normierung von lebenden Prototypen dar. Im Falle von handlungsfähigen Lebewesen behalten Biofakte als Erwachsene auch die Fähigkeit zur Handlung. Biofakte sind nicht Roboter mit menschlichen Funktionen, bei denen man den artifiziellen Anteil auch phänomenal sieht. Sondern umgekehrt: Man sieht den artifiziellen Anteil nicht und findet ihn auch nicht einmal auf substantieller, molekularer Ebene.

Das Zusammenwachsen von Biofakten im technischen Akt des Fusionierens bleibt mit Aristoteles *substanziell* der Sphäre der Natur anheim gegeben. Wachstum kann zwar nicht ersetzt, aber so stark provoziert werden, dass nur noch der abstrakte Anfangspunkt der Genese als selbsttätiger Naturanteil verbleibt. Wir neigen heute dazu, den Prozess des Wachstums als technisch ersetzbar zu denken und sprechen dann auch von einer *technischen Reproduktion*. Mit dem modernen Fokus auf das Produkt erscheinen Gewächse als Dinge – wohingegen sie jahrhundertelang als *Wesen* gesehen wurden. Sie waren Teil der lebendigen *Physis*, zu der auch der Mensch gehörte. Es war Martin Heidegger, der aus diesem Grund den „Gewächsen" die „Gemächte" gegenüberstellte,[30] d.h. den Pflanzen, über deren Wachstum nur die Natur verfüge, die Produkte des technischen Herstellens, über die Menschen Macht haben.

4. Phänomenologische Wissenschaftstheorie: Eine Typologie der Biofaktizität

Wenn wir sagen, dass etwas ein Gewächs ist, so meinten wir bislang damit dreierlei: erstens, dass es eine *bekannte Gestalt* bildet; zweitens, dass sich diese Gestalt *von selbst* bildet, und drittens, dass diese Gestalt *vorläufig* ist. Vergänglichkeit und Unverfügbarkeit gehören zu den ontologischen Voraussetzungen der Lebewesen, die werden und vergehen. Von der Gestalt haben wir bislang rückgeschlossen, dass etwas gewachsen und damit Natur ist: eine Pflanze ja, ein Automobil nein. Wie aber steht es mit der Plastikblume? Sie lässt eine Gestaltdifferenz durch Wachstum erwarten, die dann gar nicht eintritt. Im Moment des Augenblicks kann sie uns täuschen, aber nicht lange.

Ausgehend von dieser Feststellung schlage ich eine Typologie der Biofaktizität vor. Sie beschreibt die Schritte, in denen die ontologischen Differenzen zwischen den Kategorien der Lebenswelt und Wissenschaftswelt zunehmend eingeebnet werden. Dies geschieht über vier Stufen: Imitation, Automation, Simulation und Fusion. Die Typisierungen der Phänomene erlauben Anknüpfungspunkte hinsichtlich ihrer technischen Reproduzierbarkeit. Dabei frage ich an dieser Stelle nicht nach den Zwecken der Technisierung, sondern ich systematisiere die Weisen, wie sie im Spannungsfeld Natur – Technik in *Erscheinung* treten. Es ist eine Verbindung von wissenschaftstheoretischer und phänomenologischer Methode.

4.1 Imitation

Seit der Antike bekannt ist das mimetische Spiel mit Imitaten. Die identische Erscheinung von etwas Hergestelltem mit etwas „natürlich" und „fertig" Gewachsenem bezeichnet man als Imitation. Ein natürlicher Prozess wird so ontologisch in ein

---

[30] Heidegger, Wesen und Begriff der Physis, S. 337.

faktisches Ding transformiert, wobei höherstufig die technische Herstellung zum eigentlichen Prozess wird. Typische Beispiele wären der Plastikbaum und die Wachsfigur, ebenso wie der im 15. Jahrhundert erfundene Naturabguss von Tieren und Pflanzen aus Metall, Gips und Lehm. Die Imitation ist, wenn sie als Produkt vorliegt, notwendigerweise bewegungslos. Ihre Innovativität besteht darin, dass sie sich den Prozessen von Werden und Vergehen entziehen kann. Dadurch, dass sie vorliegt, symbolisiert sie ein bestimmtes Wachstums*stadium*. Die Imitation soll das Original illusionieren und damit auf einen natürlichen Anfang verweisen, der im Falle des Lebendigen ein *Ursprung* ist. Die Gestalt des Vorliegenden ist als Urbild wichtig, da die Imitation davon ihr Abbild gewinnt. Aber das Material, aus dem das Imitat hergestellt wird, darf selbst keine Kreativität und auch keine schnelle Vergänglichkeit aufweisen, damit das Abbild das Original in der gewünschten Form naturgetreu widerspiegeln kann. Die technische Handlung konzentriert sich auf die Imitation einer vorliegenden Naturform, die schon *vor* der technischen Einflussnahme als Standbild verdinglicht wurde und damit gedanklich stillgelegt wurde: auf ein Gewächs, kein Wachsendes. Die Imitation kann lebensweltlich so lange ein Lebewesen vortäuschen, bis der Stillstand des vormals eigendynamisch Wachsenden als Bewegungslosigkeit ins Auge fällt oder andere sinnliche Qualitäten hinzugezogen werden (z.B. der Tastsinn), um die Leblosigkeit des Objekts zu erfassen. Auch wissenschaftliche Analyse schafft Klarheit (z.B. ob man in einer Plastikpflanze Zellen auffindet). Während die nachfolgenden Typen der Biofaktizität eine Bewegung mechanisieren, Wachstum als Bewegung simulieren oder Wachstum im Lebewesen selbst provozieren, ist der Charakter der Imitation genau in Umkehrung dazu: Sie erzwingt eine Feststellung, wo vorher Wandel war.

4.2 Automation

Nachdem man das Wachstum dingfest gemacht hat, kann man es sekundär wieder bewegen. Der Automat ist etwas, das sich als Einheit bewegt, aber nicht von selbst bewegt. Imitiert dieses verdinglichte Selbst, das man gewöhnlich als Maschine bezeichnet, zusätzlich zur dinglichen Gestalt auch die Bewegung von etwas „natürlich" Gewachsenem, hat man bei entsprechenden, für die Gestalt normalerweise üblichen Bewegungen den Eindruck, es mit einem „echten" Lebewesen zu tun zu haben. Mit dem Kennzeichen der Bewegung ist eine erste Verbindung zum Leben gezogen. Die Automation ist eine bewegte Form der Imitation, da sie an der Entität keinen *Gestaltwandel* bewirkt. Allerdings wird hier eine bereits an einem Wesen vorgefundene Bewegung in einer anderen Form (z.B. Rhythmik) erzwungen, als sie von Natur aus vorlag. Der Stoff des Lebewesens scheint entbehrlich, aber die Zweckerfüllung der Bewegung muss so gewährleistet sein, wie im natürlichen Vorbild. Bewegung wird hier teleologisch interpretiert. Da der Zweck erst an einer bestimmten Gestalt erkennbar wird, ist die natürliche Gestalt (wie die Position der Organe) für die Automation immer noch notwendig. Dies sieht man besonders schön an den humanoiden Robotern. Humanoide sind sie eben nur, weil sie eine im weitesten Sinne menschliche Gestalt haben. Bei Pflanzen allerdings klappt dies nicht, weil sie sich ohnehin nicht augenscheinlich bewegen. Da pflanzliches Leben nicht über Automatisierung imitierbar ist, entziehen sie sich der realen Mechanisierung. Man muss aufs Virtuelle und die Zeitraffertechnik ausweichen. Dies ist gleichbedeutend mit der Simulation.

4.3 Simulation

Die Simulation imitiert nicht material ein Ding, das als Gestalt vorliegt, sondern den *Prozess*, der dieses Etwas als Gestaltwandel in Erscheinung bringt. Dazu bedarf die Simulation eines *Mediums*. Hier wechselt also die ontologische Differenz wieder vom Ding zum Prozess, allerdings unter Verlust des Materials. Virtuelle Pflanzen auf dem Computerbildschirm als wachsend in Erscheinung treten zu lassen (z.b. in 3D-Modellen für die Landschaftsplanung) ist eine typische Simulation ihrer Form. Ihr Wachstum wird darin als Bewegung simuliert. Die Gestalt der Pflanze bleibt wichtig in ihrer zeitlichen Gestaltabfolge, d.h. in Form ihres *typischen* Gestaltwandels. Allerdings ist die Wurzel niemals simulierbar. Mit Hilfe eines *Programms* kann man die Pflanze auf dem Bildschirm virtuell zum Blühen bringen und somit den aus der Natur bekannten Wachstumsverlauf zeigen. Im Gegensatz zur Automation, die nur die Bewegung programmgesteuert als bewegte Physiognomie imitiert, ermöglicht die Simulation auch die Imitation einer Natur*geschichte*. Die Relationalität zeitlicher Abläufe von bestimmten Stadien ist tragend für die Illusion, es mit einer echt wachsenden Pflanze zu tun zu haben. Die Kontinuität der *Bewegungsform* simuliert die Wuchsform. Der Körper als kreatürliches Medium des Gestaltwandels wird ersetzt durch ein technisches Medium wie den Computer. Beim Medienwechsel von Körper zu Rechner wird gleichzeitig der Wechsel vom *Vollzug* des Wachstums hin zum *Verlauf* des Wachstums in Objektperspektive vorgenommen.

4.4 Fusion

In der Fusion schließlich kommt die Biofaktizität wieder zurück zu ihrem Anfang, der Kreis zum Idealbild der Imitation und zum vormals aufgegebenen lebenden Material schließt sich. Die Fusion bedarf des Vorhanden- und Zuhandenseins des lebenden Materials, das eine Eigendynamik aufweisen muss, damit die Fusion gelingen kann. Die neue Form setzt der Biotechniker auf Basis der bekannten Formen. Hierin unterscheidet sich die Fusion einerseits von der rein technischen Artefaktkonstruktion, der tote Materialien ausreichen, andererseits verbindet die Fusion mit der klassischen Realtechnik, dass bekannte Naturformen aufgelöst werden. Damit ist ihr tradierter Symbolgehalt hinfällig, und damit die lebensweltliche Ontologie der Referenznahme. Der Biotechniker schafft neue Lebensformen, die über die Möglichkeiten der natürlichen Lebensformen, aus denen die Bestandteile des Lebenden extrahiert und verpflanzt wurden, zum Teil hinausgehen oder sie beschränken – je nach Zwecksetzung. Sein technisches Handeln kann man auf der Konstruktionsebene als *Provokation* der Natur beschreiben, der auf der Planungsebene eine Präformation vorausgeht.

Zellmaterial tritt in seiner *Potentialität* zu wachsen im Labor in Erscheinung. Mit Hilfe von Biotechniken können Zellen vom Lebewesen isoliert werden und in dieser Isolation im Labor kultiviert werden. Die Kultivierung geschieht außerhalb des Kontextes, in dem das materialliefernde Lebewesen lebt und anderen Lebewesen phänomenal zugänglich ist. Typisch ist die *Extraktion* wachstumsbestimmender Teile von Lebewesen und ihre „Verpflanzung", d.h. *Transplantation* in andere Kontexte. Dabei kann es sich um Organe, Zellen, Zellkerne oder die als Informationseinheiten interpretierten Gene handeln. Das genetische Programm begrenzt die Mutabilität des Genoms, wohingegen die Fähigkeit, neue Gene zu integrieren, die Kreativität des Lebendigen ausmacht. In der Extraktion wird das kontextfreie Wachstum, das schon in der Simulation angedeutet wurde, realiter ermöglicht. Dazu bedarf es Medien, die das Extrahierte auf- und annehmen (z.B. Zellplasma oder sog. Matrizen). Die Extraktion ist Bedingung für die Fusion, d.h. das Zusammenführen lebender Bestandteile, die sich zu einem Ganzen verbinden lassen müssen. Eine derartige Verbindung erreicht man durch verschiedenste Provokationen, wie z.B. die Herabsetzung des Widerstands der Zellmembran durch elektrische Spannung oder die gesteuerte Infektion mit Viren.

Die Spur des Medialen, die Aufschluss über den ontischen Zustand des Dings oder Wesen geben könnte, ist in der Fusion aufgehoben, v.a. wenn die Fusionsprodukte in der Gesellschaft weiter wachsen. Wachstum ist kein Medium mehr, ein Wesen von selbst in Erscheinung zu bringen, sondern es ist zum Lebens-Mittel geworden. Biofaktizität zeigt im Hinblick auf die letzte Stufe (Fusion) weitreichende methodische Kontinuitäten zu einer Technisierung des Lebendigen in den Agrar- und Forstwissenschaften sowie der Medizin. Die Ablegerbildung und Stecklingsvermehrung im Pflanzenreich wird damit erstmals mit dem Klonen von Menschen in *eine* Kategorie der technischen Handlung gestellt. Denn im Labor folgen sie den selben Handlungsschemata. Anders formuliert: Beim Klonen von Zellen ist es im Herstellungsprozess gleichgültig, ob aus dieser Zelle eine Pflanze, ein Tier oder ein Mensch wird. „Klon" stammt vom griechischen Wort für Ableger, verweist also auf eine vegetative Form der Vermehrung. Die Wissenschaftstheorie muss beim biotechnischen Handeln genau hin sehen, und nicht bei den vermeintlich sicheren lebensweltlichen Ontologien verbleiben.

Die Potentialität von Lebewesen wird im Zuge der Technisierung so paraphrasiert, dass deren interne Vermögen durch die geschilderten typologischen Stufen der Biofaktizität zu extern normierbaren Möglichkeiten „des Lebens" mit verschiedenen Attributen werden.

Die bisherige Argumentation zusammenfassend wird Biofaktizität als Konzept wichtig vor dem Zustand der *Entgrenzung*.

- Im Labor schwindet durch die Möglichkeit des endogenen Designs und der technischen Überschreitung von physischen Entitätsgrenzen die epistemische Grenze zwischen innerer und äußerer Natur. Jedes lebende Objekt wird dadurch prinzipiell zum Gewächs mit einer anvisierten Form. Wichtig ist, dass man dessen Wachstum modellieren kann, um die Form in Erscheinung zu bringen. Aus Körpern wird wachsendes Material extrahiert und implantiert. Zwischen Körpern wird Gewebe transplantiert.

– Zweitens schwindet die Grenze zwischen den bekannten („beseelten") Lebensformen Pflanze, Tier und Mensch. Man pflanzt das lebendige Material bereichsübergreifend ein und um, wobei in verschiedenen Stadien Lebewesen und ihre Bestandteile als Instrumente dienen können. So können verschiedene humane Reproduktionstechniken ebenfalls Biofakte hervorbringen. Auch die Präimplantationsdiagnostik gilt übergreifend: Sie gehört zum Bereich der Euphänik, bei dem man dasjenige auswählt, was wirklich erscheinen soll, sei es beim Einpflanzen von Saatgut oder bei der In-Vitro-Fertilisation von menschlichen Eizellen und der nachfolgenden „Einpflanzung" des frühen Embryos in den Uterus.

– Im Labor wird drittens das lebensweltlich bekannte *Medium* Wachstum zum *Mittel* für die Herstellung von prototypischen Organismen, die in die Welt jenseits des Labors exportiert werden und ein Lebewesen vortäuschen. Dadurch wird uneindeutig, ob man sich ein wachsendes Medium als Mittel überhaupt selbst aneignen kann oder ob es (als Biofakt) schon als vorstrukturiertes Mittel für einen bestimmten Zweck vorliegt (z.B. kann man als Landwirt „Hybridpflanzen" nicht selbst vermehren oder gar weiterzüchten).

– Schließlich schwindet die Grenze zwischen Lebenswelt und Wissenschaftswelt, weil man Biofakte ins Freiland setzt bzw. in die Sphäre der Gesellschaft entlässt. Sie erscheinen dort wie natürliche Lebewesen. Aus einem beständigen Zweifel rührt die Forderung nach Kennzeichnungspflicht. Grundlegend bleibt aber, dass Menschen wissen wollen, worum es sich handelt. Und dieses Wissenwollen ist ein Hinweis auf die anthropologische Notwendigkeit von Natur. Es sollte etwas geben, das anders als Technik ist und bleiben darf.

5. Anthropologie: Der Mensch als Hybridwesen

Das ontologische Problem liegt nach dem bisher Gesagten nicht auf der Ebene der technischen Reproduktion von Natur, denn der Laborant und die Wissenschaftlerin wissen im allgemeinen, dass und was sie hergestellt haben. Sondern das Problem liegt auf der Ebene der *Repräsentation*, der Vergegenwärtigung, worum es sich handelt – jenseits des Labors. Es geht um die Frage, wie dieses Dritte erscheint bzw. ob es als ein Drittes erscheint. Der Zweifel, ob es sich bei einem der Form nach bekannten Gewächs um Natur oder Technik handelt, findet sich in der Lebenswelt. Dabei handelt es sich um eine spezifische Form des *Nichtwissens*.[31] Denn dasjenige, was man sinnlich erfahren kann, und dasjenige, worüber man informiert wird, passen heute nicht mehr unbedingt

---

[31] Vgl. Wehling, Im Schatten des Wissens.

zusammen. Anders formuliert: Transgene Pflanzen sind nur deshalb ein Problem, weil man *weiß*, dass es sie in der Lebenswelt gibt, aber nicht wahrnimmt, dass es sie gibt. Gleiches gilt für das Doping. Biofakte evozieren demnach zweierlei: eine Forderung nach *Transparenz* (ihrer Genese) und eine nach *Referenz* – um zu verstehen, ob sie natürlichen oder technischen Ursprungs sind. Die bekannte Gestalt alleine reicht dafür nicht mehr hin.

Man kann sich zumindest teilweise informieren, ob sich bei einem wahrgenommenen Lebewesen oder einem seiner Bestandteile um ein Biofakt handelt. Seit 2004 gilt in der EU eine Kennzeichnungspflicht für Lebensmittel, die unter Einsatz transgener Organismen hergestellt wurden. Auch an den Versuchsfeldern im Erprobungsanbau neuer transgener Sorten stehen Hinweisschilder. Allerdings bedürfen bereits zugelassene Sorten keinerlei Kennzeichnung mehr auf dem Feld und koexistieren mit dem Anbau konventioneller Sorten. Die Biofakte sind dadurch Teil der Lebenswelt geworden. Man macht an ihnen entlang seinen Sonntagsspaziergang.

Die geschilderten biotechnischen Möglichkeiten haben Einfluss auf das Selbst- und Weltverhältnis und sind damit auf ihre anthropologische Bedeutung zu befragen. Während es beim Biofakt um den Fremdentwurf eines Technikers geht, *wie* etwas wachsen soll und v.a. bis *wohin*, geht es im philosophischen Begriff „Hybrid" – in Anlehnung an Bruno Latour – um den Selbstentwurf „des Menschen". Es ist eine anthropologische Kategorie in einer Anthropologie, die den Menschen als „Hybrid" *zwischen* Techniknutzer *und* Naturwesen sieht.[32] Technik und Natur gehen darin ein Reflexivverhältnis ein und sind zunächst nur Topoi, keine Kategorien. Die Kategorien gilt es im Rahmen dieser Topik diskursiv immer wieder neu auszuhandeln.

Der Mensch als Hybrid bezeichnet damit auch einen historischen Selbstentwurf, verbunden mit einer Kulturgeschichte, sein eigenes Gewachsensein. Deshalb können Technik-Natur-Verhältnisse von Kultur zu Kultur unterschiedlich sein. Kulturübergreifend bleibt jedoch das Phänomen Wachstum dasjenige, das in den wandelnden Gestalten von Lebewesen und ihren symbolischen Formen (z.B. der Blume) auf Prozesse der Natur, mehr noch auf ihr zeitweises Gelingen, hindeutet.

Das heißt, der individuelle Mensch braucht beides, die Vorstellung, unverursacht gewachsen und gezeugt worden zu sein, aber auch, sein Leben selbst technisch zu gestalten. Erst dann empfindet er und sie sich als ganz. Technik gehört deshalb zum Leben dazu, allerdings zum *bios*, nicht zum *zoon*. Die Biofaktizität spiegelt damit die Hybridität des Menschen in gewisser Weise wider, zumindest wenn man die verschiedenen Kontexte, in denen beide generiert werden – Wissenschaftswelt und Lebenswelt – ignoriert. Dass Menschen, die sich als hybride Grenzgänger in einer Wissensgesellschaft verstehen, auch Biofakte herstellen, ist in anthropologischer Hinsicht fast eine logische Konsequenz. Biofakte sind hinsichtlich natürlicher und

---

[32] Latour, Wir sind nie modern gewesen.

technischer Anteile ebenso gemischt wie das korrespondierende Menschenbild, d.h. hybrid konzipierte Menschen spiegeln sich in den biofaktischen Objekten.

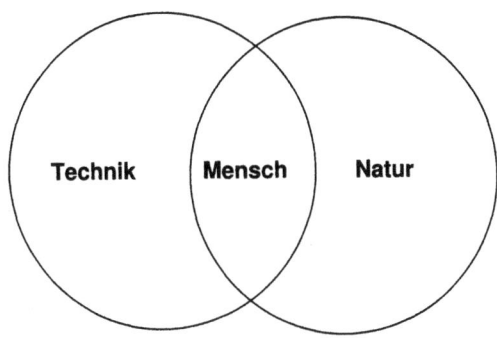

Abb. 3: Der Mensch als Hybridwesen

Aber gerade die Ubiquität von Biofakten wird in hohem Maße hinderlich für das Aufrechterhalten der Hybridität, weil Natur als Topos auf einmal nicht mehr selbstverständlich ist, geschweige denn die dazugehörigen Kategorien und Begriffe. Dadurch ist Natur auch kein sicherer Kandidat mehr, gegenüber dem man sich als Technikerin abgrenzen könnte. Die technische Setzung ist keine wirkliche Entgegensetzung mehr. Die technische Handlung wird durch kreatürliche Medien unsichtbar und entzieht sich so einem gesellschaftlichen Diskurs um angemessene Zwecke. Die praktisch schwierig vorzunehmende Trennung von „Technik" und „Natur" bleibt jedoch theoretisch notwendig, um Hybridität überhaupt reflexiv denken zu können und sich selbst als Hybrid mit leiblichen und geistigen Anteilen verstehen zu können.

Kehren wir zurück zur eingangs gestellten Frage nach den Ontologien von Wissenschafts- und Lebenswelt (Abschnitt 2): Sie sind, wie ich zu zeigen versucht habe, unterschiedlich. Anscheinend haben in lebensweltlicher Orientierung Pflanzen noch etwas mit dem Menschen zu tun, auch sinnbildlich. Es ist die antike Idee der Seele, der *psyche*, die lebensweltlich alles Lebendige weiterhin wesenhaft durchzieht. Eine optimierende Veränderung von Pflanzen betrifft dadurch potentiell auch irgendwann den Menschen, so die Befürchtung in weiten Teilen der Gesellschaft, die sich in einer mangelnden Akzeptanz der Grünen Gentechnik in Europa manifestiert. Wissenschaftshistorisch betrachtet ist diese Befürchtung berechtigt, denn z.B. Techniken des Selegierens und Klonens wurden stets zunächst an Pflanzen entwickelt, bevor sie am Tier angewandt wurden. Der Einzug derartiger Biotechniken in die höhere naturontologische Stufe, hin zum Menschen, ist aus methodischen Gründen nahe. Menschen fühlen sich als Lebewesen mit Pflanzen verbunden, obwohl Pflanzen weder Herz noch Gehirn, weder Blut noch Knochen haben. Wir finden diese Verbundenheit heute noch in wichtigen Metaphern wie der „Leibesfrucht" oder auch der Doppeldeutigkeit des Wortes „Samen", der die Übersetzung für das griechische *sperma* ist.

Selbst wenn sich Biologisierung und Technisierung epistemologisch nahe stehen, so würde eine etwaige Dichotomisierung von „Leben" und „Technik" (vgl. Abschnitt 2) die Realität des Modells mit dem Modell der Realität verwechseln. Peter Janich machte jüngst eine analoge Verwechslung in den Forschungsvisionen der Nanotechnologie und deren Repräsentationen aus. Die Lebenswelt folgt in ihren kulturellen Wahrnehmungen nur sehr eingeschränkt den Wahrnehmungskulturen innerhalb des Labors.[33] Vielmehr orientieren sich Menschen lebensweltlich an lange eingeübten Ontologien wie der aristotelischen, wie auch Gregor Schiemann betont.[34]

Eines ist seit den 1990er Jahren klar geworden: Elitäre Wissenskonzepte werden keine Akzeptanz gegenüber neuen Biotechnologien schaffen. Man will nicht mehr über Risiken und Chancen *informiert* werden, Faktenwissen ist vergleichsweise unerheblich, sondern man möchte eine eindeutige Sichtbarkeit von Natur und Technik gewährleistet sehen, die an ein tradiertes und praktisches „implizites Wissen" (Michael Polanyi) anschlussfähig ist.[35] Viele Menschen wünschen sich eine lebensweltlich verstehbare Natur, die auf ein ontologisches Fundament, eine geordnete Welt, Bezug nimmt. Ihr Zugang zu dieser Natur ist die alltagsweltliche Erfahrung, so wie sie auch die aristotelische Ontologie untermauerte.

Denn was könnte mit dem Verhältnis von Fremdentwurf und Selbstentwurf geschehen, wenn sich das topische Verhältnis von Technik und Natur auf der Objektebene quasi nach links verschiebt (vgl. Abb. 4), hin zum Artefakt, und Biofakte dann den „Normalfall" von Natur darstellen? Wird dann auch das Konzept Mensch zum funktional geregelten Cyborg?

Wenn wir die transhumanistischen Visionen der Technikforschung, v.a. der Nanotechnologie, betrachten,[36] wird oft davon gesprochen, dass der Mensch eigentlich durch Technik ersetzbar sei. Hier sieht man eindringlich, wie durch eine epistemologische Modellierung von wenigen Lebenskriterien wie Bewegung und Kommunikation (z.B. in der Robotik und KI-Forschung), d.h. am Fremdentwurf, auf einmal auch der Selbstentwurf vom Menschsein sich hin zur Technik verschiebt. Doch die Frage: „Wer bin ich?" wird immer in Ansehung eines Anderen beantwortet. Das Gegenüber bestimmt die Selbstkonstitution mit. Die zur Zeit überproportional häufigen Hinweise auf Science-Fiction Filme und auf Cyborgs als menschliches Gegenüber geben zur Sorge Anlass. So bleiben nur eine marginale und formlose Natur, die Materie, sowie eine grenzenlose Natur, die Umwelt, vom Naturbegriff übrig.

---

[33] Siehe auch Köchy, Schiemann, Natur im Labor.
[34] Schiemann, Natur, Technik, Geist.
[35] Polanyi, The Tacit Dimension, Kap 1.
[36] Vgl. Coenen, Technofuturismus.

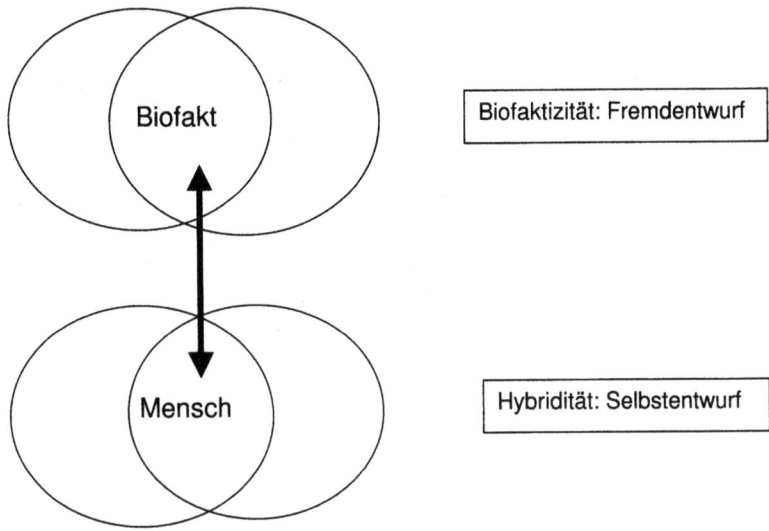

Abb. 4:   Der Fremdentwurf in Relation zum Selbstentwurf von „Leben"

Beruhigend wiederum ist, dass Roboter keinen Selbstentwurf in Ansehung eines Anderen haben werden. Gegen die Transhumanisten kann man mit dem Phänomen Wachstum argumentieren. Denn Roboter und Cyborgs können nicht wachsen, selbst wenn sie sich zum Teil selbst reparieren können. Sie können sich keine Umwelt assimilieren, d.h. das Äußere zum Inneren machen, das Fremde zum Eigenen. Die Pflanze und ihre integrierenden Vermögen werden in dieser Vorstellung vom *Robo sapiens*, der halb Tier, halb intelligente Maschine ist, zur modernen Utopie.

Das Andere im Eigenen (hier: die Naturanteile im techniknutzenden Menschen) zum ganz Anderen seiner Selbst (hier: ein naturbereinigter „Mensch") machen zu wollen, ist der Grundzug einer jeden Ideologie. Für das Diskursfeld des Transhumanismus: Das Andere im Eigenen sind die Naturanteile des Techniknutzers, der von eben diesen gereinigt werden soll. Deshalb wird Natur in vielen Technikvisionen als das ganz Andere und Fremde bzw. in Tradition des Deutschen Idealismus als „das Widerständige" imaginiert, obwohl sie dies alles doch nicht *nur* ist. Sie tritt auch als versorgend und vertraut in Erscheinung. Man kann deshalb – mit dem Begriff von Christoph Hubig[37] – dafür argumentieren, dass die lebendige Natur in ihrer Formenvielfalt zu den Vermächtniswerten gehört.

---

[37] Hubig, Technik- und Wissenschaftsethik.

Bei allen Modellierungserfolgen bleibt in den Natur- und Technikwissenschaften das Phänomen Wachstum in weiten Teilen unverstanden und damit unbeherrscht. Es verbirgt sich hinter Begriffen wie der „Transplantation", der Verpflanzung von Organen, die nur dann gelingt, wenn das Organ sich im Ganzen innerhalb fremder Körpergrenzen verwurzelt und seinen vorbestimmten Zweck auch wirklich erfüllt. Ob es das tut, bleibt nicht nur in der Agrikultur, sondern auch in der Medizin ein Wagnis. Kultivierungsbemühungen haben die Verfügbarkeit der Natur als eine immer nur vorläufige stets berücksichtigt.

Abschließend können wir folgende Ergebnisse festhalten. Wachstum kann man im Labor provozieren und modellieren, aber nicht herstellen. Sein Potential bleibt im Bereich der Natur, womit eine epistemologische wie ontologische Grenze der technischen Substituierbarkeit von Natur formuliert ist. Dadurch ergibt sich eine weitere spannende Konsequenz: Aufgrund der zunehmenden Verschmelzung von Bio-, Nano- und Informationstechnologien („Converging Technologies") wird eben nicht, wie viele glauben, „die Natur" ontologisch ausgehöhlt (wenn auch reduziert), sondern vor allem die Repräsentationsformen des Technischen: weil sie auf einmal als Natur erscheinen. So erprobt man bereits die Herstellung „lebender Bauten" und „trainierbarer Tragwerke" aus schnellwüchsigen Weiden.[38] Das Bauwerk als klassisches Artefakt wäre dann zum Biofakt geworden, und der Architekt zum Landwirt.

Literatur

Aristoteles: Gesammelte Schriften. Hamburg: Meiner 1995.
Bartels, Klaus: Der Begriff Techne bei Aristoteles. In: *Hellmut Flashar, Konrad Gaiser* (Hrsg.), Synusia. Festgabe für Wolfgang Schadewaldt zum 15. März 1965. Pfullingen: Neske 1965, S. 275-287.
Birnbacher, Dieter: Natürlichkeit. Berlin u.a.: de Gruyter 2006.
Coenen, Christopher: Der posthumanistische Technofuturismus in den Debatten über Nanotechnologie und Converging Technologies. In: *Alfred Nordmann, Joachim Schummer, Astrid Schwarz* (Hrsg.), Nanotechnologien im Kontext. Berlin: Aka Verlag 2006, S. 195-222.
Hartbecke, Karin, u. Christian Schütte (Hrsg.): Naturgesetze. Historisch-systematische Analysen eines wissenschaftlichen Grundbegriffs. Paderborn: Mentis 2006.
Heinemann, Gottfried: Natur und Regularität. Anmerkungen zum vor-aristotelischen Naturbegriff. In: *Karin Hartbecke, Christian Schütte* (Hrsg.), Naturgesetze. Historisch-systematische Analysen eines wissenschaftlichen Grundbegriffs. Paderborn: Mentis 2006, 37-54.
Heinemann, Gottfried: Aristoteles und die Unverfügbarkeit der ‚Natur'. In: *Kristian Köchy, Martin Norwig* (Hrsg.), Umwelt-Handeln. Zum Zusammenhang von Naturphilosophie und Umweltethik. Freiburg: Karl Alber 2006, S. 167-205.

---

[38] So die Ergebnisse der gleichnamigen Tagung am Interdisziplinären Zentrum für Kultur und Technik (IZKT) der Universität Stuttgart am 20./21. Januar 2007, veranstaltet zusammen mit dem Institut für Grundlagen der modernen Architektur (igma) der Universität Stuttgart.

Heidegger, Martin: „Vom Wesen und Begriff der Φύσις. Aristoteles' Physik B, 1". In: Ders., Wegmarken, Frankfurt am Main: Klostermann, S. 309-371.
Hennig, Boris: Der Fortbestand von Lebewesen. Aus Anlass von Marianne Scharks ‚Lebewesen versus Dinge'. In. Allg. Zeitschrift für Philosophie 32 (1) (2007), S. 81-91.
Honneth, Axel: Verdinglichung. Eine anerkennungstheoretische Studie. Frankfurt a.m: Suhrkamp 2005.
Hubig, Christoph: Technik- und Wissenschaftsethik. Berlin u.a.: Springer 1993.
Hubig, Christoph: Die Kunst des Möglichen I. Bielefeld: transcript 2006.
Janich, Peter: Wissenschaftstheorie der Nanotechnologie. In: *Alfred Nordmann, Joachim Schummer, Astrid Schwarz* (Hrsg.), Nanotechnologien im Kontext. Philosophische, ethische und gesellschaftliche Perspektiven. Berlin: Aka Verlag 2006, S. 1-32.
Jansen, Ludger: Aristoteles Kategorie des Relativen zwischen Dialektik und Ontologie. In: Philosophiegeschichte und logische Analyse 9 (2006), (im Druck).
Karafyllis, Nicole C.: Biologisch, Natürlich, Nachhaltig. Philosophische Aspekte des Naturzugangs im 21. Jahrhundert. Tübingen: Francke 2001.
Karafyllis, Nicole C. (Hrsg.): Biofakte – Versuch über den Menschen zwischen Artefakt und Lebewesen. Paderborn: Mentis 2003.
Karafyllis, Nicole C.: Natur als Gegentechnik. Zur Notwendigkeit einer Technikphilosophie der Biofakte. In: *Nicole C. Karafyllis, Tilmann Haar* (Hrsg.): Technikphilosophie im Aufbruch. Festschrift für Günter Ropohl. Berlin: edition sigma 2004, S. 73-91.
Karafyllis, Nicole C.: Biofakte – Grundlagen, Probleme, Perspektiven. In: Erwägen Wissen Ethik 17/4 (2006), S. 547-558.
Karafyllis, Nicole C.: Die Phänomenologie des Wachstums. Zur Philosophie und Wissenschaftsgeschichte des produktiven Lebens zwischen den Konzepten von „Natur" und „Technik". Universität Stuttgart: Habilitationsschrift 2006 (erscheint 2007 bei transcript, Bielefeld).
Karafyllis, Nicole C.: Endogenes Design und das zweite Hymen: Gewebe und Netzwerke als Modelle für Hybridität in BioArt und Life Sciences. In: *Petra Eisele, Elke Gaugele* (Hrsg.), TechnoNaturen. Wien: Schlebrügge 2007 (im Druck).
Karafyllis, Nicole C. u. Gotlind Ulshöfer (Hrsg.): Sexualized Brains. Scientific Modeling of Emotional Intelligence from a Cultural Perspective. Cambridge, MA: MIT Press 2008 (im Druck).
Köchy, Kristian: Perspektiven des Organischen. Paderborn: Schöningh 2003.
Köchy, Kristian u. Schiemann, Gregor: Natur im Labor. Themenheft Philosophia Naturalis 43/1 Frankfurt/M: Klostermann 2006.
Köhler, Theodor W.: Grundlagen des philosophisch-anthropologischen Diskurses im dreizehnten Jahrhundert. Die Erkenntnisbemühungen um den Menschen im zeitgenössischen Verständnis. Leiden: Brill 2000.
Knorr-Cetina, Karin: Wissenskulturen. Ein Vergleich naturwissenschaftlicher Wissensformen. Frankfurt a.M.: Suhrkamp 2002.
Krohn, Wolfgang: Realexperimente. In: Erwägen Wissen Ethik 18/3 (2007) (im Druck).
Lowe, Ernst Jonathan: The Possibility of Metaphysics: Substance, Identity, and Time. Oxford: Oxford University Press 1998.
Orland, Barbara: Wo hören Körper auf und fängt Technik an? Historische Anmerkungen zu posthumanistischen Problemen. In: Barbara Orland (Hrsg.), Artifizielle Körper – lebendige Technik. Technische Modellierungen des Körpers in historischer Perspektive. Zürich: Chronos 2005, S. 9-42.
McLaughlin, Peter: Funktionen. In: *Ulrich Krohs, Georg Toepfer* (Hrsg.), Philosophie der Biologie. Frankfurt a.M.: Suhrkamp 2005, S. 19-35
Meixner, Uwe: Einführung in die Ontologie. Darmstadt: WBG 2006.

Polanyi, Michael: The Tacit Dimension. Gloucester, Mass.: Smith 1983.

Poser, Hans: Zum Wesen wissenschaftlicher Erkenntnisse. In: *Ekkehard Höxtermann, Hartmut H. Hilger* (Hrsg.), Lebenswissen. Eine Einführung in die Geschichte der Biologie. Rangsdorf: Natur & Text in Brandenburg 2007 (im Druck).

Rheinberger, Hans-Jörg: Experimentalsysteme und epistemische Dinge. Göttingen: Wallstein 2002.

Ropohl, Günter: Technik als Gegennatur. In: *Götz Großklaus, Ernst Oldemeyer* (Hrsg.), Natur als Gegenwelt. Karlsruhe: von Loeper 1983, S. 87-100.

Schark, Marianne: Lebewesen versus Dinge. Berlin: de Gruyter 2005.

Schiemann, Gregor: Natur, Technik, Geist. Berlin: de Gruyter 2005.

Trettin, Käthe (Hrsg.): Substanz. Frankfurt am Main: Klostermann 2005.

Wehling, Peter: Im Schatten des Wissens? Perspektiven der Soziologie des Nichtwissens. Konstanz: UVK 2006.

Wolff, Christian: Erste Philosophie oder Ontologie, lat./dt., hg. und übers. von Dirk Effertz. Hamburg: Meiner 2005.

Brigitte Falkenburg

Kollektiver Technikgebrauch und Klimawandel

> Wenn der Hegelsche Satz zu Recht besteht, dass die Philosophie einer Zeit nichts anders sei als eben diese Zeit selbst ‚in Gedanken gefasst' [...] – so müsste man erwarten, dass der unvergleichlichen Entwicklung, die die Technik im Laufe des letzten Jahrhunderts erfahren hat, auch eine eigentümliche Wendung der *Denkart* entspricht. Aber diese Erwartung wird, wenn man die gegenwärtige Lage der Philosophie betrachtet, nur unvollkommen erfüllt.
>
> Ernst Cassirer, *Form und Technik* (1930)

In jüngster Zeit ist verstärkt ins öffentliche Bewusstsein gedrungen, dass der anthropogene Treibhauseffekt die globale mittlere Erdtemperatur signifikant erhöht und zum Klimawandel führt. Es wird jetzt weitgehend akzeptiert, dass dieser Sachverhalt kein Konstrukt und auch keine Übertreibung der Klimaforscher ist, sondern eine manifeste Folge unbeschränkten Technikgebrauchs, die vielen dicht besiedelten Regionen der Welt mittelfristig massive Probleme bescheren wird. Aus philosophischer Sicht berührt der Klimawandel Fragen des individuellen und kollektiven Handelns unter Bedingungen der Unsicherheit, und er macht deutlich, wie ambivalent der Technikgebrauch wird, sobald unabsehbare Folgen kollektiven technischen Handelns ins Spiel kommen. Um diese Ambivalenz am Beispiel des Klimawandels zu untersuchen, lege ich einen komplexen Technikbegriff zugrunde, der es erlaubt, die Verflechtungen kollektiven Technikgebrauchs mit ökonomischen und ökologischen Fragen zu behandeln.

1. Komplementäre Aspekte der Technik

Die Technikphilosophie des 20. Jahrhunderts hat Ansätze entwickelt, die sehr verschiedenen Facetten des menschlichen Technikgebrauchs gerecht werden. Grob lassen sich zwei komplementäre Sichtweisen der Technik unterscheiden, die sich gegenseitig ergänzen – eine *biologistische* oder *naturalistische* Sicht der Technik sowie eine *idealistische* Sicht der Technik. Nach beiden Sichtweisen ist die Technik eine anthropologische Konstante, die wesentlich zum individuellen und sozialen Leben der Menschen gehört.

Aus *biologistischer* oder *naturalistischer* Sicht ist die Technik *naturhaft*. Nach der biologischen Anthropologie dient der Technikgebrauch der Anpassung der Umwelt an den Menschen, weil der Mensch keine spezifischen Organe entwickelt hat, die, wie bei anderen Lebewesen, umgekehrt der Anpassung an die Umwelt dienen. Die Fähigkeit, Technik zu entwickeln, gehört danach zur biologischen Ausstattung des Menschen; die mangelhafte Instinkt- und Organausstattung zwingt den Menschen zum Technikgebrauch. Diese Sichtweise steht in der Tradition von Herder und Gehlen. Sie führt tendenziell dazu, die Abfolge der großen technischen Revolutionen als quasi-evolutionären Prozess zu betrachten, als Fortsetzung der Evolution mit anderen Mitteln. Als naturhafter, quasi-evolutionärer Prozess tendiert der technische Fortschritt zur Verselbständigung.

Aus *idealistischer* Sicht dagegen ist die Technik *ideengeleitet*. Nach der philosophischen Anthropologie ist der Mensch das rationale Lebewesen, das durch Vernunft und Selbstbewusstsein gekennzeichnet ist; die Fähigkeit, Technik zu entwickeln, gehört zu den elementaren rationalen und intentionalen Fähigkeiten des Menschen. Technisches Handeln ist zweckrational *par excellence*. Technik beruht auf menschlichen Absichten und Erfindungen; sie liefert Mittel, mit denen wir Pläne verwirklichen, um die Natur umzugestalten und das Leben zu erleichtern. Diese Sichtweise findet man bei Heidegger und Cassirer. Nach Cassirer ist die Technik eine symbolische Form, insofern sie natürliche Dinge und Vorgänge zu Mitteln für unsere Zwecke „umfunktioniert". Als ideengeleitete Praxis steht die Technik im Dienst des Menschen – oder sie *sollte* es jedenfalls.

Entscheidend ist nun, dass die naturhaften Aspekte der Technik die Menschen als biologische Gattung betreffen, sie sind auf *kollektiver* Ebene angesiedelt. Die großen technischen Revolutionen und ihre Folgen sind Menschheitsschicksal, sie verändern die natürliche Umwelt der Menschen sowie die sozioökonomischen Bedingungen des Zusammenlebens. „Verselbständigung der Technik" heißt, dass sich diese Veränderungen hinter dem Rücken der Individuen vollziehen. Bahnbrechende technische Innovationen führen in der Regel zu einem sozialen und ökonomischen Wandel, den niemand im Griff hat, dessen Folgen niemand absehen kann und der sich wie ein Naturprozess vollzieht. Dagegen sind die ideengeleiteten Aspekte der Technik auf der *individuellen* Ebene angesiedelt, sie betreffen die Absichten, Pläne und das zweckrationale Handeln einzelner Menschen.

Die oben genannten Philosophen kritisieren die neuzeitliche Technik allesamt aufgrund der Entfremdungs- und Verselbständigungstendenzen, die sie mit sich bringt. Cassirer macht dies an der industriellen Produktion fest, Gehlen an der Massenkultur und den Massenmedien, Heidegger an der Ausnutzung der Natur und des Menschen für ökonomische Zwecke. Alle drei Denker verorten die Kritik auf der Ebene individueller Einstellungen und Verhaltensweisen. Als Gegenmittel bieten sie nur Technikverweigerung und den Rat zu einem „freien" individuellen Umgang mit Technik an, unter dem sie auf jeweils andere Weise einen maßvollen Technikgebrauch verstehen. Dabei antizipiert Heidegger die heutigen Umwelt- und Energieversorgungsprobleme am stärksten; doch auch er klammert die Frage aus, welche Beziehung denn *zwischen* den naturhaften, quasi-evolutionären und den ideengeleiteten, zweckrationalen Aspekten der Technik besteht.

Bekannte Technikphilosophen wie Anders und Jonas rücken die Zerstörung unserer natürlichen Lebensgrundlagen durch uneingeschränkten Technikgebrauch und unsere Verantwortung gegenüber künftigen Generationen ins Zentrum. Auch sie behandeln jedoch primär nur individuelle Einstellungen gegenüber der Technik.

Als anthropologischen Faktor versteht man die Technik aber wohl erst dann angemessen, wenn man sich um einen Technikbegriff bemüht, der individuelle *und* kollektive Aspekte hat und der erfasst, wie die ideengeleiteten, zweckrationalen und die naturhaften, quasi-evolutionären Aspekte der Technik *ineinander greifen*. Ein solcher Technikbegriff umfasst mindestens sechs Merkmale:

Technik

1. ist *Menschenwerk*, besteht aus Artefakten (Aristoteles: *techne* versus *physis*);
2. hat *biologische Funktionen* (Gehlen: Technik ist Organersatz und dient der Umweltanpassung);
3. unterliegt *Naturgesetzen* (Bacon: „Die Natur lässt sich nur durch Gehorsam bändigen");
4. ist *symbolisch*, Dinge werden als Mittel eingesetzt (Cassirer: Technik ist eine symbolische Form);
5. ist *intentional*, der Mittelgebrauch dient *unseren Zwecken* (Cassirer, Heidegger: In der Vorgabe technischer Zwecke und Mittel ist der Mensch frei);
6. ist *ökonomisch*, denn Zweckrationalität zielt auf Effizienz (Heidegger: die Natur wird zum „Bestand" für unseren ökonomischen Nutzen).

Naturhaft ist die Technik insbesondere, insofern sie biologische Funktionen erfüllt und Naturgesetzen unterliegt. Beides ist allerdings mit der Rede von der Verselbständigung der Technik noch nicht gemeint. Der Technikgebrauch und seine Folgen verselbständigen sich nach üblichem Verständnis erst dort, wo sie den menschlichen Absichten entgleiten, d.h. wo die intentionalen, ideengeleiteten mit den quasi-naturgesetzlichen, naturhaften Aspekte der Technik *kollidieren*; oder: wo der Technikgebrauch *nicht-intendierte* Handlungsfolgen hat, die *unerwünscht* sind. Dies geschieht immer dann, wenn es zum Technikversagen kommt, sei's weil die Kontrolle der Technik durch menschliches Handeln nicht hinreichend war, oder sei's weil die Naturgesetze nicht hinreichend bekannt und beherrschbar waren. Dies geschieht aber auch dort, wo sich beim *kollektiven Technikgebrauch* auf quasi-naturgesetzliche Weise *ökonomische Mechanismen* durchsetzen, die individuell geplantes zweckrationales Handeln *durchkreuzen*. Naturhaft entwickelt sich der Technikgebrauch also auch, insoweit er undurchschauten Gesetzmäßigkeiten der ökonomischen Effizienz unterliegt, die dem intentionalen Handeln unzugänglich sind und nicht-intendierte Handlungsfolgen haben.

2. Unerwünschte Folgen technischen Handelns

Zusammengefasst *verschränken* sich die naturhaften und die intentionalen Aspekte des Technikgebrauchs in den *ungeplanten Handlungsfolgen* technischen Handelns. Dabei sind die nicht-intendierten Folgen technischen Handelns oft unangenehme Überraschungen, sie sind immer unerwartet und oft hochgradig unerwünscht.

Ungeplante, naturhafte Folgen zweckrationalen Handelns:

(1) Technikversagen
    (mangelnde Beherrschung der *Naturgesetze*)

(2) Marktversagen
    (mangelnde Beherrschung *ökonomischer* Gesetze)

(3) Umweltschäden
    (unbeherrschte Schädigung *öffentlicher Güter*)

2.1 Technikversagen

Hierzu zählen technische Unfälle, die zu Personen- und/oder Sachschaden führen. Sie beruhen auf mangelnder Berücksichtigung oder Unkenntnis der Naturgesetze, die sich eine Technologie zunutze macht, bzw. auf mangelnder Beherrschung der Bedingungen, unter denen die Naturgesetze konkret angewandt werden. Auch das gern zitierte „menschliche Versagen" ist nichts anderes als mangelnde Kontrolle über Anwendungsbedingungen der Naturgesetze, die in der Technik am Werk sind.

Technisches Wissen ist zwar *nicht reduzierbar* auf angewandte Naturwissenschaft; es zielt auf *Funktionserfüllung*, nicht auf Wahrheit, erzeugt *Artefakte* und nicht Theorien, dient der Entwicklung von *Verfahren* anstelle von Erklärungen und ist *systemtheoretisch*, nicht nomologisch.[1] Dennoch setzt die Funktionsweise jedes technischen Geräts Naturgesetze voraus, nach denen dieses Gerät funktioniert und die zum technischen Wissen gehören, auf deren Grundlage es entwickelt wurde. Das gilt vor allem für die moderne Technik. Glühbirnen, Kühlschränke, Fernseher, Flugzeuge oder biotechnische Verfahren können ohne naturwissenschaftliche Kenntnisse zwar benutzt, aber niemals hergestellt und zum Funktionieren gebracht werden. Wenn ein technisches Gerät versagt, so funktioniert es inadäquat oder gar nicht, und dies wiederum bedeutet mangelnde Kontrolle über die naturgesetzlichen Prozesse, die darin ablaufen und die man sich zunutze machen will, um bestimmte technische Ziele zu realisieren.[2]

---

[1] Vgl. Banse et al., Erkennen und Gestalten, Kap. 2.
[2] Carrier, Wissenschaft im Dienst, hebt deshalb hervor, dass die Grundlagenforschung für die angewandte Forschung unverzichtbar ist. Für die Technikfolgenbewältigung gilt dies auch; vgl. unten.

Naturwissenschaftliches und technisches Wissen haben vieles gemeinsam. Beide beruhen auf *analytischem Vorgehen*, bei dem man Naturprozesse unter idealen Bedingungen erforscht und in möglichst gut getrennte Komponenten zerlegt. Dabei gelingt stets nur die Betrachtung und Beherrschung *isolierter* Vorgänge und Funktionen. Das Resultat ist Laborwissen, das mit experimentellen Methoden gewonnen wird; die Experimentiermethoden der Physik, Chemie oder Molekularbiologie sind nichts anderes als angewandte Technik. Technische Geräte sowie naturwissenschaftliche Erklärungen zielen allerdings immer darauf, auch außerhalb des Labors zu funktionieren bzw. zu gelten. Dies ist offenbar nur dann gewährleistet, wenn es gelingt, die getrennt untersuchten Komponenten wieder zu einem gut verstandenen Ganzen zusammenzusetzen. Die kontrollierte *Synthese* der Erkenntnis isolierter Systemkomponenten ist jedoch in Naturwissenschaft und Technik gleich schwierig. Die Anwendungsbedingungen sind für beide Arten von Wissen komplex und meistens nur noch von Experten überschaubar. Wenn man irgendwelche relevanten Faktoren vernachlässigt, versagt naturwissenschaftliches Wissen ebenso wie technisches Wissen außerhalb des Labors.

Aus diesem Grund können immer nur isolierte *Sub*systeme unserer natürlichen Umwelt theoretisch erkannt und technisch gestaltet werden. Naturwissenschaftliche Theorien und Modelle können darum das epistemische Ziel der Naturerkenntnis verfehlen, so wie technisches Wissen das funktionale Ziel der Technikentwicklung verfehlen kann.[3] Die Natur lässt sich immer nur *unvollständig* beherrschen – und mit ihr die Technik. Darum gibt es keine absolut sichere Technik. Zum Technikversagen kommt es allerdings nicht nur durch menschliches Versagen, Konstruktionsfehler, mangelnde Sicherheit oder Abnutzung. Technik versagt immer wieder auch aufgrund von unerkannten Synergieeffekten. Sie bestehen gerade darin, dass nicht hinreichend verstanden worden war, wie die Komponenten eines technischen Systems untereinander und mit der Umgebung zusammenwirken, in der das System eingesetzt wird. Deshalb ist theoretische *Grundlagen*forschung zur *Technikfolgen*bewältigung erforderlich.

Dies gilt insbesondere für den Klimawandel und die Entwicklung regenerativer Energien. Die Energieproduktion und der Energieverbrauch in der technischen Lebenswelt sind *par excellence* von unbekannten Synergieeffekten begleitet. So gesehen ist der Klimawandel eine besondere Sorte von Technikversagen. Er ist eine ungeplante, höchst unerwünschte Folge kollektiven technischen Handelns, die so viele unbekannte Synergieeffekte einschließt wie kaum eine andere.

---

[3] Vgl. die Dialektik von Erkennen und Eingreifen, die in Falkenburg, Technik, S. 83 ff., skizziert ist.

2.2 Marktversagen

Technische Innovationen können dazu führen, dass sich die Arbeitsmärkte zu schnell umstrukturieren, d.h. schneller als es die Gesellschaft und die Individuen verkraften – mit der Folge strukturell bedingter Arbeitslosigkeit, die zum sozialen Abstieg größerer Teile der Bevölkerung führt. Die hierdurch bedingte Instabilität ist ein kollektiver Effekt in einem Wirtschaftssystem, das aus dem Lot geraten ist, weil es sich durch technischen Fortschritt rapide wandelt. Die Ökonomen sprechen hier gern von *Marktversagen*, doch dieser Begriff ist eigentlich irreführend. Wohin sich so ein ökonomisches System entwickelt, lässt sich nur nicht prognostizieren. Rapide technische Innovationen und ihre Folgen können ökonomisch kaum modelliert werden, weil weder die zugrundeliegenden Gesetzmäßigkeiten noch ihre Anwendungsbedingungen hinreichend bekannt sind.[4] Diese mangelnde Kenntnis adäquater ökonomischer Gesetze wird allerdings bis heute gern kompensiert durch wirtschaftsliberales Vertrauen in Marktmechanismen, deren Funktionsbedingungen auch nicht wirklich bekannt sind.

Nach Adam Smiths vielbeschworener Metapher von der *invisible hand* entwickeln sich Märkte wie von Gottes Hand geleitet zum Besten hin, nämlich zum Gleichgewicht von Angebot und Nachfrage, wenn alle Produzenten und Konsumenten zweckrational auf den eigenen Vorteil bedacht sind. Die Metapher von der unsichtbaren Hand wird bis heute gern mit der Vorstellung verknüpft, dass sich eigennütziges, ausschließlich am eigenen Vorteil orientiertes ökonomisches Handeln letzten Endes quasi-naturgesetzlich zum Wohle aller Individuen einer Gesellschaft auswirkt. Sie beruht in der Tat auf einer tiefgreifenden Analogie zwischen klassischer Ökonomik und klassischer Physik. Schon Smith hatte diese Analogie vor Augen, aber er überblickte ihre formale Tragweite und ihre Anwendungsbedingungen so wenig wie es viele heutige Ökonomen tun.

Unter idealen Bedingungen verhalten sich ökonomische Akteure so unabhängig voneinander wie die unkorrelierten Moleküle eines idealen Gases, die den Gesetzen der klassischen statistischen Mechanik gehorchen; und wie man zeigen kann, streben Märkte nach dem selben formalen Gesetz zum Gleichgewicht von Angebot und Nachfrage wie ein ideales Gas zum thermischen Gleichgewicht der Moleküle.[5] Diese Eigendynamik entspricht tatsächlich der Metapher von der unsichtbaren Hand: Wenn alle Produzenten und Konsumenten auf den eigenen Vorteil bedacht sind, entwickeln sich Märkte zu einem Gleichgewichtszustand, in dem der Nutzen aller Konsumenten und Produzenten maximal ist. Dieser Gleichgewichtszustand ist Pareto-effizient, d.h. niemand kann besser gestellt werden, ohne dass jemand anders schlechter gestellt wird. Soweit lehrt die Analogie zwischen Physik und Ökonomik genau das, was der Wirtschaftsliberalismus

---

[4] Vgl. etwa Wagner, Makroökonomik, S. 342 ff.
[5] Vgl. Mimkes, Politik und Thermodynamik; sowie Falkenburg, Technik, S. 115; und Falkenburg, The Invisible Hand. Die Analogie ist aber mit Vorsicht zu genießen, weil sie von Börseneffekten, Inflation, Kapitalflucht etc. abstrahiert.

behauptet: Die ungebremste freie Marktwirtschaft funktioniert von allen Wirtschaftssystemen am besten; nicht-regulierte Märkte wirken sich langfristig zum Wohle aller Beteiligten aus.

Ob und wie der Marktmechanismus im Einzelfall funktioniert, hängt allerdings von den besonderen Marktbedingungen ab, die jeweils gegeben sind. Hier kommen nun die Anwendungsbedingungen des ökonomischen Modells ins Spiel. Welche idealisierenden Annahmen sind gemacht worden, inwieweit sind sie im konkreten Anwendungsfall gerechtfertigt? Oder: unter welchen nicht zu vernachlässigenden Nebenbedingungen pendeln sich eigentlich Angebot und Nachfrage aufeinander ein? Schon nach Adam Smith ist hier die Rechtsordnung zu berücksichtigen, unter der sich die Eigendynamik des Marktmechanismus entfaltet; wildwüchsige, *völlig* deregulierte Märkte gibt es aus der Sicht des Urhebers der Metapher von der *unsichtbaren Hand* eigentlich nicht.[6]

Im besten Fall entwickelt sich ein System von Märkten analog zu einem reversiblen thermischen Prozess nahe des thermodynamischen Gleichgewichts. Kommen technische Innovationen ins Spiel, so ist das korrekte physikalische Analogon zum Wirtschaftskreislauf jedoch das Verhalten eines komplexen Systems *fern* vom Gleichgewicht. Nach allem, was man aus der Physik über komplexe Systeme fern vom thermodynamischen Gleichgewicht weiß, ist es Glückssache, ob sich ein solches System völlig chaotisch verhält oder ob es zu einem stabilen Zustand tendiert, und wenn ja, zu welchem. Zum Vertrauen in die segensreichen Wirkungen der Marktmechanismen gibt die thermodynamische Analogie wenig Anlass. Bei den misslichen Fällen, in denen die Marktmechanismen auf *unerwünschte* Weise funktionieren, sprechen die Ökonomen von *Marktversagen* – wobei in diesen Fällen die Marktmechanismen nur auf *ihre* Weise gnadenlos am Werk sind, d.h. in ihrer *Eigendynamik*.

Es gibt zwei verschiedene Arten von Marktversagen, die im Hinblick auf die Beziehung zwischen Ökonomie und Technik aber eng zusammenhängen. Beide bedeuten, dass sich *nicht* von selbst ein Gleichgewichtszustand herstellt. Im ersten Fall funktioniert der Wirtschaftskreislauf nicht wie erwünscht, führt also nicht zum ökonomischen Gleichgewicht, um den das Wirtschaftssystem pendelt, sondern produziert sozioökonomische Instabilitäten. Im zweiten Fall funktioniert die Einbettung der Wirtschaft in das Ökosystem nicht so, als ob das Ökosystem ein unerschöpfliches, unveränderliches Reservoir von Ressourcen wäre.

Technische Innovationen steigern die Produktivität. Dies macht die Arbeit billiger und vernichtet Arbeitsplätze, ohne im selben Ausmaß neue zu schaffen. Die neoklassische Ökonomik reagierte hierauf mit der Theorie der Kondratieff-

---

[6] Smith, Wealth of Nations. Mestmäcker, Hand des Rechts, S. 160 ff., zeigt dies unter dem schönen Titel: „Die sichtbare Hand des Rechts"; vgl. ebenda, S. 164: „Die Vereinbarkeit des egoistischen Handelns mit dem öffentlichen Interesse wird nicht dadurch gesichert, daß der einzelne vorgibt, im öffentlichen Interesse zu handeln, sondern dadurch, daß er sein Eigeninteresse in den Grenzen des Rechts verfolgt."

Zyklen, nach der technische Innovationen zu jahrzehntelangen Konjunkturschwankungen führen;[7] sie prognostiziert langfristige Schwankungen um Gleichgewichtszustände, die sich mit schubweisem Wirtschaftswachstum kombiniert immer wieder neu einstellen. Diese Prognose entspricht dem empirischen Sachverhalt, dass sich die Gesellschaft durch technische Innovationen im Abstand von mehreren Jahrzehnten immer wieder völlig neu organisiert. Heute ist dieser Prozess global geworden und es fehlen internationale rechtliche Rahmenbedingungen. Marktversagen ist unter diesen Bedingungen eher die Regel als die Ausnahme. Hinzu kommt der drastisch ansteigende Energieverbrauch der Schwellenländer. Angesichts der endlichen Vorräte an fossilen Energien dürfte er ganz unabhängig vom Klimaproblem mittelfristig erhebliche sozioökonomische Instabilitäten nach sich ziehen.

2.3 Umweltschäden

Eine andere unerwünschte Technikfolge sind Umweltschäden. Aus ökonomischer Sicht beruhen sie ebenfalls auf Marktversagen. Sie bestehen nämlich in der Schädigung öffentlicher Güter, die nichts kosten, also den Marktmechanismen nicht unterworfen sind, wobei sie aber die Lebensgrundlage aller darstellen. Dabei versagt der Marktmechanismus nach dem Muster der wohlbekannten Tragödie der Allmende: Jeder Bauer schickt so viele Kühe wie möglich auf die Weide, die Gemeineigentum ist, bis alle Kühe hungern und darben. Ähnlich werden durch Haushalte, Autoverkehr, öffentliche Verkehrsmittel und Industriebetriebe Boden, Wasser und Luft verschmutzt, bis die natürliche Umwelt so stark belastet ist, dass es der Artenvielfalt und der Gesundheit der Menschen schadet.

Wie das oben diskutierte sozioökonomische Marktversagen ist dies teils eine Folge mangelnder rechtlicher Rahmenbedingungen des ökonomischen Geschehens, teils eine Folge kollektiven ökonomischen Handelns. Spätestens hier sollte deutlich werden, wie fatal sich unbeschränkter kollektiver Technikgebrauch ökonomisch *und* ökologisch auswirkt. Ökonomisch führt er zu einem Ressourcenverbrauch, der Knappheit, Verteuerung und Verteilungskämpfe nach sich ziehen kann; ökologisch führt er zum Raubbau an der Natur. Solange jedoch Wirtschaftswachstum als *conditio sine qua non* einer prosperierenden Ökonomie und unbeschränkter Technikgebrauch als einziger Garant des Wirtschaftswachstums gelten, stehen Ökonomie und Ökologie grundsätzlich miteinander im Konflikt.

Der einzig denkbare Ausweg sind Umweltgesetze, die den Technikgebrauch *beschränken*. Sie wirken als ökonomische Regulative, welche die Produktion und den Konsum von Technik flankieren. Emissionsgrenzen, Umweltsteuern, Anreize für Energiesparmaßnahmen etc. sind rechtliche Rahmenbedingungen, die den sozioökonomischen Wandel durch technische Innovationen grundsätzlich nicht behindern, sondern in umweltverträgliche Bahnen lenken. Wo sie fehlen bzw.

---

[7] Vgl. Schumpeter, Business Cycles; Werner, Theorie und Geschichte bei J. A. Schumpeter.

wirtschaftlichen Interessen geopfert werden, sollte man lieber von Politikversagen als von Marktversagen sprechen.

3. Der Klimawandel aus technikphilosophischer Sicht

Um die Besonderheiten des Klimawandels zu verstehen, ist ein Vergleich mit dem Abbau der Ozonschicht durch FCKW-haltige Sprays und Kühlmittel instruktiv. Auch das Ozonloch ist eine gravierende Schädigung der Erdatmosphäre, die aus unbeschränktem kollektivem Technikgebrauch der Industrienationen resultiert. In diesem Fall waren jedoch internationale Regelungen zur FCKW-Eindämmung relativ rasch durchzusetzen, denn die Fluorchlorkohlenwasserstoffe ließen sich ohne größere Probleme durch andere chemische Substanzen ersetzen, welche kaum teurer sind und die Produktion von Sprays und Kühlaggregaten nicht behinderten. Das Ozonloch ist immer noch so groß wie nie zu vor, wird aber in fünfzig Jahren zugewachsen sein. Dieses Technikfolgenproblem hat die Menschheit bewältigt.

Anders verhält es sich mit dem anthropogenen Treibhauseffekt durch die unbeschränkte Emission von CO_2 und anderen Treibhausgasen wie Methan. Dem Anstieg der globalen mittleren Erdtemperatur, der jetzt schon deutlich ist, kann bis auf weiteres *nicht* oder nur sehr unzulänglich Einhalt geboten werden. Bislang stehen keine regenerativen Energien zur Verfügung, die den wachsenden Energiebedarf der Menschheit hinreichend befriedigen und die nicht-regenerativen fossilen Energien (Kohle, Öl, Gas) kostenneutral ersetzen könnten.

Dabei handelt es sich um ein Substitutionsproblem. Den größten Beitrag zum anthropogenen Treibhauseffekt erzeugt der Energieverbrauch aus Kohle, Öl und Gas. Wodurch kann er kurz-, mittel- und langfristig ersetzt werden? Kernenergie ist (jedenfalls hierzulande) unpopulär und wird nicht ideologiefrei diskutiert, obwohl sie zumindest mittelfristig einen Ausweg aus der Klima- und Energiefalle bieten kann.[8] Windenergie kann nur lokal eingesetzt werden; Solarenergie ist immer noch zu teuer; Energie aus Biomasse vergrößert die landwirtschaftlichen Nutzflächen und geht so zu Lasten der verbliebenen Teile der CO_2-absorbierenden „grünen Lunge" der Erde; Brennstoffzellen und Kraft-Wärme-Kopplung sind bislang noch zu ineffizient. Eine schnelle, einfache Lösung ist nicht in Sicht. Sie kann nur durch technische Innovationen an vielen Fronten errungen werden, die teils auf Effizienzsteigerung beim Energieverbrauch und teils auf verstärkte Entwicklung regenerativer Energien zielen. Ein gutes Beispiel für Effizienzsteigerung ist die Ersetzung von Glühbirnen, bei denen die meiste Leistung in Wärme statt Licht umgesetzt wird, durch Energiesparlampen und künftig durch weiße Lichtdioden.[9]

---

[8] Vgl. DPG, Klimaschutz; Kleinknecht, Treibhaus; in dieselbe Richtung weisen die alarmierenden Thesen in Lovelock, Gaias Rache.

[9] Vgl. Physik Journal 6 (2007), Nr. 4, S. 16.

Das Substitutionsproblem muss letztlich auf ökonomisch und gesellschaftlich akzeptable Weise technisch gelöst werden; es ist kein philosophisches Problem. An dieser Stelle soll nur diskutiert werden, wie die obigen drei Arten unerwünschter Technikfolgen zum Klimaproblem beitragen – oder es potenzieren.

3.1 Das Klimaproblem als Technikversagen

Als Technikversagen, d.h. als ungeplantes, unerwünschtes Ergebnis des kollektiven Energieverbrauchs, schließt der Klimawandel so viele unbekannte Synergieeffekte ein wie keine andere Technikfolge. Die Klimaforschung versteht zwar immer besser, aber immer noch nicht gut genug, wie die unterschiedlichen Komponenten des Klimas, nämlich Luft, Wasser, Boden und Biosphäre, untereinander und mit den Treibhausgasen zusammenwirken, die der fossile Energieverbrauch erzeugt. In gewissem Sinn kann man den anthropogenen Treibhauseffekt und den dadurch bedingten globalen Temperaturanstieg als den größten technischen Unfall der Menschheitsgeschichte betrachten.

Allerdings lassen sich die katastrophalen Schäden im Gefolge des Klimawandels nicht so einfach identifizieren wie die Folgen eines Flugzeugabsturzes oder des Unfalls im Kernkraftwerk Tschernobyl. Der globale Temperaturanstieg, den die Klimaforschung als Folge des anthropogenen Treibhauseffekt diagnostiziert, wirkt sich nicht *direkt* auf die Menschen aus, sondern nur sehr *indirekt* – über lokale statistische Kurzzeitschwankungen des Klimas, sprich: das Wetter.

Klima und Wetter sind strikt voneinander zu unterscheiden. Sie verhalten sich wie folgt zueinander: *Klima* ist das langfristige statistische Verhalten des Wetters, der mittlere Wert der Temperatur an einem Ort, gemittelt über 30 Jahre und mehr, also mindestens eine Generation. Das *Wetter* besteht in Kurzzeitschwankungen um den Mittelwert. Wetter und Klima hängen zusammen wie der einzelne Würfelwurf und die langfristige relative Häufigkeit, mit einem Würfel eine 6 zu werfen. Sie liegt bei einem idealen Würfel und sehr vielen Würfelwürfen bei $1/6$. Bei einem gezinkten Würfel ist der Wurf einer 6 aber gerade *nicht* durch das Gezinktsein verursacht, er ist blanker Zufall. Ob ein Würfel gezinkt oder in Ordnung ist, wirkt sich nur auf die Langzeitwahrscheinlichkeit aus. Ähnlich sind *Hitzerekorde und Jahrhundertflut* – so der Titel eines populären Buchs zum Klimawandel – gerade *nicht* direkt auf den Klimawandel zurückzuführen, wie der Autor anhand des Würfelbeispiels hervorhebt;[10] der Klimawandel bewirkt nur ein gehäuftes Auftreten von extremen Wetterereignissen wie Hurrikanen, Orkanen, Sturmfluten und Hitzeperioden. Signifikante Trends zur Zunahme solcher Wetterereignissse lassen sich allerdings in der Tat beobachten.[11] Kein einzelnes solches Ereignis (wie etwa der Hurrikan *Kathrin*, der 2005

---

[10] Latif, Herausforderung Klimawandel, S. 42 f.; vgl. auch Latif, Klima, S. 28.
[11] Vgl. IPCC, Climate Change, II.

New Orleans zerstörte) kann auf den Klimawandel zurückgeführt werden, erst die statistisch signifikante Häufung solcher Ereignisse.

Jeder von uns trägt durch seinen Energieverbrauch direkt zum anthropogenen Treibhauseffekt bei; aber niemand von uns bekommt die Auswirkungen direkt und identifizierbar zu spüren. Ein Menschenleben reicht gerade einmal hin, um lokale Klimaveränderungen zu erfahren, etwa den Rückgang der Alpengletscher durch Erwärmung, die Verbreitung subtropischer Tier- und Pflanzenarten nach Norden, das Abschmelzen der Polkappen und das Auftauen der Permafrostböden. Ob solche Veränderungen auf Klimaschwankungen beruhen, die vielleicht in 100 Jahren durch entgegengesetzte Trends wieder kompensiert werden, lässt sich jedoch *nicht* erfahren, sondern nur aus Messdaten und Klimamodellen *berechnen*. Die jetzt schon signifikante Zunahme der globalen Temperatur lässt sich auch in einem langen Menschenleben *nicht* erfahren, sondern nur aus einer großen Anzahl von Wetterdaten messen, die über einen Zeitraum von mindestens einem Jahrhundert gesammelt werden. Wetter können wir erfahren, Klimaveränderungen nicht.

An dieser Stelle kommen die Ergebnisse der Klimaforschung ins Spiel. Wie jede andere naturwissenschaftliche Erkenntnis stammt das Wissen über das Klima aus zwei verschiedenartigen Quellen, nämlich aus *theoretischen Modellen* und *empirischen Messdaten*. Die Klimaforschung kann ihren Untersuchungsgegenstand aber nicht im Experimentierlabor untersuchen. Deshalb entstand bereits 1957 die Metapher vom globalen Experiment:[12] Das Experiment ist unsere Praxis des Verbrauchs fossiler Energien; seine Resultate sind nicht reproduzierbar; und sein Gegenstand sind wir. Die empirischen Daten zum Klima, d.h. zum langfristigen Wetterverlauf, beruhen auf der statistischen Auswertung lokaler Einzelmessungen. Jede solche Messreihe wird unter bestimmten Wetterbedingungen gewonnen, von denen man nicht mit letzter Sicherheit weiß, wie repräsentativ sie eigentlich sind. Um dennoch zu verlässlichem Wissen über die Klimaentwicklung und unsere kollektive Einwirkung darauf zu gelangen, benutzt die Klimaforschung Modelle der Atmosphäre sowie statistische Daten aus vielen verschiedenartigen Messungen und sehr langen Zeiträumen; die besten Daten vergleicht man mit den genauesten Modellrechnungen.

Die Klimamodelle sind jedenfalls durch die Daten *falsifizierbar*, und dies ist seit Popper ein zentrales Kriterium für Wissenschaftlichkeit. Dabei sind sie immerhin so gut, dass sie schon länger den Neid der Wirtschaftswissenschaftler erwecken.[13] Aus wissenschaftstheoretischer Sicht besagt dies zunächst nur, dass sie anders als die meisten Modelle der Mikro- und Makroökonomie *überhaupt* empirischen Gehalt haben und falsifizierbar sind. Wie gut sie *quantitativ* sind, ist eine andere Frage. Und wie stark die empirischen Daten, die dem Test der

---

[12] Revelle und Suess, TELLUS.
[13] Vgl. Latif, Herausforderung Klimawandel, S. 99.

Modelle dienen, *frei von Modellannahmen* sind, die im Verdacht stehen, das zu Beweisende in die Voraussetzungen der Modellbildung zu stecken – dies ist eine dritte entscheidende Frage, die innerhalb der Klimaforschung schon einmal umstritten war.[14] Anhand dieser Fragen möchte ich einiges aus der Klimaforschung herausgreifen, was man *sicher* weiß und was man *nicht sicher* weiß. Was man aus den Daten, die auch für sich schon sprechend sind, und den Klimamodellen *sicher* weiß, ist folgendes:[15]

1. Es gibt einen *natürlichen Treibhauseffekt*, aufgrund dessen die Erdatmosphäre die von der Sonne eingestrahlte Wärme nicht sofort vollständig reflektiert, sondern zunächst speichert und erst später wieder abstrahlt. Die Energiebilanz dabei ist natürlich gleich Null, sonst würde sich die Erde immer stärker aufheizen. Was stattdessen passiert, ist: Die Erde heizt sich ein Stück weit auf und es stellt sich ein Wärmegleichgewicht ein, bei dem jedes weitere Aufheizen durch die Abstrahlung von Wärme in den Weltraum kompensiert wird. Dadurch erwärmt sich die mittlere globale Temperatur der Erdoberfläche unter gegenwärtigen Bedingungen von -15 °C auf +18 °C, also um 33 °C.[16]

2. Der natürliche Treibhauseffekt wird verursacht durch die Anwesenheit von *Treibhausgasen* wie Kohlendioxid, Methan etc. in der Atmosphäre. Dabei ist CO_2 wegen seines Ausmaßes für den stärksten Beitrag verantwortlich, obwohl Methan einen zwanzigfachen Effekt hat. Die CO_2- und Methan-Konzentration ist mit der mittleren globalen Temperatur korreliert. Aus Messungen weiß man, dass die langfristigen Temperaturschwankungen in der jüngeren Erdgeschichte um gut 6 °C, der Wechsel zwischen Warmzeiten wie jetzt und Eiszeiten, mit Schwankungen der CO_2-Konzentration korreliert sind. Die Messungen beruhen auf der Analyse von Eisbohrkernen aus der Antarktis, die aus 1000 m Tiefe stammen. Die CO_2-Konzentration bestimmt man aus der Analyse der Luftbläschen, die im Eis eingeschlossen sind, und die Temperatur aus der Messung des Sauerstoffs in den Proben. Die selbe Art von Messung kann man für Methan durchführen, und es ergibt sich die selbe Parallelität. Man schließt daraus, dass es einen *positiven Rückkopplungseffekt* zwischen der Konzentration der Treibhausgase in der Erdatmosphäre und der Erdtemperatur gibt.[17]

3. Dass die Temperatur der Atmosphäre aufgrund wachsender CO_2-Konzentration ansteigt, hat zuerst Arrhenius im Jahr 1896 vorhergesagt. In den 30er Jahren begann man die Möglichkeit des Zusammenhangs von CO_2-Emissionen und

---

[14] Vgl. den Streit um die „Hockeyschläger-Kurve" aus dem Jahre 1998, die auf der Analyse von Baumringen in Nordamerika beruht. Das Kurvendiagramm wurde in die Zusammenfassung des IPCC-Reports 2001 aufgenommen, wurde aber 2005 zum Gegenstand der Kritik; vgl. Crok, Risse im Klima-Konsens.

[15] Gute aktuelle Darstellungen des Forschungsstands und der Gesamtproblematik sind Latif, Klima aus dem Takt; Rahmstorf und Schellnhuber, Klimawandel.

[16] Vgl. auch Cubasch und Kasang, Anthropogener Klimawandel, S. 37 ff; Latif, Klima, S. 9 ff..

[17] Latif, Klima, S. 16 f.

Klimaerwärmung in der Fachliteratur zu diskutieren, aber damals gab es nicht genügend Daten. Wie Messungen am Südpol und auf dem Mauna Loa/Hawaii seit 1957/1958 zeigen, steigt die CO_2-Konzentration in der Tat seit Jahrzehnten. Dabei ist die Konzentration von ungefähr 280 ppm vor der Industrialisierung auf heute gut 380 ppm gestiegen, d.h. um mehr als 30%. Nach 1. und 2. ist damit erwiesen, dass es einen *anthropogenen Treibhauseffekt* gibt: Die Erhöhung der CO_2-Konzentration verstärkt den natürlichen Treibhauseffekt, sie verschiebt das Wärmegleichgewicht der Erde zu einer höheren Temperatur.

4. Viele Messergebnisse indizieren diesen anthropogenen Treibhauseffekt. Sie belegen, dass die mittlere Erdtemperatur seit Jahrzehnten signifikant steigt. Genauer: die *sicheren* Daten belegen einen statistisch signifikanten Anstieg der globalen Temperatur um 0,6 °C *in den letzten 30 Jahren*, relativ zu einem Temperaturanstieg um 0,8 °C im Zeitraum von 140 Jahren, d.h. *seit Beginn der Industrialisierung*. Dass die mittlere Temperatur in der Tat signifikant ansteigt, zeigt sich – wie erwähnt – auch am Rückgang der Gletscher, an der Ausbreitung subtropischer Arten nach Norden, am Abschmelzen der arktischen Eismassen, am Rückgang der Permafrost-Gebiete sowie an einer Zunahme von Orkanen, sommerlichen Hitzeperioden und anderen extremen Wetterereignissen in gemäßigten Zonen.

5. Die größten Gefahren sind die Zunahme extremer Wetterereignisse, sprich: Orkane, Flutkatastrophen, Dürreperioden; drastische Änderungen der Biosphäre, sprich: Schwinden des Regenwalds und Artensterben; sowie der Anstieg des globalen Meeresspiegels um mehrere Meter im Lauf der nächsten Jahrhunderte, der auch durch drastische Reduktion der Treibhausgas-Emission nicht mehr zu verhindern ist, sprich: das Versinken flacher Küstenregionen.

Im Hinblick auf die Zeitskala der Korrelation der Treibhausgaskonzentration mit der globalen mittleren Temperatur sind 140 Jahre Messungen ein *extrem kurzer* Zeitraum. Als verlässlicher gilt, dass die empirischen Daten mit der theoretischen Erwartung übereinstimmen. Am sichersten sind die Daten aus den Eisbohrkernen der Antarktis; die Epoche, die sie umfassen, ist aber erdgeschichtlich immer noch ein kurzer Zeitraum. In den letzten 800 000 Jahren, über die sich diese Messungen erstrecken, war die CO_2-Konzentration jedoch *nie* auch nur annähernd so groß wie jetzt; und dies ist eine *extrem schnelle* Klimaveränderung. Aus der geologischen Forschung weiß man aber, dass es vor 55 Millionen Jahren, zu Beginn des Eozäns, aufgrund der Freisetzung großer Mengen fossilen Kohlenstoffs um etwa 5-6 °C wärmer war als jetzt und dass es etwa 200 000 Jahre brauchte, bis diese Erhitzung der Erdatmosphäre wieder abgeklungen war.[18]

---

[18] Rahmstorf/Schellnhuber, Klimawandel, S. 18 ff.; sowie Lovelock, Gaias Rache, S. 89 ff.

Damit bin ich bei dem angelangt, was wir nach dem heutigen Forschungsstand leider *nicht sicher* wissen: Was bedeutet all dies *genau*? Wie dramatisch ist der anthropogene Treibhauseffekt, was genau sind seine Folgen? Wie stark ist der Effekt *quantitativ*? Wie wirkt er sich *lokal* aus in Form von einer Zunahme von Hitze- und Dürreperioden, Wirbelstürmen, Flutkatastrophen, einem Anstieg des Meeresspiegels, der Zerstörung von Biotopen etc.? Welche Risiken lädt sich die Menschheit mit dem weiteren Anstieg der CO_2-Konzentration auf?

Die Modellrechnungen geben hierzu grundsätzlich keine eindeutige Auskunft, sie erlauben nur Wahrscheinlichkeitsvorhersagen. Diese sind allerdings deutlich. Die globale Wirkung einer CO_2-Verdopplung wird seit gut 25 Jahren auf einen mittleren Temperaturanstieg von 1,5 - 4,5 °C geschätzt; dies wird auch vom neuen IPCC-Bericht erhärtet. Es gibt auch viel pessimistischere Modellrechnungen; sie gelten aber als unrealistisch. Alle apokalyptischen Szenarios, die man auf der Basis der Klimamodelle und Daten ausmalt, sind Ausdruck ernster, wissenschaftlich begründeter Besorgnis. Dennoch sind sie unverantwortlich, ihnen fehlt die präzise quantitative Grundlage. Die Prognosen der Klimaforschung sind grundsätzlich mit Unsicherheit behaftet; dies liegt am statistischen Charakter des Wissens über das Klima. Die Unsicherheitsspanne reicht vom Wissen, dass das Klima sehr träge reagiert, so dass noch Zeit zum Handeln bleibt, bis zur Befürchtung, dass sich der Klimawandel in naher Zukunft durch Rückkopplungseffekte beschleunigt.

Die Modellrechnungen sind komplex. Sie enthalten viele Faktoren: die Emission verschiedener Typen von Treibhausgasen und ihre Absorption in der Atmosphäre; Wolken; Sonnenaktivität; Vulkanausbrüche; Aerosole (Schwebepartikel); die „Senken", d.h. Mechanismen der Wechselwirkung der Treibhausgase mit Land und Ozeanen, die den CO_2-Anstieg teilweise kompensieren. Schon die Einbeziehung von Aerosolen ändert das Bild drastisch. Dabei ist vor allem der Effekt der „Senke" Biosphäre noch nicht vollständig bekannt.

Die Klimaforscher geben in bezug auf die eben angesprochenen Punkte zu, dass sie immer noch *nicht genug* wissen – wenn sie sich auch einig sind, dass der anthropogene Treibhauseffekt existiert und die mittlere Erdtemperatur jetzt schon erhöht. Wie groß er ist und was seine Folgen sind, kann niemand mit Sicherheit genau sagen. Der neue IPCC-Bericht hat eine signifikant verbesserte Daten- und Modellierungsbasis und entwickelt je nach der künftigen Wirtschaftsentwicklung verschiedene Szenarien.[19] Auch wenn er apokalyptische Szenarien wie ein Versiegen des Golfstroms im 21. Jahrhundert ausschließt, gibt er keinen Grund zur Entwarnung. Insbesondere sagt er für die ungebremste Emission der Treibhausgase voraus, dass die Biosphäre nur noch bis zur Jahrhundertmitte eine CO_2-„Senke" darstellen wird, danach aber u.a. durch das

---

[19] Vgl. IPCC, Climate Change, I und II.

Verschwinden der Regenwälder im Amazonas-Gebiet zum Verstärker für den Klimawandel werden wird.

3.2 Sozioökonomische Aspekte des Klimawandels

Nach den gesicherten Erkenntnissen der Klimaforschung führt der Klimawandel zu einer signifikanten Zunahme extremer Wetterereignisse – Hurrikane, Orkane, Sturmfluten, Dürreperioden etc., mit drastischen Sach- und Personenschäden als Folgen. Da der statistische Zusammenhang des Wettergeschehens mit dem Klimawandel nicht im Einzelereignis erfahrbar ist, wird jeder Sturm, jede Überschwemmung, jede Missernte von den Betroffenen als Naturkatastrophe erlebt. Technikfolgen sind hier untrennbar vom Naturgeschehen. Auf kollektiver Ebene wirken sich diese Naturkatastrophen und die Schäden, die sie verursachen, als ökonomische Kosten aus: Naturkatastrophen stören das Wirtschaftsgeschehen empfindlich und ihre Folgen zu beseitigen ist teuer. Aus ökonomischer Sicht sind dabei zwei Arten von Kosten gegeneinander abzuwägen: Was kosten Maßnahmen zum Klimaschutz verglichen mit den Kosten, die ein Klimawandel durch ungebremsten CO_2-Ausstoß verursacht? Soweit sich hier überhaupt etwas prognostizieren lässt, zeichnen die Experten sehr unterschiedliche Szenarios.

Lange dominierten Studien wie die von Lomborg, wonach es viel billiger sei, die Folgen des Klimawandels zu beseitigen, als die Wirtschaft durch Klimaschutz-Auflagen zu bremsen; andere Menschheitsprobleme wie Hunger und Aids seien dringlicher.[20] In solche Kosten-Nutzen-Rechnungen werden Präventivmaßnahmen wie der Bau von Dämmen gegen den zu erwartenden Anstieg des Meeresspiegels genauso einberechnet wie die Folgekosten von Stürmen, Überschwemmungen etc.

Neuerdings hat allerdings die Studie von Stern[21] mit der Prognose aufgeschreckt, dass die Folgen des Klimawandels für die Industrienationen langfristig viel teurer werden als die Kosten von Klimaschutz-Maßnahmen. Stern hat den Klimawandel deshalb als das „größte Marktversagen, das es je gab",[22] bezeichnet. Um drastische ökonomische Einbrüche und Instabilitäten zu verhindern, sei es notwendig, die CO_2-äquivalenten Emissionen bis 2050 zumindest um 60-80 % zu senken. Ein derartig verminderter Ausstoß von CO_2 und entsprechenden Mengen der anderen Treibhausgase würde nach den Modellen der Klimaforscher den CO_2-Gehalt bei ca. 500 ppm stabilisieren – das wäre knapp das Doppelte des vorindustriellen Werts, mit dem Resultat einer „nur" um 2,5 °C erhöhten globalen mittleren Temperatur. Schon um dieses Ziel zu erreichen, wäre jedoch ein drastischer Umbau der globalen Technik und Ökonomie erforderlich.[23]

[20] Lomborg, The Skeptical Environmentalist.
[21] Vgl. Stern, The Economics of Climate Change.
[22] Vgl. SPIEGEL, Neue Energien, S. 13.
[23] Vgl. Stern, The Economics of Climate Change.

Ökonomische Studien und Prognosen sind unsicherer als die Modellrechnungen der Klimaforscher, deren Resultate der jüngste Klimareport des IPCC zusammenfasst.[24] Aus technikphilosophischer Sicht hat die Frage „Was kostet mehr, Klimaschutz oder Klimawandel?" aber noch andere Aspekte. Klimaschutz *und* Klimawandel haben nicht nur ökonomische, sondern auch soziale Folgen, die nicht prognostizierbar sind. Grundsätzlich soll hierzu nur folgendes gesagt werden:

1. Viele Folgen des Klimawandels sind nicht monetarisierbar, insbesondere die Personenschäden, die extreme Wetterereignisse zur Folge haben, aber auch der zu erwartende drastische Verlust an Biodiversität. Die utilitaristische Betrachtungsweise hat ihre Grenzen. Wenn es darum geht, dass Menschen zu Schaden kommen, werden die Kosten-Nutzen-Rechnungen vollends zynisch.

2. Umweltgesetze, die der Effizienzsteigerung dienen, behindern die Ökonomie nicht. Wirtschaftswachstum ist nicht *per se* an wachsenden Energieverbrauch gebunden, auch an Energiesparmaßnahmen lässt sich erheblich verdienen. Der Klimaschutz behindert nicht „die" Wirtschaft; sondern umgekehrt behindern *ganz bestimmte* Wirtschaftsverbände und –interessen den Klimaschutz, wie die jetzige Diskussion um die deutsche Automobilindustrie und die viel zu späte Forderung der Grünen nach einem Verbot von Stand-by-Geräten zeigen.

3. Der freie Markt wird die Folgeprobleme des Klimawandels nicht *wie von unsichtbarer Hand geleitet* bewältigen, sondern stattdessen zu fürchterlichen Verteilungskämpfen führen. Sozioökonomische Instabilität ist eher zu erwarten, wenn die Industrienationen nun *nicht* im Sinne einer drastischen Minderung des CO_2-Ausstoßes handeln, sondern nur die Folgen des Klimawandels für das eigene Land durch Dammbau etc. abzumildern versuchen. Sturmfluten und Dürreperioden in den Entwicklungsländern werden zu Migrantenproblemen von ganz anderem Ausmaß als bisher führen.

4. Die Umstrukturierung der globalen Energiewirtschaft ist *letztlich* eine technische Innovation wie jede andere, die der Theorie der Kondratieff-Zyklen unterliegt. Was die Menschheit heute braucht, sind Unternehmer und globale Unternehmen, die *hiermit* ihre Gewinne erwirtschaften wollen und können – und nicht mehr mit dem weiteren Verbrauch fossiler Energien.

3.3 Das Klima – ein öffentliches Gut?

Bei öffentlichen Gütern wie Wasser, Luft, Bodenqualität und Rohstoffen kann man grundsätzlich herausfinden, wer sie wann wo auf Kosten anderer verschmutzt,

---

[24] Vgl. IPCC, Climate Change, I und II; III wird sich mit den menschlichen Handlungsoptionen befassen, die Zusammenfassung wird am 4.Mai 2007 veröffentlicht.

zerstört oder verbraucht; auch wenn Zurechnungs- und Haftungsfragen im Einzelfall sehr schwierig sein mögen. Beim Klima werden solche Fragen ungleich schwieriger, wenn nicht gar sinnlos. Anders als Wasser, Luft, Bodenqualität und Rohstoffe ist das Klima nämlich kein öffentliches Gut, das in irgendeiner Weise *verfügbar* wäre. Es wird nicht von uns konsumiert, sondern es ist in einem völlig *anderen* Sinne Lebensgrundlage für uns als andere öffentliche Güter.

Beim Klima handelt es sich nicht um eine Ressource, bei der es Sinn macht zu versuchen, ihren Bestand durch schwach-nachhaltige ökonomische Entwicklung zu sichern. Schwache Nachhaltigkeit besagt, dass eine Ressource so weit verbraucht werden darf, wie sie dank technologischer Entwicklungen durch andere, nicht-natürliche Ressourcen ersetzt werden kann.[25] Das Klima ist aber *überhaupt nicht* substituierbar; während es die fossilen Energien *grundsätzlich* durchaus sind, wenn auch dieses Substitutionsproblem bislang nicht gelöst ist. Die Folgen einer drastischen globalen Temperaturerhöhung wie der Anstieg des Meeresspiegels lassen sich durch technische Gegenmaßnahmen wie den Bau von Dämmen nicht verhindern, sondern höchstens partiell mindern und kompensieren. Hier kann man nur starke Nachhaltigkeit fordern, d.h. langfristige Stabilisierung des *status quo* der Konzentration von CO_2 und anderen Treibhausgasen in der Atmosphäre bei einem gerade noch annehmbaren Wert. Dies zu bestreiten heißt im wörtlichen Sinn das Diktum zu unterschreiben: Nach uns die Sintflut.

In diesem Punkt ist das Klima der Biodiversität verwandt. Verschwundene Arten sind nicht substituierbar, sondern für immer verschwunden. Biotope, deren Artenreichtum im Schwinden ist, regenerieren sich nur langsam. Ähnlich ist das Klima ein äußerst komplexes System, dem wir Menschen ausgeliefert sind, gegen dessen Trends und extreme Ausschläge wir uns nur partiell schützen können und das sich von den heutigen Emissionen nur sehr, sehr langsam erholen wird, d.h. im Laufe von *Jahrtausenden,* sobald wir ihm die Gelegenheit zur Regeneration geben – sei es, indem wir die Emissionen schon bald drastisch drosseln, oder sei es erst in gut hundert Jahren, wenn die fossilen Brennstoffe endgültig verbraucht sind und sich das Klima bereits um etwa 5 °C aufgeheizt hat, mit unabsehbaren Folgen.

4. Verantwortung für das Klima

Der Klimawandel zeigt drastisch, woran die vielbeschworene Verselbständigung der Technik liegt: an nicht-prognostizierbaren, unbeherrschten sozioökonomischen Entwicklungen, die aus kollektivem Technikgebrauch resultieren und komplexe Synergieeffekte mit dem Naturgeschehen aufweisen. Jede Analyse

---

[25] Vgl. die instruktive Diskussion in Ott/Döring, Nachhaltigkeit, S. 100 ff.

individueller Einstellungen zum Umgang mit Technik greift hier zwangsläufig zu kurz, ebenso jedes philosophische Konzept individueller oder kollektiver Verantwortung. Verantwortung ist ein moralisches Konzept; der Klimawandel wirkt sich jedoch auf der sozioökonomischen Ebene aus und er kann nur durch politische Einflussnahme auf sozioökonomische Prozesse gebremst werden.

Dennoch ist Verantwortung für das Klima auf allen gesellschaftlichen Ebenen das einzige weiterführende Konzept.[26] Verantwortung liegt in der Macht der Menschen als Entscheidungsträger. Sie ist keine Garantie für das Ausbleiben katastrophaler Technikfolgen, aber jedenfalls eine notwendige Bedingung für einen „freien", selbstbestimmten Umgang mit Technik im Sinne von Gehlen, Cassirer oder Heidegger, welcher der schicksalhaften, naturwüchsigen Verselbständigung „der" Technik auf unterschiedlichen gesellschaftlichen und politischen Ebenen entgegenwirken kann. Der Klimawandel vollzieht sich quasi-naturgesetzlich und in extrem komplexem Zusammenwirken mit dem Naturgeschehen. Er kann nur noch gebremst, aber nicht mehr verhindert werden. Dennoch wäre es verantwortungslos, ihn einfach als Schicksal der Menschheit zu betrachten, anstatt ihm entgegen zu wirken. Es geht darum, sein Ausmaß und seine Folgen zu mildern.

Aber was heißt „Verantwortung" für das Klima? Wie kann und soll man Verantwortung für das Klima übernehmen? Offenbar, indem sich *jeder* in seinem Handlungsspielraum Wissen über den Zusammenhang von Energieverbrauch, CO_2-Ausstoß und Klimawandel verschafft und entsprechend handelt, als Verbraucher, Unternehmer, Politiker oder Journalist. Dabei sind die Handlungsoptionen begrenzt und müssten mit größtmöglicher Sachlichkeit diskutiert werden, weil es „die" billige alternative Energie bislang nicht gibt, die Weltbevölkerung weiter wächst und die fortschreitende Industrialisierung den Energieverbrauch in der Welt weiter steigert. Dass sich die Klima-Debatte im Lauf der Jahre leider immer stärker politisiert hat und Kooperation fehlt,[27] zeugt von einem *Mangel* an Verantwortung.

Wir handeln in Bezug auf das Klima und unseren Einfluss darauf nach wie vor unter Bedingungen der Unsicherheit. *Handeln* aber *müssen* wir, denn jeder von uns verbraucht gezwungenermaßen Energie und setzt dabei *mehr oder weniger* CO_2 frei. Die Bedrohung, die daraus erwächst – der anthropogene Treibhauseffekt mit seinen Folgen – ist abstrakt, indirekt und quantitativ unsicher; und sie hat nur statistische Bedeutung. Statistische Bedeutung heißt aber: sie hat *keinerlei direkte* kausale Relevanz für den Einzelfall, für extreme Wetterereignisse wie Stürme, Flutwellen und Hitzeperioden, durch die jemand zu Schaden kommt. Die Katastrophenszenarien, die immer wieder entworfen

---

[26] Vgl. die Verantwortungsbegriffe von Lenk/Maring, Verantwortungsverteilung; oder Hooker, Responsibility.

[27] Zur Politisierung vgl. Weingart et al., Der anthropogene Klimawandel; zur Ethik fehlender Kooperation Schüßler, Klimapolitik.

wurden und werden, *wirken konkret*, sind aber *nicht realistisch*. Die ökonomischen Handlungszwänge, unter denen wir alle stehen, sind demgegenüber *sehr* real und konkret. In dieser Situation gibt es *keine sichere Prognose*, welches Handeln richtig ist, und *keine Garantie*, dass selbst das Handeln aller nach bestem Wissen und Gewissen zu optimalen Lösungen führt. Das menschliche Leben ist und bleibt risikobehaftet und gefährdet – diese *philosophische* Schlussfolgerung ist in jedem Fall aus der Klimadebatte zu ziehen. Wir können unser Bestes tun; aber es kann schief gehen.

Wie ein Buch über Nachhaltigkeit provokativ hervorhebt, kann ungebremstes ökonomisches Wachstum grundsätzlich zum „optimalen Weltuntergang" führen – nämlich optimale und effiziente Wachstumspfade verfolgen, „in denen der langfristige Nutzen dauerhaft Null wird".[28] Umgekehrt würden zu drastische Umweltauflagen für den Energieverbrauch ökonomische und soziale Wirren herbei führen, die auch niemand wollen kann. Jedoch gibt es Mittelwege der Bündelung und Abstimmung von Ökonomie und Klimaschutz – wenn man sie nur sucht.

Es bleiben nur zwei Optionen: (1) Die Industrienationen und Schwellenländer betreiben „business as usual", d.h. Ökonomie kommt vor Klimaschutz, und man setzt auf das *Prinzip Hoffnung* anstelle des Prinzips Verantwortung. Angesichts der Ergebnisse der Klimaforschung wäre dies irrational und verantwortungslos. Oder aber: (2) Die Nationen betreiben Risikominderung, d.h. Klimaschutz kommt vor Ökonomie, bzw. die Ökonomie entwickelt sich nun eben unter Restriktionen des Klimaschutzes. Dies erfordert, alle denkbaren Anstrengungen zu einer drastischen Drosselung der Emission von Treibhausgasen zu unternehmen. Hierzu gehört, (a) *Risiken zu streuen*, (b) den Energieverbrauch durch *Effizienzsteigerung* zu mindern und (c) auf regenerative Energien zu setzen. Eine Bündelung dieser Strategien ist der *einzige* vertretbare Weg zum Handeln angesichts der gegenwärtigen Prognosen.

Hierzu würde es *auch* gehören, den CO_2-Ausstoß wenigstens mittelfristig durch Kernenergie zu mindern[29] und damit globale durch *eher* lokale Risiken zu ersetzen. Der Klimawandel wird weitgehend durch die Industrienationen verursacht, wobei die Schwellenländer aufrücken; tendenziell wirkt er sich aber vor allem in den *Armutsgebieten* der Erde aus: Dürre in der Sahelzone, Überschwemmungen in Bangladesh etc. Die Folgen der Produktion von Kernenergie tragen dagegen die Industrienationen weitgehend *selbst*. Dieses Missverhältnis nicht vorurteilsfrei zu diskutieren erscheint mir unredlich. Auf das Prinzip Verantwortung anstelle des Prinzips Hoffnung zu setzen, beinhaltet aber zunächst, beim Energieverbrauch *alle* Möglichkeiten zur Effizienzsteigerung und zum

---

[28] Ott/Döring, Nachhaltigkeit, S. 108.
[29] Dies fordert die Deutsche Physikalische Gesellschaft schon lange; vgl. DPG, Klimaschutz sowie Kleinknecht, Treibhaus. Zum selben Schluss gelangt inzwischen ein führender Vertreter der Umweltbewegung; vgl. Lovelock, Gaias Rache.

Sparen zu nutzen. In einer globalisierten Welt, in der niedrige Preise und hohe Verkaufsraten für Strom und Öl immer noch als ökonomische Tugenden gelten, stößt allerdings selbst diese naheliegende und relativ leicht realisierbare Forderung auf zähen Widerstand.

5. Natur und Technik

Der Klimawandel ist ein besonders drastisches Beispiel dafür, wie ambivalent der Technikgebrauch wird, wenn die Folgen kollektiven technischen Handelns sich global auswirken. Das kollektive technische Handeln besteht hier in einer Energiewirtschaft, die erhebliche Mengen an CO_2 und anderen Treibhausgasen freisetzt; die globale Folge ist der anthropogene Beitrag zum Treibhauseffekt.

Eingangs wurden die komplementären intentionalen und nicht-intendierten Aspekte der Technik herausgearbeitet. In den nicht-intendierten Technikfolgen verselbständigt sich die Technik. In ihnen gerät der Technikgebrauch außer Kontrolle, d.h. er schlägt vom planvollen zweckrationalen Handeln in ein quasi-natürliches Geschehen um, das schlimmstenfalls wie eine Naturkatastrophe über die Menschen hereinbricht. Der Klimawandel ist eine solche naturhafte Folge kollektiven Technikgebrauchs. Der Gebrauch fossiler Energien greift drastisch ins Naturgeschehen ein und wirkt sich gravierend auf die Lebensgrundlagen der Menschheit aus. Die Auswirkungen des Klimawandels lassen sich in der Tat kaum vom Naturgeschehen trennen. Dabei führt der Gebrauch fossiler Energien insgesamt sogar zu allen drei Arten nicht-intendierter Technikfolgen, die oben besprochen wurden, nämlich zu (1) Technikversagen, (2) Marktversagen und (3) Umweltschäden:

(1) *Technikversagen.* Die fossile Energiewirtschaft der Industrienationen, die in großem Maßstab Treibhausgase freisetzt, führt zum Klimawandel. Dieser ist ein nicht-intendierter, höchst unerwünschter und immer noch nicht hinreichend verstandener Synergieeffekt, der dadurch eintritt, dass größere Mengen von Treibhausgasen in die Atmosphäre entweichen als die Ozeane, der Boden und die belebte Natur aufnehmen bzw. abbauen können. Dabei ist immer noch zu wenig verstanden, wie die technikbedingten Treibhausgase mit dem komplexen Naturgeschehen der Erdatmosphäre, der Ozeane sowie der Geo- und Biosphäre zusammenwirken. Unstrittig ist mittlerweile, dass der anthropogene Beitrag zum Treibhauseffekt das thermische Gleichgewicht der Erde zu einer höheren globalen Temperatur verschiebt und dass sich dies lokal höchst verschiedenartig auswirken wird, mit drastischen Folgen für die Biosphäre. In diesem Sinne ist der Klimawandel als der größte Technik-Unfall der Menschheitsgeschichte zu betrachten.

(2) *Marktversagen.* Daneben beruht die gegenwärtige Energiewirtschaft auf einem Verbrauch natürlicher Ressourcen, der sozioökonomische Instabilitäten nach sich zieht und dabei schon mehrfach die Grenzen des Wachstums spürbar

werden ließ. Der Verbrauch der fossilen Ressourcen Gas, Kohle und Öl führt zu Verteilungskämpfen und Kriegen; so ist die politische Haltung der USA im Nahen Osten ja engstens verquickt mit dem ökonomischen Interesse am Öl und die politische Haltung Deutschlands gegenüber Russland mitbestimmt durch das ökonomische Interesse am Gas. Allerdings hat die Umstellung der Energiewirtschaft auf nicht-fossile Energien auch spürbare sozioökonomische Auswirkungen. So ist in Deutschland der Widerstand gegen die Abkehr von der besonders klimaschädlichen Braunkohle massiv, während sich umgekehrt die mexikanische Bevölkerung nicht dagegen wehren kann, dass die Preise für das Grundnahrungsmittel Tortilla steigen, weil die heimische Maisproduktion zunehmend für die Energiegewinnung aus Biomasse in die USA verkauft wird.

(3) *Umweltschäden*: Der Klimawandel wird mittel- und langfristig zu einer drastischen Schädigung der natürlichen Lebensgrundlage der Menschen führen, insbesondere durch den erwarteten Anstieg des Meeresspiegels, der zu einer Überflutung küstennaher Lebensräume führen wird. Heute schon schädigen die extremen Wetterereignisse, in deren gehäuftem Auftreten sich der Klimawandel inzwischen auswirkt, die Umwelt durch Dürreperioden mit Wassermangel und Waldbränden, Orkane mit reihenweise umstürzenden Bäumen und Sturmfluten, Regenfälle mit Überschwemmungen etc. Typisch für den naturhaften Charakter dieser nicht-intendierten Technikfolgen ist, dass sie sich vom Naturgeschehen überhaupt nicht trennen lassen. Entsprechend lassen sie sich nicht (wie andere Umweltschäden z.B. nach einem Chemie-Unfall) nach dem Verursacher-Prinzip behandeln, d.h. den Erzeugern der Treibhausgase zurechnen. Hier schlägt die Technik wirklich in Natur zurück und ihre Folgen werden entsprechend von den Betroffenen als Naturkatastrophe erfahren.

Angesichts der Verschränkung des kollektiven Technikgebrauchs mit dem Naturgeschehen ist ein kollektives Umdenken in der Öffentlichkeit, Politik und Ökonomie dringend erforderlich, und es beginnt angesichts des neuen IPCC-Reports endlich. Mit den naturhaften Folgen des kollektiven Technikgebrauchs sollte sich nun auch die Technikphilosophie auseinandersetzen. Vor allem die Beziehung von uns Menschen zu unserer natürlichen Umwelt, d.h.: zur Natur, und zu unserer „zweiten" Natur, d.h. zu Kultur und Technik, sollte dabei neu überdacht werden. Die wichtigsten Fragen sind in diesem Zusammenhang: *Welche Natur* brauchen wir eigentlich als Lebensgrundlage? *Welche Technik* verträgt diese Natur, ohne aus dem Gleichgewicht gebracht zu werden und zerstörerisch auf uns zurückzuschlagen? Und welche Technik verträgt *unsere Natur*, d.h. die Eigenart von uns Menschen als biologische und geistige Wesen?

Literatur

Anders, Günther: Die Antiquiertheit des Menschen. Band I: Über die Seele im Zeitalter der zweiten industriellen Revolution. München: Beck 1956.

Anders, Günther: Die Antiquiertheit des Menschen. Band II: Über die Zerstörung des Lebens im Zeitalter der dritten industriellen Revolution. München: Beck 1980.

Banse, Bernhard, et al.: Erkennen und Gestalten. Berlin: Edition Sigma 2006.

Carrier, Martin: Wissenschaft im Dienst am Kunden: Zum Verhältnis von Verwertungsdruck und Erkenntniserfolg. Erscheint in: *Brigitte Falkenburg* (Hrsg.), Natur – Technik – Kultur, Paderborn: Mentis 2007.

Cassirer, Ernst: Form und Technik. In: Symbol, Technik, Sprache. Aufsätze aus den Jahren 1927-1933. Hamburg: Felix Meiner1995, S. 39-91.

Crok, Marcel: Klimaforschung. Risse im Klima-Konsens. In: Technology Review, Dt. Ausgabe, März 2005, S. 38-52.

Cubasch, Ulrich, Dieter Kasang: Anthropogener Klimawandel. Gotha u. Stuttgart: Klett-Perthes 2000.

DPG: Klimaschutz und Energieversorgung in Deutschland 1990 – 2020. Eine Studie der Deutschen Physikalischen Gesellschaft e.V. September 2005. http://www.dpg-physik.de

Falkenburg, Brigitte: Wem dient die Technik? In: J.J.Becher-Stiftung Speyer (ed.), Johann Joachim Becher Preis 2002: Die Technik – Dienerin der gesellschaftlichen Entwicklung? Baden-Baden: Nomos 2004.

Falkenburg, Brigitte: The Invisible Hand: What Can We Know? Erscheint in: Epistemology and the Social. *Evandro Agazzi, Javier Echeverría, Amparo Gomez* (eds.), Proceedings of the Colloquium of the International Academy of Philosophy of Science (Tenerife 2005).

Falkenburg, Brigitte (Hrsg.): Natur – Technik – Kultur. Philosophie im interdisziplinären Dialog. Erscheint Paderborn: Mentis 2007.

Gehlen, Arnold: Die Seele im technischen Zeitalter. Sozialpsychologische Probleme in der industriellen Gesellschaft. Hamburg: Rowohlt 1957.

Heidegger, Martin: Die Technik und die Kehre. Tübingen: Neske 1962.

Hooker, Clifford A.: Responsibility, Ethics and Nature. In: *David E. Cooper, Jay A. Palmer* (eds.), The Environment in Question. Ethics and Global Issues. London and New York: Routledge 1992.

IPCC: Climate Change 2007: Summary for Policymakers. I: The Physical Science Basis. II: Climate Change Impacts, Adaptation and Vulnerability. Contributions of Working Groups I and II to the Fourth Assessment Report of the Intergovernmental Panel on Climate Change 2007. http://www.ipcc.ch

Jonas, Hans: Das Prinzip Verantwortung. Versuch einer Ethik für die technologische Zivilisation. Frankfurt a.M.: Insel 1979.

Kleinknecht, Konrad: Wer im Treibhaus sitzt. Wie wir der Klima- und Energiefalle entkommen. München: Piper 2007.

Latif, Mojib: Hitzerekorde und Jahrhundertflut. Herausforderung Klimawandel. Was wir jetzt tun müssen. München: Wilhelm Heyne Verlag 2003.

Latif, Mojib: Klima. Frankfurt a.M.: Fischer Taschenbuch Verlag 2004.

Latif, Mojib: Bringen wir das Klima aus dem Takt? Hintergründe und Prognosen. Frankfurt a.M.: Fischer Taschenbuch Verlag 2007.

Lenk, Hans, Matthias Maring: Wer soll Verantwortung tragen? Probleme der Verantwortungsverteilung in komplexen (soziotechnischen-sozioökonomischen) Systemen. In: *Kurt Bayertz* (Hrsg.), Verantwortung. Prinzip oder Problem? Darmstadt: Wiss. Buchges. 1995, S. 241-286.

Lomborg, Bjorn: The Skeptical Environmentalist. Measuring the Real State of the World. Cambridge University Press 2001.

Lovelock, James: Gaias Rache. Warum die Erde sich wehrt. Berlin: List 2007.
Mestmäcker, Ernst-Joachim: Die sichtbare Hand des Rechts. Baden-Baden: Nomos 1978.
Mimkes, Jürgen: Vorlesung Politik und Thermodynamik [1999]. http://fb6www.un-pader born.de/ag/ag-mim/publikationen.htm
Mimkes, Jürge: Society as a Many Particle System. In: J. Thermal Anal. 60 (2000)
Ott, Konrad, Ralf Döring: Theorie und Praxis starker Nachhaltigkeit. Marburg: Metropolis 2004.
Rahmstorf, Stefan, Hans-Joachim Schellnhuber: Der Klimawandel. München: Beck 2006.
Revelle, Roger, Hans E. Suess: In: TELLUS 9 1957, S. 18.
Schüßler, Rudolf: Klimapolitik und die Ethik fehlender Kooperation. Erscheint in: *Brigitte Falkenburg* (Hrsg.), Natur – Technik – Kultur. Paderborn: Mentis 2007.
Schumpeter, Joseph A.: Business Cycles. A Theoretical, Historical and Statistical Analysis of the Capitalist Process. 2 Volumes. New York, London: McGraw-Hill 1939.
Smith, Adam: An Inquiry into the Nature and Causes of the Wealth of Nations (1776). The Glasgow Edition of the Works and Correspondence of Adam Smith, Vol. II. Oxford: Clarendon Press 1980.
SPIEGEL: Neue Energien. Wege aus der Klimakatastrophe. SPIEGEL SPECIAL 1/2007.
Stern, Nicholas: The Stern Review: The Economics of Climate Change 2007. http://www.hm-treasury.gov.uk/independent_reviews/stern_review_economics_climate_change/stern_revi ew_report.cfm
Wagner, Adolf: Makroökonomik (UTB 1536). Stuttgart: Lucius & Lucius 1998.
Weingart, Peter, Anita Engels u. Petra Pansegrau: Von der Hypothese zur Katastrophe. Der anthropogene Klimawandel im Diskurs zwischen Wissenschaft, Politik und Massenmedien. Unter Mitarbeit v. Tillmann Hornschuh. Opladen: Leske u. Budrich 2002.
Werner, Josua: Das Verhältnis von Theorie und Geschichte bei Joseph A. Schumpeter. In: *Antonio Montaner* (Hrsg.), Geschichte der Volkswirtschaftslehre. Köln: Kiepenheuer & Witsch 1967, S. 277-295.

Autoren

Günter Abel (1947), seit 1987 Professor für Philosophie an der Technischen Universität Berlin. 2003-2005 Präsident der Deutschen Gesellschaft für Philosophie. Forschungsschwerpunkte: Sprachphilosophie, Epistemologie / Erkenntnistheorie, Allgemeine Zeichen- und Interpretationsphilosophie, Philosophie des Geistes. Buchveröffentlichungen u.a.: *Stoizismus und Frühe Neuzeit* (1978); *Nietzsche* (1984); *Interpretationswelten. Gegenwartsphilosophie jenseits von Essentialismus und Relativismus* (^{2}1995); *Sprache, Zeichen, Interpretation* (1999); *Zeichen der Wirklichkeit* (2004). Zahlreiche Aufsätze zur Sprachphilosophie, Symboltheorie und Epistemologie.

Brigitte Falkenburg (1953) ist seit 1997 Professorin für Theoretische Philosophie mit Schwerpunkt Philosophie der Wissenschaft und Technik an der Universität Dortmund. Sie promovierte in Philosophie (1985 Bielefeld) und Physik (1986 Heidelberg); Habilitation in Philosophie (1992 Konstanz); 1995/96 Fellow am Wissenschaftskolleg zu Berlin. Veröffentlichungen u.a.: *Die Form der Materie. Zur Metaphysik der Natur bei Kant und Hegel* (1987); *Teilchenmetaphysik. Zur Realitätsauffassung in Wissenschaftsphilosophie und Mikrophysik* (^{2}1995); *Kants Kosmologie* (2000); *Wem dient die Technik?* Johann Joachim Becher-Preis 2002 (2004); *Particle Metaphysics. A Critical Account of Subatomic Reality* (2007). Arbeitsgebiete: Kants Theorie der Natur; Philosophische Probleme der Teilchenphysik und physikalischer Größenbegriffe; Philosophie der Technik und der Ökonomie.

Gerhard Gamm (1947), seit 1997 Professor für Philosophie an der TU Darmstadt, dort u. a. tragendes Mitglied des Graduiertenkollegs „Technisierung und Gesellschaft" (1997-2006). Nach dem Studium von Psychologie (Diplom 1976), Soziologie und Philosophie (Promotion 1979, Habilitation 1992) Professor für Ethik und Technikphilosophie an der TU Chemnitz-Zwickau. Buchveröffentlichungen u. a.: *Nicht nichts* (2000); *Interpretationen. Hauptwerke der Sozialphilosophie* (2001); *Wahrheit als Differenz* (1986, ^{2}2002); *Die Gesellschaft im 21. Jahrhundert* (Mithrsg., 2004); *Der unbestimmte Mensch* (2004); *Unbestimmtheitssignaturen der Technik* (Mithrsg., 2005); *Das unendliche Kunstwerk* (Mithrsg., 2007).

Thomas Gil (1954), Professor für Philosophie an der TU Berlin, nach der Promotion (1981) und der Habilitation (1992) Lehrtätigkeit in Stuttgart, Albany, St. Gallen und Brüssel. Veröffentlichungen u.a. *Demokratische Technikbewertung* (1999), *Die Rationalität des Handelns* (2003) und *Die Praxis des Wissens* (2006).

Armin Grunwald (1960), Prof. Dr. rer. nat., Leiter des Instituts für Technikfolgenabschätzung und Systemanalyse des Forschungszentrums Karlsruhe (ITAS) und Professor an der Universität Freiburg, seit 2002 auch Leiter des Büros für Technikfolgen-Abschätzung beim Deutschen Bundestag (TAB), Berufstätigkeiten in der Industrie (1987-1991), im Deutschen Zentrum für Luft- und Raumfahrt (1991-1995) und als stellvertretender Direktor der Europäischen Akademie zur Erforschung von Folgen wissenschaftlich-technischer Entwicklungen (1996-1999). Veröffentlichungen u.a.: *Nanotechnologie als Chiffre der Zukunft* (2006); *Nanotechnology – A New Field of Ethical Inquiry?* (2005); *Technikfolgenabschätzung als Nachhaltigkeitsbewertung* (2006).

Christoph Hubig (1952), Prof. Dr. phil., ist Direktor des Instituts für Philosophie und des Internationalen Zentrums für Kultur- und Technikforschung/Center for Advanced Studies der Universität Stuttgart. Nach Studien der Philosophie und Kulturwissenschaften in Saarbrücken und Berlin, wo er 1976 promoviert wurde und 1981 habilitierte, war er Professor für Praktische Philosophie/Technikphilosophie in Berlin (TU), Karlsruhe und Leipzig (Gründungsprofessur), Vorstandmitglied der DGPhil und Vorsitzender des Bereichs Mensch und Technik des VDI. Er ist Leiter des Studienzentrums Deutschland der Alcatel Lucent Stiftung für Kommunikationsforschung. – Veröffentlichungen u.a.: *Die Kunst des Möglichen. Grundlinien einer Philosophie der Technik*, 2 Bde. (2006/07), *Mittel* (2002), *Technologische Kultur* (1997), *Technik- und Wissenschaftsethik* (^{2}1995).

Nicole C. Karafyllis (geb. 1970), PD Dr. rer. nat. phil. habil., vertritt z.Zt. den vormaligen Lehrstuhl von Prof. Ropohl in Frankfurt a.M., an dem sie seit 1998 beschäftigt ist; zugleich ist sie Privatdozentin für Philosophie an der Universität Stuttgart. Studium der Biologie und Philosophie in Erlangen, Stirling (UK), Kairo und Tübingen, Promotion 1999 mit einer Arbeit zur Technikbewertung Nachwachsender Rohstoffe (Franzke-Preis für Technik und Verantwortung), Habilitation 2006. Arbeitsschwerpunkte sind Kulturphilosophie, Wissenschaftstheorie und -geschichte, Ontologie und Ethik der Bio- und Technikwissenschaften (v.a.: Biofaktizität) sowie Gender Studies. – Buchveröffentlichungen: *Biologisch, Natürlich, Nachhaltig. Philosophische Aspekte des Naturzugangs im 21. Jahrhundert* (2001); *Biofakte* (Hrsg., 2003); *Technik in der Frühen Neuzeit* (Mithrsg., 2004).

Wolfgang König (1949), Prof. Dr. phil., Studium der Geschichte, Geographie, Soziologie und Politikwissenschaft; Wissenschaftlicher Referent für Technikgeschichte und Technikbewertung beim Verein Deutscher Ingenieure (VDI), Düsseldorf; seit 1985 Professor für Technikgeschichte an der Technischen Universität Berlin; Publikationen u.a.: *Propyläen Technikgeschichte*. 5 Bde. (Hrsg., 1990-92); *Kultur und Technik* (Hrsg. zus. mit Marlene Landsch, 1993); *Geschichte der Konsumgesellschaft* (2000); *Erkennen und Gestalten* (Hrsg. zus. mit Gerhard Banse, Armin Grunwald u. Günter Ropohl, 2006); *Geschichte des Ingenieurs* (Hrsg. zus. mit Walter Kaiser, 2006); *Wilhelm II. und die Moderne* (2007).

Klaus Kornwachs (1947), Professor für Technikphilosophie an BTU Cottbus. Studium der Physik, Mathematik und Philosophie. Diplom in Physik 1973, Promotion 1976, Habilitation in Philosophie 1987. Von 1979-1992 am Fraunhofer-Institut für Produktionstechnik und Automatisierung bzw. für Arbeitswirtschaft und Organisation, Stuttgart. Seit 1990 Honorarprofessor der Universität Ulm, 1991 Forschungspreis der Alcatel SEL-Stiftung für Technische Kommunikation. Gastprofessuren in Wien und Budapest. Mitglied der Acatech (Konvent der Technikwissenschaftlichen Klassen der Akademien). – Veröffentlichungen u.a.: *Reichweite der Technikfolgenabschätzung* (Hrsg., 1991); *Expertensysteme* (Mitautor, 1990); *Information und Kommunikation* (1993); *Prinzip der Bedingungserhaltung* (2000); *Logik der Zeit – Zeit der Logik* (2001); *System – Technik – Verantwortung* (Hrsg., 2004).

Karl Heinz Metz (1946), Prof. Dr. phil. habil., Professor für Neuere Geschichte Westeuropas, Friedrich-Alexander-Universität Erlangen. Studium der Geschichte, Germanistik, Politologie, Philosophie an der LMU München, Fellow am ZIF Bielefeld, Research Fellow der Universität Oxford, Gastprofessor der Emory University, Atlanta. Veröffentlichungen u.a.: *Industrialisierung und Sozialpolitik* (1988), *Ursprünge der Zukunft* (2006).

Hans Poser (1937), seit 1972 Professor für Philosophie an der TU Berlin, seit 2005 emeritiert. Staatsexamen in Mathematik und Physik (1964), Promotion und Habilitation in Philosophie (1969 bzw. 1971). Honorary Director des Instituts für Philosophie der TU Dalian/China. 1994-1996 Präsident der AGPhD, jetzt Deutschen Gesellschaft für Philosophie. Gastdozenturen u.a. in Zomba/Malawi, Delhi, Cordoba/Argentinien, Madrid, Moskau, Peking. Mitglied mehrer VDI-Arbeitsgruppen zu Technik und Philosophie. Arbeitsgebiete: Wissenschaftsphilosophie, Technikphilosophie, Geschichte der Philosophie des 17. und 18. Jh. Veröffentlichungen u.a.: *Wissenschaftstheorie* (2001); *Descartes* (2003); *Leibniz* (2005); *Technik und Interkulturalität* (Hrsg. zusammen mit Christoph Hubig, 2007).

Günter Ropohl (1939), Prof. Dr.-Ing. habil., Diplom-Ingenieur 1964; Promotion 1970; Habilitation 1978; Professor für Philosophie und Soziologie der Technik an der Universität Karlsruhe 1979-1981, Professor für Allgemeine Technologie an der Johann Wolfgang Goethe-Universität in Frankfurt am Main 1981-2004. Veröffentlichungen u.a.: *Eine Systemtheorie der Technik: Zur Grundlegung der Allgemeinen Technologie* (1979), 2. Aufl. u.d.T. *Allgemeine Technologie* (1999); *Technologische Aufklärung* (1991, ²1999); *Ethik und Technikbewertung* (1996).

Namen

Abel, Günter 9, 29, 76f, 77, 79f, 83f, 86f, 92, 96, 189, 237.
Adorno, Theodor W. 64-67, 69, 71f, 75.
Anders, Günter 37, 43, 218, 238.
André, Elisabeth 126, 130.
Aristoteles 15,19, 22f, 58, 80, 82, 102, 195-197, 203-205, 212, 214f., 219.
Arndt, Ernst Moritz 33.
Arp, Hans 60.
Ashby, W. Ross 118f, 130.
Bacon, Francis 60, 63, 75, 116, 121f, 130, 134, 159, 219.
Bainbridge, William 172f, 178.
Banse, Bernhard 24, 28, 163, 177,193, 220, 238, 242.
Barrow, John D. 132, 159.
Bartels, Klaus 195, 214.
Baudrillard, Jean 69f, 75.
Baum, Robert J. 159.
Bayes, Thomas 147-148,150, 152, 158f.
Beck, Heinrich 35, 43.
Beck, Ulrich 162, 177.
Beckmann, Johann 182, 185, 193.
Berdjajew, Nikolaj 35, 43.
Beuys, Josef 8, 60.
Beyme, Klaus von 61, 75.
Bieri, Peter 99, 108.
Birnbacher, Dieter 196, 214.
Bloch, Ernst 35, 43, 111.
Blumenberg, Hans 61, 75.
Brown, Niclas 163, 172, 177.
Brunner, Karl 32, 43.
Buchhaupt, Siegfried 41, 44.
Bunge, Mario 22, 28, 135, 138f, 149, 159.
Bury, Ernst 131, 159.
Camhis, Marco 161, 177.
Carrier, Martin 220, 238.
Cassirer, Ernst 36, 44, 217-219, 234, 238.
Cavazza, Marc 126, 130.
Coenen, Christopher 173, 177f, 212, 214.
Colligwood, Robin G. 32, 44.
Craig, Edward 151, 159.
Cresswell, Max J. 133, 161.
Croce, Benedetto 32, 34, 44.
Crok, Marcel 229, 240.
Crok, Michael 228, 238.
Cubasch, Ulrich 228, 238.
Daumas, Maurice 34, 44.

Daumas, Maurice 34, 44.
De Certeau, Michael 61, 75.
Decker, Michael 166, 178.
Deleuze, Gilles 61.
Descartes, René 17, 116.
Dessauer, Friedrich 27, 36, 44.
Dierkes, Markus 127, 130.
Döring, Ralf 233, 235, 239.
Dörner, Dietrich 162, 178.
Dowie, Mark 142, 159.
Drexler, Eric 170, 172f, 178.
Dupuy, Jean-Pierre 171, 173, 178.
Dürrenmatt, Friedrich 132, 159.
Einstein, Albert 80, 87.
Engels, Anita 239.
Engels, Friedrich 36, 45.
Enstrom, James E. 182, 193.
Erler, Rainer 192.
Ernst, Max 60.
Faber, Karl-Georg 33, 44.
Fabricius, Joh. Albert 199.
Falkenburg, Brigitte 11, 221f, 238, 241.
Fehr, Ernst 147, 160.
Fleisch, Elgar 127, 130.
Fleischer, Torsten 178.
Flichy, Patrice 39, 44.
Franklin, Benjamin 13, 38.
Freeland, Cynthia 68, 70, 75.
Freud, Sigmund 64, 75.
Freyer, Hans 37, 44.
Friedrichs, Günter 185, 193.
Gadamer, Hans Georg 59, 75.
Gallee, Martin 137, 159.
Gamm, Gerhard 8, 61, 75, 241.
Gehlen, Arnold 25, 36f, 44, 112f, 116, 130, 218f, 234, 238.
Gettier, Edmund L. 99, 109.
Giere, Ronald 88, 96.
Gil, Thomas 9, 109, 241.
Gille, Bernhard 34, 44.
Goldschmidt, Georges-Arthur 74.
Gottwald, Siegfried 137, 159.
Groys, Boris 74.
Grunwald, Armin 16, 24, 28, 162-164, 166, 168-170, 172, 174, 176-178, 180, 193, 241.
Grünwald, Reinhard 178.
Guattari, Félix 61.

Habermas, Jürgen 15, 85, 170, 178.
Halfmann, Jost 166, 178.
Hartbecke, Karin 197, 214.
Harz, Mario 154-156, 158f.
Hegel, Georg Wilhelm Friedrich 62, 70, 72, 75, 102, 199, 204, 217.
Heidegger, Martin 15, 66f, 75f, 79f, 96, 115f, 120, 122f, 130, 205, 215, 218f, 234, 238.
Heinemann, Gottfried 195, 214.
Heisenberg, Werner 115.
Hennig, Boris 201, 215.
Herder, Johann Gottfried 25, 218.
Herzog, Reinhard 32, 44.
Heydt, Imre von der 182, 193.
Homer 203.
Honneth, Axel 200, 215.
Hooke, Robert 149-151.
Hooker, Clifford A. 234, 238.
Horkheimer, Max 15.
Hubig, Christoph 9, 15f, 18, 28, 35, 44, 159, 180, 193, 198, 213, 215, 241.
Hughes, George E. 133, 159.
Hughes, Thomas 38, 45.
Husserl, Edmund 78f, 96, 115f, 130.
Hutchins, Edwin 88, 96.
Iacocca, Lee 145.
Janich, Peter 212, 215.
Jansen, Ludger 202, 215.
Johnson, W. Lewis 127, 130.
Jonas, Hans 173, 178, 218, 238.
Joy, Bill 173, 175, 180
Julliard, Yannick 180, 193.
Kabakow, Ilja 74, 76.
Kabat, Geoffrey C. 182, 193.
Kac, Eduardo 61.
Kafka, Franz 65.
Kamlah, Wilhelm 33, 44.
Kamp, Johan A.W. 154, 159.
Kant, Immanuel 65, 76, 92, 96, 122, 130.
Kapp, Ernst 15, 25, 36, 44, 97, 101-105, 112, 130.
Karafyllis, Nicole C. 11, 20, 28, 125, 130, 188-191, 193, 196, 198, 215, 242.
Kasang, Dieter 228, 238.
Kernig, Claus D. 32, 45.
Kishino, Fumio 126, 130.
Klee, Paul 67.
Kleinknecht, Konrad 225, 235, 238.
Klemm, Friedrich 34, 44.

Knorr-Cetina, Karin 198, 215.
Köchy, Kristian 197f, 212, 214f.
König, Wolfgang 7, 24, 28, 31, 33-35, 41, 44, 52, 56, 177, 242.
Kopfmüller, Jürgen 170, 178.
Kornwachs, Klaus 10, 17, 28, 96, 133, 135, 138-140, 145, 149, 152f, 154f, 157-160, 242.
Koselleck, Reinhart 32f, 44.
Kowol, Uwe 164, 178.
Kranzberg, Melvin 34, 44.
Krohn, Wolfgang 164, 178, 198, 215.
Kuhn, Thoms S. 64, 76.
Kulischer, Josef 51, 56.
Kusin, Aleksandr A. 36, 44.
Kutschera, Franz v. 133, 159.
La Mettrie, Julien Offray de 61.
Latif, Mojib 226-228, 238.
Le Corbusier 61.
Lehrer, Keith 99f, 109.
Leibniz, Gottfried Wilhelm 27, 29, 132, 159, 200.
Lenk, Hans 28f, 96, 159f, 180, 193, 234, 238.
Leonardo da Vinci 58.
Leroi-Gourhan, André 31, 45.
Linde, Hans 113, 130.
Lomborg, Bjorn 231, 238.
Lovelock, James 225, 229, 235, 239.
Lowe, Ernst Jonathan 202, 215.
Luce, Robert D. 147, 160.
Ludwig, Karl Heinz 44, 50, 56.
Luhmann, Niklas 15, 114,-116, 120, 123, 130, 179.
Lullus, Raimundus 132, 160.
Lyotard, François 62.
Man Ray 60.
Marcuse, Herbert 15.
Maring, Matthias 28f, 96, 159f, 234, 238.
Marx, Karl 35f, 44f.
Mayntz, Renate 38, 45.
McLauglin, Peter 201, 215.
McLuhan, Marshall 67-69, 76.
Meixner, Uwe 200, 215.
Mersch, Dieter 69, 75f.
Mestmäcker, Ernst-Joachim 223, 239.
Metz, Karl H. 8, 49, 54, 56, 242.
Mildenberger, Georg 61, 76.
Milgram, Paul 126, 130.
Mimkes, Jürgen 222, 239.

Minx, Eckard 7.
Mittelstraß, Jürgen 79f, 95f.
Moholy-Nagy, László 60.
Molnár, Lázlo 143, 145, 160.
Monet, Claude 60, 71.
Neuweiler, Gerhard 117, 131
Newcomen, Thomas 14.
Nikolaus von Cues 58.
Nordmann, Alfred 24, 162, 168, 174, 177f, 214f.
Nowak, Martin A.147, 160.
Orland, Barbara 199, 215.
Ortega y Gasset, José 15, 36f, 45, 117f, 130.
Ott, Konrad 233, 235, 239.
Parsons, Talcott 113f, 130.
Paschen, Herbert 163, 178.
Paulinyi, Akos 38, 44f.
Picasso, Pablo 60, 71.
Platon 7, 15, 58, 97.
Polanyi, Michael 212, 216.
Popitz, Heinrich 34, 45.
Popper, Karl Raimund 95, 227.
Poser, Hans 16-18, 21f, 27f, 31, 73, 76, 92, 96, 135, 160, 197, 216, 242.
Postman, Neil 106f, 109.
Pursell, Carroll W Jr. 34, 44.
Rahmstorf, Stefan 228f, 239.
Raiffa, Howard 147, 160.
Rapp, Friedrich 15, 29, 34, 45, 178.
Reichle, Ingeborg 62, 76.
Renneberg, Reinhard 185f ,193.
Reuleaux, Franz 102
Revelle, Roger 227, 241
Rheinberger, Hans-Jörg 198, 216.
Rich, Elaine 127, 130.
Richter, Gerhard 63, 73f, 76.
Rickel, Jeff 127, 130.
Rist, Thomas 126, 130.
Roco, Mihail 172f, 179.
Ropohl, Günter 11, 15, 24f, 28f, 35, 38, 44f, 113, 115f, 130, 141, 160, 164, 177f, 179, 181, 191, 193, 198, 201, 215f, 242.
Russell, Bertrand 155.
Ryle, Gilbert 100, 109.
Sartre, Jean Paul 69.
Savage, Leonard J. 147, 160.
Schaff, Adam 185, 193.

Schark, Marianne 196, 200f, 216.
Scheler, Max 36, 45.
Schellnhuber, Joachim 228f, 239.
Schiemann, Gregor 195, 198, 212, 215f.
Schomberg, René v. 161, 178.
Schulin, Ernst 32, 34, 45.
Schumpeter, Joseph A. 224, 239.
Schüßler, Rudolf 234, 239.
Schütte, Christian 197, 214.
Selten, Reinhard 148, 160.
Sherman, Cindy 70.
Shils, Edward 113, 130.
Sieferle, Rolf Peter 39, 45.
Sigmund, Karl 147, 160.
Simondon, Gilbert 37, 45.
Singer, Charles 34, 45.
Smith, Adam 222f, 239.
Sombart, Werner 38f, 45.
Sonnemann, Rolf 34, 45.
Spitzelberger, Georg 32, 45.
Spohn, Wolfgang 147, 160.
Spur, Günter 25, 29.
Stern, Nicholas 231, 239.
Stoskowa, N.N. 36, 45.
Suess, Hans E. 217, 239.
Tenbruck, Friedrich 162, 178.
Trettin, Käthe 201, 216.
Troitzsch, Ulrich 34, 45.
Tuchel, Klaus 15, 29.
Ulshöfer, Gotlind 198, 215.
Valéry, Paul 65, 76.
Ven, Frans van der 49-52, 56.
Vesalius, Andreas 199.
Vostell, Wolf 20.
Wagner, Adolf 222, 239.
Warhol, Andy 72.
Watt, James 14.
Weber, Max 51, 56, 118.
Weber, Wolfhard 34, 45, 56.
Wehling, Peter 209, 216.
Weingart, Peter 234, 239.
Weizenbaum, Joseph 17.
Wittgenstein, Ludwig 65, 79, 81, 96.
Wolff, Christian 200, 216.
Wright, Georg Henrik von 22f, 29.
Zoglauer, Thomas 152, 160.

Technik Interdisziplinär

Herausgegeben von Wolfgang König, Meinolf Dierkes,
Günter Ropohl und Frieder Meyer-Krahmer

Die Bände 1-3 sind beim G+B Verlag Fakultas, Schweiz, erschienen.

Band 1   Wolfgang König: Technikwissenschaften. Die Entstehung der Elektrotechnik aus Industrie und Wissenschaft zwischen 1880 und 1914. 1995.

Band 2   Richard Huisinga: Theorien und gesellschaftliche Praxis technischer Entwicklung. Soziale Verschränkungen in modernen Technisierungsprozessen. 1996.

Band 3   Günter Ropohl: Wie die Technik zur Vernunft kommt. Beiträge zum Paradigmenwechsel in den Technikwissenschaften. 1998.

Band 4   Stefan Poser / Karin Zachmann (Hrsg.): Homo faber ludens. Geschichten zu Wechselbeziehungen von Technik und Spiel. 2004.

Band 5   Hans Poser (Hrsg.): Herausforderung Technik. Philosophische und technikgeschichtliche Analysen. 2008.

Bernhard Irrgang / Sybille Winter (Hrsg.)

Modernität und kulturelle Identität

Konkretisierungen transkultureller Technikhermeneutik im südlichen Lateinamerika

Frankfurt am Main, Berlin, Bern, Bruxelles, New York, Oxford, Wien, 2007.
138 S.
Dresdner Studien zur Philosophie der Technologie.
Herausgegeben von Bernhard Irrgang. Bd. 2
ISBN 978-3-631-56693-0 · br. € 27.50*

Kulturelle Identitäten wachsen in der Regel geschichtlich und sind soziale Konstruktionen, über die sich Völker selbst verstehen. Lateinamerika bezog seine kulturelle Identität entweder aus der Lebensform und dem Ethos der Ureinwohner, der Indios, aus der gemeinsamen katholischen Religion oder aus der gemeinsamen Sprache, die mit wenigen Ausnahmen – insbesondere Portugiesisch in Brasilien – Spanisch lautete. Aber Spanisch ist die Sprache der Eroberer und der Katholizismus ihre Religion. Dies bildet den Ausgangspunkt für die Auseinandersetzung mit Identität und moderner Entwicklung in Lateinamerika und bietet interessante Anregungen für die unterschiedliche Betrachtung ihres gespaltenen Verhältnisses.

Aus dem Inhalt: Ricardo Salas: Hermeneutische Ethik und eine Politik der Anerkennung · *Fidel Tubino*: Die unumkehrbare Veränderung · *Felipe Mansilla*: Verstreute Überlegungen zur lateinamerikanischen Geschichte und Identität · *Bernhard Irrgang*: Alternative Modernitäten?

Frankfurt am Main · Berlin · Bern · Bruxelles · New York · Oxford · Wien
Auslieferung: Verlag Peter Lang AG
Moosstr. 1, CH-2542 Pieterlen
Telefax 00 41 (0)32/376 17 27

*inklusive der in Deutschland gültigen Mehrwertsteuer
Preisänderungen vorbehalten
Homepage http://www.peterlang.de